电网企业专业技能考核题库

物资仓储作业员、物资配送作业员

国网宁夏电力有限公司 编

内 容 提 要

本书编写依据国家职业技能鉴定、电力行业职业技能鉴定与国家电网有限公司技能等级评价（认定）相关制度、规范、标准，立足宁夏电网生产实际，融合新型电力系统构建及新时代技能人才发展目标要求。本书主要内容为电网企业技能人员技能等级认定与评价实操试题，包含技能笔答及技能操作两大部分，其中技能笔答主要以问答题形式命题，技能操作以任务书形式命题，均明确了各个环节的考核知识点、标准答案和评分标准。

本书为电网企业生产技能人员的培训教学用书，可供从事相应职业（工种）技能人员学习参考，也可作为电力职业院校教学参考书。

图书在版编目（CIP）数据

物资仓储作业员、物资配送作业员 / 国网宁夏电力有限公司编. —北京：中国电力出版社，2022.9
电网企业专业技能考核题库
ISBN 978-7-5198-6936-6

Ⅰ. ①物… Ⅱ. ①国… Ⅲ. ①配电系统–物资管理–仓库管理–职业技能–鉴定–习题集②配电系统–物资配送–职业技能–鉴定–习题集 Ⅳ. ①TM727-44

中国版本图书馆 CIP 数据核字（2022）第 134276 号

出版发行：中国电力出版社
地　　址：北京市东城区北京站西街 19 号（邮政编码 100005）
网　　址：http://www.cepp.sgcc.com.cn
责任编辑：马　丹（010-63412725）　柳　璐
责任校对：黄　蓓　郝军燕　李　楠
装帧设计：郝晓燕
责任印制：钱兴根

印　　刷：北京天宇星印刷厂
版　　次：2022 年 9 月第一版
印　　次：2022 年 9 月北京第一次印刷
开　　本：889 毫米×1194 毫米　16 开本
印　　张：25.5
字　　数：732 千字
定　　价：100.00 元

《电网企业专业技能考核题库　物资仓储作业员、物资配送作业员》

编　委　会

《电网企业专业技能考核题库　物资仓储作业员、物资配送作业员》

编　写　组

主　　编　郭瑞军

副 主 编　李伟锋　方　静

编写人员　李　鑫　刘　莉　张　振　张　涛　方通学

审稿人员　姚宗溥　冯晓群　高　峰　王　莉　朱筱璐

杨建军　王志伟　顾泽玉　王　恒　魏　刚

孙　锐　李　强

前言

国网宁夏电力有限公司以国家职业技能鉴定、电力行业职业技能鉴定与国家电网有限公司技能等级评价（认定）相关制度、规范、标准为依据，主要针对电网企业各类技能工种的初级工、中级工、高级工、技师、高级技师等人员，以专业操作技能为主线，立足宁夏电网生产实际，结合新型电力系统构建要求，编写了《电网企业专业技能考核题库》丛书。丛书在编写原则上，以职业能力建设为核心；在内容定位上，突出针对性和实用性，涵盖了国家电网有限公司相关政策、标准、规程、规定及现代电力系统新设备、新技术、新知识、新工艺等内容。

丛书的深度、广度遵循了“适应发展需求、立足实践应用”的工作思路，全面涵盖了国家电网有限公司技能等级评价（认定）内容，能够为国网宁夏电力有限公司实施技能等级评价（认定）专业技能考核命题提供依据，也可服务于同类电网企业技能人员能力水平的考核与认定。本套丛书可供电网企业技能人员学习参考，可作为电网企业生产技能人员的培训教学用书，也可作为电力职业院校教学参考用书。

由于时间和水平有限，难免存在疏漏之处，恳请各位专家和读者提出宝贵意见。

目 录

第一篇

物资仓储作业员

第一部分 初级工

第一章　物资仓储作业员初级工技能笔答

Jb0001532001　库存利用及平衡利库原则是什么？（5分）

考核知识点：平衡利库

难易度：中

标准答案：

（1）库存物资利用坚持“先利库、后采购”原则。

（2）按照“谁形成库存、谁负责利库”的原则，项目/专业管理部门在项目可研、初步设计阶段，对照可利用库存物资信息表，优先选用库存物资或可用退役资产。

Jb0001533002　跨省、区物资调配管理要求是什么？（5分）

考核知识点：物资调配

难易度：难

标准答案：

（1）跨省物资调配采用销售方式的，由调出、调入方协商一致后直接实施。调出单位根据评估价确定销售价格，调出、调入双方协商签订销售合同，依据合同开展后续工作。

（2）公司二级单位内跨区域调配，参照跨省物资调配程序执行。所属子企业间资产划转，参照二级单位间划转处理。法人单位内部资产划转，本部及划转双方通过“拨付所属资金”“上级拨入资金”进行调整。

Jb0001531003　库存物资出库的分类有哪些？（5分）

考核知识点：物资出库

难易度：易

标准答案：

库存物资出库分为物资领料出库、调配物资出库、供应商寄存物资出库、退役资产出库、废旧物资出库等。

Jb0001531004　实体库中实物代保管工厂管理的物资类型有哪些？（5分）

考核知识点：实物代保管物资管理

难易度：易

标准答案：

ERP 外其他单位代保管物资、系统已出库实物未领用（可利库）、系统已出库实物未领用（不可利库）、项目退料（不冲销成本且物资可用）、废旧物资、代保管可用退役资产。

Jb0001531005　实体库中一般工厂管理的物资类型有哪些？（5分）

考核知识点：一般工厂物资管理

难易度：易

标准答案：

项目暂存物资、生产运维物资、供应商寄售物资、项目退料（冲销成本）和委外加工物资。

Jb0001531006　虚拟库中一般工厂管理的物资类型有哪些？（5分）

考核知识点：虚拟库物资管理

难易度：易

标准答案：

直送项目物资、供应商代保管物资、借出物资、中转物资、直发现场非项目物资、应急物资。

Jb0001533007　物资盘点步骤是什么？（5分）

考核知识点：物资盘点

难易度：难

标准答案：

（1）系统操作员在ERP系统对需要盘点的物资进行冻结，创建和打印盘点表。盘点人员根据盘点表进行实物清点，记录实际清点数量。盘点时应至少有两个人参与，分别负责清点和监督。实物清点完成后双方在盘点表上签字确认。

（2）系统操作员将盘点结果录入ERP系统，并打印盘点差异表。仓库主管组织人员对差异物资进行核查，总结编制差异分析报告提交物资部门、财务部门和相关领导审批，通过后由财务部门在ERP系统中进行核销。

Jb0001533008　物资盘点的主要内容是什么？（5分）

考核知识点：物资盘点

难易度：难

标准答案：

数量检查，清点账面和实物数量是否一致，查看整包、装箱物资是否有拆包、启封情况，如有拆包，需仔细核对包内物资，是否有短缺。物资质量检查，查明库存物资的质量状况，有无锈蚀、霉变、潮解、虫蛀等情况，必要时进行技术检验；查明有无超质保期或长期积压物资，并记录反馈物资部门处理。

Jb0001533009　公司报废物资分类具体包括哪些？（5分）

考核知识点：报废物资分类

难易度：难

标准答案：

（1）公司报废物资分为有处置价值、无处置价值和特殊类报废物资三类。

（2）有处置价值的报废物资是指处置收益较高且处置成本（包括物资回收、保管、销售过程中发生的运输、仓储、人工、差旅等费用）相对较低的报废物资。主要包括报废变压器、断路器、铁塔、导线、电缆等。

（3）无处置价值的报废物资是指处置效率较低且处置成本相对较高的报废物资。主要包括报废水泥电杆、电缆盖板、瓷瓶、非金属表箱等。

（4）特殊类报废物资是指国家法律法规规定有专项处置要求的危险、污染性报废物资，以及其他特殊报废物资。

Jb0001533010　线缆类物资存储及日常维护保养的要求是什么？（5分）

考核知识点：物资维护保养

难易度：难

标准答案：

大型电缆盘需要采取楔形枕木进行两侧固定，防止滚动；线缆切割前，将切点两侧扎紧，以免切割后护层或铠装层松动脱落；切割后的电缆头要包裹密封；电线电缆建议室内存放，采用电缆盘架方式，如室外存放，应做好遮盖。

Jb0001533011　电气设备类物资存储及日常维护保养的要求是什么？（5分）

考核知识点：物资维护保养

难易度：难

标准答案：

每月检查是否受潮、锈蚀、外壳漆皮是否脱落；本体和局部有易碎的电瓷制品，应储存在能防止剧烈震动，防止机械性撞击的地点，用麻包、木板包扎保护；库房内温度为－10～40℃，相对湿度不大于90%；存放在露天货场的电气设备，应有苫垫、密封等措施。

Jb0001533012　库存物资符合哪些条件可以报废？（5分）

考核知识点：库存物资管理

难易度：难

标准答案：

（1）淘汰产品，无零配件供应，不能利用；国家规定强制淘汰报废；技术落后不能满足生产需要。

（2）经鉴定存在严重质量问题或其他原因，不能使用。

（3）超过保质期的物资。

Jb0001533013　金属材料类物资存储及日常维护保养的要求是什么？（5分）

考核知识点：物资维护保养

难易度：难

标准答案：

大尺寸（＞5cm）钢材可露天存放，盖上油布或用油毛毡封包，下垫不小于25cm厚的枕木或方石；小尺寸的钢材须存放库内，上货架或下垫枕木；有色金属及其合金材料应放在干燥的库房内，堆垛底下垫以枕木或方石，或上架存放；经过表面氧化、涂漆、喷涂等处理的金属材料或配件在搬运过程中要采取措施，避免磕碰。

Jb0001533014　仓库仓储区具体分类及功能是什么？（5分）

考核知识点：仓储标准化管理

难易度：难

标准答案：

（1）仓储区可包括室内货架区、室内堆放区、室外料棚区、室外露天区。

（2）室内货架区：使用货架进行物资存储的区域。

（3）室内堆放区：仓库室内地面用于堆放物资的区域，主要用于储存各类体积、质量较大和不适用于货架存储的物资。

（4）外料棚区：室外有棚架的存储区域，主要用于储存各类体积较大、质量较大、储备条件要求不高的物资。

（5）室外露天区：室外露天存储区域，主要用于储存各类体积较大、质量较大、储备条件要求较低的物资。

Jb0001533015　应急装备类物资存储及日常维护保养的要求是什么？（5分）

考核知识点：物资维护保养

难易度：难

标准答案：

（1）发电机和带有自发电的充电类照明设备，每季定期进行发电机组试运行启动，确认机组状态良好，无油水泄漏、管路密封老化和松动等现象。

（2）充气类冲锋舟应定期进行充气试验，确认是否存在漏气现象。

（3）非充气类冲锋舟应查看是否有老化、开裂等现象。

（4）水泵应定期检查润滑与密封状态、转动机构是否灵活无卡滞。

Jb0001533016　劳保用品类物资存储及日常维护保养的要求是什么？（5分）

考核知识点：物资维护保养

难易度：难

标准答案：

绝缘手套、绝缘鞋、绝缘靴、绝缘垫等防触电用品，应上架存放，采取防尘、防油渍措施，不可与酸碱油类物质接触，防止尖锐物刺伤，应定期进行外观检查，发现存在缺陷，不能发放；安全带、安全绳和安全网等防坠落工具，存放时避开酸碱腐蚀性化学物质，发现无保护套、磨损、断股、变质，禁止发放领用。

Jb0001533017　仪器仪表类物资存储及日常维护保养的要求是什么？（5分）

考核知识点：物资维护保养

难易度：难

标准答案：

绝缘手套、绝缘鞋、绝缘靴、绝缘垫等防触电用品，应上架存放，采取防尘、防油渍措施，不可与酸碱油类物质接触，防止尖锐物刺伤，应定期进行外观检查，发现存在缺陷，不能发放；安全带、安全绳和安全网等防坠落工具，存放时避开酸碱腐蚀性化学物质，发现无保护套、磨损、断股、变质，禁止发放领用。

Jb0001532018　供应商寄存物资的出库要求是什么？（5分）

考核知识点：寄存物资管理

难易度：中

标准答案：

（1）对仓库寄存物资，在系统内通过转为自有库存方式完成出库过账。物资公司（中心）根据领料单，核对名称、规格、数量等信息，完成出库发料。

（2）定期生成寄存物资耗用清单，按月度与供应商办理结算。

Jb0001531019　专业仓的标准化建设包括哪几方面？（5分）

考核知识点：专业仓建设

难易度：易

标准答案：

专业仓标准化建设包括库房建筑要求、功能区域划分、其他配套要求、标识标牌设置、设备设施配置、信息化建设等六大方面。

Jb0001532020　应急物资是指什么？（5分）

考核知识点：应急物资定义

难易度：中

标准答案：

应急物资是指为防范影响公司生产经营的突发事件（包括自然灾害、事故灾难、公共卫生、社会安全等事件），满足短时间恢复供电需要的电网抢修设备材料、应急抢修工器具、应急救灾物资及装备、劳动保护用品等。

Jb0001532021　什么是应急物资管理？其原则是什么？（5分）

考核知识点：应急物资管理原则

难易度：中

标准答案：

应急物资管理是指为满足应急物资需求而进行的物资供应组织、计划、协调与控制。应急物资管理遵循“集中管理、统一调拨、平时服务、灾时应急、采储结合、节约高效”的原则。

Jb0001531022　专业仓标识标牌设置原则是什么？（5分）

考核知识点：专业仓建设

难易度：易

标准答案：

专业仓标识标牌设置遵循“按需配置、统一规范、防范风险”原则。

Jb0001531023　专业仓标识标牌配置包括哪些？（5分）

考核知识点：专业仓建设

难易度：易

标准答案：

专业仓标识标牌配置包括专业仓铭牌、内部定置图、区域标识牌、警示标识、货架编码牌、管理制度及流程展示牌、安全消防设施标识、区域隔离带（地面区域标线）。

Jb0001533024　专业仓待报废实物物资管理流程是什么？（5分）

考核知识点：报废物资管理

难易度：难

标准答案：

（1）待报废实物入仓：待报废实物需要暂存在专业仓的，仓管专责应核对待报废实物的品名、规格、数量，检查实物完整性，及时办理信息系统入仓手续。各专业仓应设待报废实物的存放区域，用于暂存、保管待报废实物。

（2）暂存的待报废实物，应由实物使用保管单位（部门）按照《国家电网有限公司废旧物资管理办法》要求办理完报废手续后，及时组织将实物运送至物资部门指定仓库，仓管专责办理信息系统出仓手续。

（3）现场处置的待报废实物，确需存放在专业仓的，应做好实物交接前的临时保管工作，配合物资部门开展实物交接，办理信息系统出仓手续。

Jb0001532025　专业仓作业单据管理要求是什么？（5分）

考核知识点：专业仓作业管理

难易度：中

标准答案：

作业单据应按月在系统中收集存档，单据办理的种类、数量应与实际业务一致，审批流程符合相关规定。作业单据应存放在符合信息安全管理要求的存储介质中。

Jb0001531026　仓库注册管理原则是什么？（5分）

考核知识点：仓储标准化管理

难易度：易

标准答案：

"统一注册、统一编码、统一命名、统一管理"的原则。

Jb0001531027　简述在ERP系统中创建采购申请的事务代码及系统路径。（5分）

考核知识点：ERP物资模块

难易度：易

标准答案：

在ERP系统中创建采购申请的事务代码ME51N，系统路径为采购管理→采购申请→创建采购申请。

Jb0001531028　简述在ERP系统中无采购订单物资收货的事务代码及系统路径。（5分）

考核知识点：ERP物资模块

难易度：易

标准答案：

在ERP系统中无采购订单物资收货的事务代码MB1C，系统路径为库存管理→物资收货→无采购订单入库。

Jb0001531029　仓库作业区包括哪些？（5分）

考核知识点：仓储标准化管理

难易度：易

标准答案：

包括装卸区、入库待检区、收货暂存区、不合格品暂存区、出库（配送）理货区、仓储装备区等。

Jb0001531030　废旧物资管理应遵循什么原则？（5分）

考核知识点：废旧物资管理原则

难易度：易

标准答案：

废旧物资管理应遵循"依法合规、协同高效、集中处置、闭环管控"的原则。

Jb0001531031　ERP 中仓储编码包括什么？（5 分）

考核知识点：ERP 物资模块

难易度：易

标准答案：

ERP 系统中仓储编码包括库存地点编码、仓库主数据编码和物资条形码。

Jb0001531032　简述在 ERP 系统中打印物资出库、冲销凭证的事务代码及系统路径。（5 分）

考核知识点：ERP 物资模块

难易度：易

标准答案：

在 ERP 系统中无采购订单物资收货的事务代码 ZMM29002，系统路径为库存管理→打印入库单、出库单、调拨单。

Jb0001531033　项目直发虚拟库的作用是什么？（5 分）

考核知识点：ERP 物资模块

难易度：易

标准答案：

项目直发虚拟库，用于从供应商直送现场物资的系统收发货管理。

Jb0001532034　供应商代保管库的作用是什么？（5 分）

考核知识点：ERP 物资模块

难易度：中

标准答案：

供应商代保管库，用于管理暂时存放在供应商处已付款的物资。适用于 110kV 以上变压器、GIS、断路器、电抗器等大型设备及铁塔等项目物资。

Jb0001531035　仓储设备设施如何建立台账？（5 分）

考核知识点：设备设施管理

难易度：易

标准答案：

要按名称、数量、规格型号、试验周期建立台账，做到账、物相符；台账由设备设施保管员负责保管，定期集中归档。

Jb0001531036　借用物资库的作用是什么？（5 分）

考核知识点：ERP 物资模块

难易度：易

标准答案：

借用物资库，用于管理实物已借出或领用未记账的物资。

Jb0001532037　中转虚拟库的作用是什么？（5 分）

考核知识点：ERP 物资模块

难易度：中

标准答案：

中转虚拟库，用于在物资中转或者物资调拨时，需要在系统中进行暂时性记录，并且中转和调拨过程中时不会进入已经注册的实体仓库。

Jb0001531038　非项目直发虚拟库的作用是什么？（5分）

考核知识点：ERP物资模块

难易度：易

标准答案：

非项目直发虚拟库，用于从供应商直接送货到现场的非项目物资，或用于供应商直接送货到非实体仓库，经过短暂存放后，迅速发至最终需求单位。

Jb0001532039　应急物资虚拟库的作用是什么？（5分）

考核知识点：ERP物资模块

难易度：中

标准答案：

应急物资虚拟库，用于由省公司统一出资、集中管理的应急物资。为便于在ERP系统直观地体现应急物资所存放的实体仓库，可以在库存地点描述输入实体仓库的名称并加上“应急”字样。

Jb0001531040　废旧物资拆旧现场虚拟库的作用是什么？（5分）

考核知识点：ERP物资模块

难易度：易

标准答案：

废旧物资拆旧现场虚拟库，用于不进实体库存放，经过竞拍之后直接现场销售发货的废旧物资的收发存管理。

Jb0002533041　项目间直接利库使用的工程结余物资的具体流程是什么？（5分）

考核知识点：工程结余物资管理

难易度：难

标准答案：

（1）项目间直接利库使用的工程结余物资，由项目建设管理部门编制工程结余物资现场利库单，明确利库物资型号、规格、数量、利库项目及时限等，交由项目建设管理单位进行现场利库。

（2）项目建设管理单位依据利库单，将结余物资及技术资料移交至利库项目现场，双方签字确认后将现场移交单据反馈至项目建设管理部门、物资部门。

（3）项目建设管理部门发起退库申请流程及利库项目领用申请，物资部门核对退库申请和领用申请，办理退库及领用手续。

Jb0001531042　仓库注册管理原则是什么？（5分）

考核知识点：仓储标准化管理

难易度：易

标准答案：

仓库注册管理遵循“统一注册、统一编码、统一命名、统一管理”的原则。

Jb0001532043　仓库注册信息包括哪些？（5分）

考核知识点：仓储标准化管理

难易度：中

标准答案：

仓库注册信息包括库存地点编码、仓库名称、仓库地址、总占地面积、使用面积、仓库资产属性、所属单位、管理部门、仓库建成时间等。

Jb0001531044　国网储备仓库的命名规则是什么？（5分）

考核知识点：仓储标准化管理

难易度：易

标准答案：

国网储备仓库命名规则：国网＋地（市）名＋应急物资储备仓库。

Jb0001531045　省中心库的命名规则是什么？（5分）

考核知识点：仓储标准化管理

难易度：易

标准答案：

省中心库命名规则：省公司名称（简称）＋地区＋中心库。

Jb0001531046　地（市）周转库的命名规则是什么？（5分）

考核知识点：仓储标准化管理

难易度：易

标准答案：

地（市）周转库命名规则：直辖市公司名称或地（市）公司名称（简称）＋地区/地址名＋仓库。

Jb0001531047　专业仓储点的命名规则是什么？（5分）

考核知识点：仓储标准化管理

难易度：易

标准答案：

专业仓储点：按照归属直属单位或供电所进行分别命名。直属单位仓储点命名规则：直属单位名称（简称）＋地区/地址名＋仓储点。

Jb0001531048　县仓储点的命名规则是什么？（5分）

考核知识点：仓储标准化管理

难易度：易

标准答案：

县仓储点命名规则：县（市）公司名称＋地址名＋仓库。

Jb0001532049　仓储设备设施运行维护记录主要包括什么？（5分）

考核知识点：设备设施管理

难易度：中

标准答案：

仓储设备设施运行维护记录包括度量衡设备年检证明，行车、吊车、叉车等起重设备起升装置的年检证明，车辆年检证明，消防设施的维护保养记录等。

Jb0001532050　库存物资的存放要求具体有哪些？（5分）

考核知识点：库存物资管理

难易度：中

标准答案：

库存物资存放应分类、分堆、分组和分剁，留出必要的防火间距。易燃易爆物资必须分间、分库储存，并在醒目处标明储存物品的名称、性质和灭火方法。

第二章　物资仓储作业员初级工技能操作

Jc0001541001　仓库灭火器的使用操作流程。（100 分）

考核知识点： 灭火器的使用

难易度： 易

技能等级评价专业技能考核操作工作任务书

一、任务名称

仓库灭火器的使用操作流程。

二、适用工种

物资仓储作业员初级工。

三、具体任务

（1）在指定的现场完成灭火器的具体使用操作流程。

（2）操作现场，实施安全措施。

四、工作规范及要求

（1）掌握仓库工器具使用规则。

（2）正确完成消防灭火器使用操作流程。

五、考核及时间要求

（1）本考核操作时间为 30 分钟，时间到停止考评，包括操作现场清理。

（2）操作过程中，如果操作员出现无法继续操作的情况，可向考评员申请终止该项操作，该项操作项目不得分，但不影响其他项目。

（3）按照技能操作记录单的操作要求进行操作，正确记录操作结果。

技能等级评价专业技能考核操作评分标准

工种	物资仓储作业员					评价等级	初级工
项目模块	安全管理—仓储消防安全				编号	Jc0001541001	
单位			准考证号			姓名	
考试时限	30 分钟		题型	单项操作		题分	100 分
成绩		考评员		考评组长		日期	
试题正文	仓库灭火器的使用操作流程						
需要说明的问题和要求	（1）单人操作。 （2）操作时应注意安全，按照仓储指导作业书的技术安全说明做好安全措施						

序号	项目名称	质量要求	满分	扣分标准	扣分原因	得分
1	仓库灭火器的具体操作使用：检查所使用灭火器的完好性能，使用前将瓶体颠倒几次，使筒内干粉松动	瓶体颠倒后，使得筒内干粉成均匀状态	20	操作不正确扣 10～20 分		

续表

序号	项目名称	质量要求	满分	扣分标准	扣分原因	得分
2	灭火器具体操作流程					
2.1	除掉灭火器铅封	将灭火器铅封从灭火器上拆除	10	操作不正确扣5～10分		
2.2	拔掉保险销，握住喷管最前端	将保险销从灭火器上拔掉，正确掌握操作要领	20	操作不正确扣10～20分		
2.3	对准火焰根部	正确完成操作环节	20	操作不正确扣10～20分		
2.4	往下按压阀，对准火焰喷射	按操作要求完成	20	操作不正确扣10～20分		
3	操作结束后现场处理：现场恢复	操作结束后清理现场杂物，并将工器具归位摆放整齐	10	现场留有杂物或工器具未归位扣5～10分		
合计			100			

Jc0001541002　仓库面积利用率的计算。（100分）

考核知识点：仓储标准化管理

难易度：易

技能等级评价专业技能考核操作工作任务书

一、任务名称

仓库面积利用率的计算。

二、适用工种

物资仓储作业员初级工。

三、具体任务

完成仓库面积利用率的计算。

四、工作规范及要求

（1）按国家电网公司通用制度管理办法要求执行。

（2）在指定的现场独立完成仓库面积利用率的计算。

五、考核及时间要求

（1）本考核操作时间为20分钟，时间到停止考评。

（2）操作过程中，如果操作员出现无法继续操作的情况，可向考评员申请终止该项操作，该项操作项目不得分，但不影响其他项目。

（3）按照技能操作记录单的操作要求进行操作，正确记录操作结果。

技能等级评价专业技能考核操作评分标准

<table>
<tr><td>工种</td><td colspan="5">物资仓储作业员</td><td>评价等级</td><td>初级工</td></tr>
<tr><td>项目模块</td><td colspan="4">专业知识—仓储业务管理</td><td>编号</td><td colspan="2">Jc0001541002</td></tr>
<tr><td>单位</td><td colspan="2"></td><td>准考证号</td><td colspan="2"></td><td>姓名</td><td></td></tr>
<tr><td>考试时限</td><td colspan="2">20分钟</td><td>题型</td><td colspan="2">单项操作</td><td>题分</td><td>100分</td></tr>
<tr><td>成绩</td><td></td><td>考评员</td><td></td><td>考评组长</td><td></td><td>日期</td><td></td></tr>
<tr><td>试题正文</td><td colspan="7">仓库面积利用率的计算</td></tr>
<tr><td>需要说明的问题和要求</td><td colspan="7">单人操作</td></tr>
</table>

续表

序号	项目名称	质量要求	满分	扣分标准	扣分原因	得分
1	仓库面积利用率的计算					
1.1	仓库的有效堆放面积	以仓库的实际有效堆放面积为主	30	填写不规范扣 15～30 分		
1.2	仓库总面积	以仓库账面实有面积为主	30	填写不规范扣 15～30 分		
1.3	仓库面积利用率	仓库的有效堆放面积/仓库总面积	40	填写不规范扣 20～40 分		
合计			100			

Jc0001542003 《国家电网公司实物库存管理办法》中废旧物资出库内容。（100 分）

考核知识点：废旧物资出库

难易度：中

技能等级评价专业技能考核操作工作任务书

一、任务名称

《国家电网公司实物库存管理办法》中废旧物资出库内容。

二、适用工种

物资仓储作业员初级工。

三、具体任务

简述《国家电网公司实物库存管理办法》中废旧物资出库内容。

四、工作规范及要求

（1）熟悉《国家电网公司实物库存管理办法》。

（2）掌握国家电网公司物资出库作业相关专业技能。

五、考核及时间要求

（1）本考核操作时间为 30 分钟，时间到停止考评。

（2）按照技能操作正确记录标识结果。

技能等级评价专业技能考核操作评分标准

工种	物资仓储作业员					评价等级	初级工
项目模块	专业知识—废旧物资管理				编号	Jc0001542003	
单位			准考证号			姓名	
考试时限	30 分钟		题型	单项操作题（笔答）		题分	100 分
成绩		考评员		考评组长		日期	
试题正文	《国家电网公司实物库存管理办法》中废旧物资出库内容						
需要说明的问题和要求	单人操作						

序号	项目名称	质量要求	满分	扣分标准	扣分原因	得分
1	废旧物资处置	省物资公司组织开展废旧物资网上竞价处置，在成交后，及时通知申报废旧物资处置的物资供应中心和回收商，发布成交通知书	40	少填写或错误一项重点内容扣 10 分，扣完为止		
2	款项回收	物资公司（中心）及时联系回收商，确定废旧物资移交数量和成交金额等，督促回收商完成回收款支付	40	少填写或错误一项重点内容扣 10 分，扣完为止		

续表

序号	项目名称	质量要求	满分	扣分标准	扣分原因	得分
3	废旧物资交接出库	根据成交通知书（废旧物资销售订单）、销售合同、经财务部门确认的付款凭证，物资公司（中心）与回收商办理交接	20	少填写或错误一项重点内容扣5分，扣完为止		
合计			100			

Jc0001542004 《国家电网公司实物库存管理办法》中废旧物资入库业务内容。(100分)

考核知识点：废旧物资入库

难易度：中

技能等级评价专业技能考核操作工作任务书

一、任务名称

《国家电网公司实物库存管理办法》中废旧物资入库业务内容。

二、适用工种

物资仓储作业员初级工。

三、具体任务

简述《国家电网公司实物库存管理办法》中废旧物资入库业务内容。

四、工作规范及要求

（1）熟悉《国家电网公司实物库存管理办法》。

（2）掌握国家电网公司物资入库作业相关专业技能。

五、考核及时间要求

（1）本考核操作时间为30分钟，时间到停止考评。

（2）按照技能操作正确记录标识结果。

技能等级评价专业技能考核操作评分标准

工种	物资仓储作业员				评价等级	初级工
项目模块	专业知识—废旧物资管理			编号	Jc0001542004	
单位		准考证号			姓名	
考试时限	30分钟	题型	单项操作题（笔答）		题分	100分
成绩		考评员		考评组长	日期	
试题正文	《国家电网公司实物库存管理办法》中废旧物资入库业务内容					
需要说明的问题和要求	单人操作					

序号	项目名称	质量要求	满分	扣分标准	扣分原因	得分
1	废旧物资入库	物资公司（中心）根据移交部门提供的废旧物资报废手续和移交单，核对废旧物资的品名、规格、数量，检查废旧物资的完整性，办理入库	50	少填写或错误一项重点内容扣10分，扣完为止		
2	废旧物资存储	各级仓库应设立废旧物资存放区域，用于存放、保管废旧物资，并按《国家电网公司废旧物资处置管理办法》规定，及时整理废旧物资清单，在电子商务平台集中办理网上竞价处置	50	少填写或错误一项重点内容扣10分，扣完为止		
合计			100			

Jc0001542005 针对某些特殊物资及在危险品库中存放的物资保管要求。(100 分)

考核知识点： 特殊物资及危险品管理

难易度： 中

技能等级评价专业技能考核操作工作任务书

一、任务名称

针对某些特殊物资及在危险品库中存放的物资保管要求。

二、适用工种

物资仓储作业员初级工。

三、具体任务

简述针对某些特殊物资及在危险品库中存放的物资的保管要求。

四、工作规范及要求

（1）熟悉《国家电网公司仓储标准化管理指导意见》。

（2）掌握国家电网公司在库物资管理相关技能。

五、考核及时间要求

（1）本考核操作时间为 30 分钟，时间到停止考评。

（2）按照技能操作正确记录标识结果。

技能等级评价专业技能考核操作评分标准

工种	物资仓储作业员					评价等级	初级工	
项目模块	专业知识—实物库存管理				编号	Jc0001542005		
单位		准考证号				姓名		
考试时限	30 分钟		题型	单项操作题（笔试）		题分	100 分	
成绩		考评员		考评组长		日期		
试题正文	针对某些特殊物资及在危险品库中存放的物资保管要求							
需要说明的问题和要求	（1）单人操作。 （2）掌握国家电网公司物资保管保养管理相关知识							

序号	项目名称	质量要求	满分	扣分标准	扣分原因	得分
1	特殊物资存储	对于某些特殊物资，易燃、易爆、剧毒等物资，应设专库存放，并标明储存物品的名称、性质和灭火方法；燃油、化工易燃、易腐蚀物品的包装容器必须牢固密封，发现破损、残缺、变形或物品变质、分解等情况应立即进行安全处理	50	少填写或错误一项扣 5 分，扣完为止		
2	危险品存储要求	在危险品库房中部悬挂温湿度计，夏季气温过高时，应有专人进行通风降温处理。危险品库内的照明开关，保险装置应设在库外，照明灯具应装用防爆灯具，电气设备要经常检查。危险品库管理员下班离开前要检查门窗是否锁闭，电源是否切断	50	少填写或错误一项扣 10 分，扣完为止		
合计			100			

Jc0001542006 国家电网公司安全工器具的分类及定义。(100 分)

考核知识点： 安全工器具管理

难易度： 中

技能等级评价专业技能考核操作工作任务书

一、任务名称

国家电网公司安全工器具的分类及定义。

二、适用工种

物资仓储作业员初级工。

三、具体任务

简述国家电网公司安全工器具的分类及定义。

四、工作规范及要求

（1）熟悉国家电网公司安全管理相关知识。

（2）掌握国家电网公司安全工器具使用及维护相关技能。

五、考核及时间要求

（1）本考核操作时间为30分钟，时间到停止考评。

（2）按照技能操作正确记录标识结果。

技能等级评价专业技能考核操作评分标准

<table>
<tr><td>工种</td><td colspan="6">物资仓储作业员</td><td>评价等级</td><td colspan="2">初级工</td></tr>
<tr><td>项目模块</td><td colspan="5">安全管理—仓储作业安全</td><td>编号</td><td colspan="3">Jc0001542006</td></tr>
<tr><td>单位</td><td colspan="3"></td><td>准考证号</td><td colspan="2"></td><td>姓名</td><td colspan="2"></td></tr>
<tr><td>考试时限</td><td colspan="2">30分钟</td><td>题型</td><td colspan="3">简答题（笔试）</td><td>题分</td><td colspan="2">100分</td></tr>
<tr><td>成绩</td><td></td><td>考评员</td><td></td><td>考评组长</td><td colspan="2"></td><td>日期</td><td colspan="2"></td></tr>
<tr><td>试题正文</td><td colspan="9">国家电网公司安全工器具的分类及定义</td></tr>
<tr><td>需要说明的问题和要求</td><td colspan="9">单人操作</td></tr>
<tr><td>序号</td><td>项目名称</td><td colspan="2">质量要求</td><td>满分</td><td colspan="3">扣分标准</td><td>扣分原因</td><td>得分</td></tr>
<tr><td>1</td><td>基础绝缘安全工器具</td><td colspan="2">基础绝缘安全工器具：绝缘强度大，能直接操作带电设备或接触及可能接触带电体的工器具</td><td>30</td><td colspan="3">少填写或错误一项重点内容扣10分，扣完为止</td><td></td><td></td></tr>
<tr><td>2</td><td>辅助绝缘安全工器具</td><td colspan="2">辅助绝缘安全工器具：绝缘强度不足以承受设备或线路的工作电压，只是用于加强基本绝缘安全工器具的保安作用</td><td>40</td><td colspan="3">少填写或错误一项重点内容扣10分，扣完为止</td><td></td><td></td></tr>
<tr><td>3</td><td>一般防护类安全工器具</td><td colspan="2">一般防护类安全工器具：防护工作人员发生事故的安全工器具</td><td>30</td><td colspan="3">少填写或错误一项重点内容扣15分，扣完为止</td><td></td><td></td></tr>
<tr><td colspan="2">合计</td><td colspan="2"></td><td>100</td><td colspan="3"></td><td></td><td></td></tr>
</table>

Jc0001542007　安全工器具中成套接地线的使用和检查。（100分）

考核知识点： 安全工器具管理

难易度： 中

技能等级评价专业技能考核操作工作任务书

一、任务名称

安全工器具中成套接地线的使用和检查。

二、适用工种

物资仓储作业员初级工。

三、具体任务

完成安全工器具中成套接地线的使用和检查。

四、工作规范及要求

（1）熟悉《国家电网公司电力安全工作规程（配电部分）》相关技能。

（2）掌握国家电网公司安全工器具使用及维护相关技能。

五、考核及时间要求

（1）本考核操作时间为 30 分钟，时间到停止考评。

（2）按照技能操作正确记录标识结果。

技能等级评价专业技能考核操作评分标准

工种	物资仓储作业员				评价等级	初级工
项目模块	安全管理—仓储作业安全			编号	Jc0001542007	
单位		准考证号			姓名	
考试时限	30 分钟	题型	单项操作题（笔试）		题分	100 分
成绩		考评员		考评组长		日期	
试题正文	安全工器具中成套接地线的使用和检查					
需要说明的问题和要求	单人操作					

序号	项目名称	质量要求	满分	扣分标准	扣分原因	得分
1	成套接地线					
1.1	选择要求	接地线的两端夹具应保证接地线与导体和接地装置都能接触良好、拆装方便，有足够的机械强度，并在大短路电流通过时不致松脱	60	少填写或错误一项重点内容扣 10 分，扣完为止		
1.2	使用前检查	使用前应检查确认完好，禁止使用绞线松股、断股、护套严重破损、夹具断裂松动的接地线	40	少填写或错误一项重点内容扣 10 分，扣完为止		
合计			100			

Jc0001543008　作为物资仓储作业人员，带电短接设备要注意的问题。(100 分)

考核知识点：带电操作

难易度：难

技能等级评价专业技能考核操作工作任务书

一、任务名称

作为物资仓储作业人员，带电短接设备要注意的问题。

二、适用工种

物资仓储作业员初级工。

三、具体任务

填写物资仓储作业人员带电短接设要注意的问题。

四、工作规范及要求

（1）熟悉《国家电网公司电力安全工作规程（配电部分）》相关技能。

（2）掌握国家电网公司安全工器具使用及维护相关技能。

五、考核及时间要求

（1）本考核操作时间为40分钟，时间到停止考评。

（2）按照技能操作正确记录标识结果。

技能等级评价专业技能考核操作评分标准

工种	物资仓储作业员				评价等级	初级工
项目模块	安全管理—仓储作业安全			编号	Jc0001543008	
单位		准考证号			姓名	
考试时限	40分钟	题型	多项操作题（笔试）		题分	100分
成绩	考评员		考评组长		日期	
试题正文	作为物资仓储作业人员，带电短接设备要注意的问题					
需要说明的问题和要求	单人操作					

序号	项目名称	质量要求	满分	扣分标准	扣分原因	得分
1	短接要求	用绝缘分流线或旁路电缆短接设备时，短接前应核对相位，载流设备应处于正常通流或合闸位置。断路器（开关）应取下跳闸回路熔断器，锁死跳闸机构	25	少填写或错误一项重点内容扣5分，扣完为止		
2	短接开关设备	短接开关设备的绝缘分流线截面积和两端线夹的载流容量，应满足最大负荷电流的要求	15	少填写或错误一项重点内容扣5分，扣完为止		
3	带负荷更换	带负荷更换高压隔离开关（刀闸）、跌落式熔断器，安装绝缘分流线时应有防止高压隔离开关（刀闸）、跌落式熔断器意外断开的措施	25	少填写或错误一项重点内容扣5分，扣完为止		
4	检查通流情况	绝缘分流线或旁路电缆两端连接完毕且遮蔽完好后，应检测通流情况正常	25	少填写或错误一项重点内容扣5分，扣完为止		
5	故障隔离	短接故障线路、设备前，应确认故障已隔离	10	少填写或错误一项重点内容扣5分，扣完为止		
合计			100			

Jc0001541009　物资过磅单的操作流程。（100分）

考核知识点： 实物过磅

难易度： 易

技能等级评价专业技能考核操作工作任务书

一、任务名称

物资过磅单的操作流程。

二、适用工种

物资仓储作业员初级工。

三、具体任务

完成物资过磅单的操作流程。

四、工作规范及要求

按规定的时间要求完成物资过磅单的操作流程。

五、考核及时间要求

（1）本考核操作时间为20分钟，时间到停止考评。

（2）操作过程中，如果操作员出现无法继续操作的情况，可向考评员申请终止该项操作，该项操作项目不得分，但不影响其他项目。

（3）按照技能操作记录单的操作要求进行操作，正确记录操作结果。

技能等级评价专业技能考核操作评分标准

工种	物资仓储作业员					评价等级	初级工
项目模块	专业知识—仓储业务管理				编号	Jc0001541009	
单位			准考证号			姓名	
考试时限	20分钟	题型	单项操作			题分	100分
成绩		考评员		考评组长		日期	
试题正文	物资过磅单的操作流程						
需要说明的问题和要求	（1）单人操作。 （2）按操作内容完成						

序号	项目名称	质量要求	满分	扣分标准	扣分原因	得分
1	按物资出入库要求填写					
1.1	物资名称	按物资过磅名称填写	10	填写不完整扣5～10分		
1.2	规格型号	按过磅物资型号填写	10	填写不完整扣5～10分		
2	过磅单操作具体实施内容					
2.1	到货时间	按物资实时过磅时间填写	20	填写不完整扣10～20分		
2.2	运输车辆号	按物资过磅车辆牌号填写	20	填写不完整扣10～20分		
2.3	毛重	物资过磅车辆空车质量	10	填写不完整扣5～10分		
2.4	车重	物资过磅车辆载重物资总质量	20	填写不完整扣10～20分		
2.5	净重	车重减毛重	10	填写不完整扣5～10分		
合计			100			

Jc0001541010　仓库值班管理工作流程。（100分）

考核知识点：仓储值班管理

难易度：易

技能等级评价专业技能考核操作工作任务书

一、任务名称

仓库值班管理工作流程。

二、适用工种

物资仓储作业员初级工。

三、具体任务

熟练掌握仓库值班管理具体内容。

四、工作规范及要求

（1）熟悉《国家电网公司仓储标准化管理指导意见》。

（2）在指定的现场，完成仓库值班管理的具体内容的操作流程。

五、考核及时间要求

（1）本考核操作时间为30分钟，时间到停止考评。

（2）操作过程中，如果操作员出现无法继续操作的情况，可向考评员申请终止该项操作，该项操作项目不得分，但不影响其他项目。

（3）按照技能操作记录单的操作要求进行操作，正确记录操作结果。

技能等级评价专业技能考核操作评分标准

工种	物资仓储作业员					评价等级	初级工
项目模块	安全管理—仓储日常安全				编号	Jc0001541010	
单位			准考证号			姓名	
考试时限	30分钟		题型	单项操作		题分	100分
成绩		考评员		考评组长		日期	
试题正文	仓库值班管理工作流程						
需要说明的问题和要求	（1）单人操作。 （2）在规定时间内完成操作流程						

序号	项目名称	质量要求	满分	扣分标准	扣分原因	得分
1	仓储值班管理要求					
1.1	认真登记外来进库车辆信息	按仓库管理要求认真填写	20	填写不完整扣10～20分		
1.2	对出库车辆应严格检查，并依据出门证仔细核对出库车辆所载货物	按仓库管理要求做好安全检查工作	20	检查不完整扣10～20分		
1.3	帮助外来人员联系接待人，认真登记来访信息，并在其出门时回收接待人签字的回执单	认真登记进入库区人员信息，做好签字回执单回收保管工作	20	执行不完整扣10～20分		
1.4	值班人员值班期间应保持通信通畅，方便联系。值班人员负责物资的入库和出库工作，并做好相关记录及交接工作	值班人员在岗期间保证信息畅通，做好物资出入库登记工作及上下班交接工作	20	工作不完整扣10～20分		
1.5	正值班人员应经常进行巡逻检查，发现情况及时报告处理。夜间值班人员要做好夜间库区巡视记录工作	做好库区安全巡防检查工作	20	检查不完整扣10～20分		
	合计		100			

Jc0001541011　仓储物资码垛操作流程。（100分）

考核知识点：仓储标准化管理

难易度：易

技能等级评价专业技能考核操作工作任务书

一、任务名称

仓储物资码垛操作流程。

二、适用工种

物资仓储作业员初级工。

三、具体任务

依据《国家电网公司仓储标准化管理指导意见》，完成仓储物资码垛操作流程。

四、工作规范及要求

（1）熟悉《国家电网公司仓储标准化管理指导意见》。

（2）在指定的现场，完成仓储物资码垛操作流程。

五、考核及时间要求

（1）本考核操作时间为30分钟，时间到停止考评。

（2）操作过程中，如果操作员出现无法继续操作的情况，可向考评员申请终止该项操作，该项操作项目不得分，但不影响其他项目。

（3）按照技能操作记录单的操作要求进行操作，正确记录操作结果。

技能等级评价专业技能考核操作评分标准

工种	物资仓储作业员					评价等级	初级工
项目模块	专业知识—仓储业务管理				编号	Jc0001541011	
单位			准考证号			姓名	
考试时限	30分钟	题型		单项操作		题分	100分
成绩		考评员		考评组长		日期	
试题正文	仓储物资码垛操作流程						
需要说明的问题和要求	（1）单人操作。 （2）按提供的相关资料编制						

序号	项目名称	质量要求	满分	扣分标准	扣分原因	得分
1	仓储物资码垛操作要求					
1.1	码垛要求为轻启轻放、大不压小、重不压轻	按仓储作业指导书要求实施具体操作	20	操作不正确扣10～20分		
1.2	标志直观清晰，标签朝外	按仓储作业指导书要求实施具体操作	20	操作不正确扣10～20分		
1.3	袋装货物定型码垛，重心应倾向垛内	按仓储作业指导书要求实施具体操作	20	操作不正确扣10～20分		
1.4	箱包装和桶装货物箱口应向上	按仓储作业指导书要求实施具体操作	20	操作不正确扣10～20分		
1.5	破包货物要另行堆放	按仓储作业指导书要求实施具体操作	20	操作不正确扣10～20分		
合计			100			

Jc0001541012　了解熟悉仓库消防器材种类。（100 分）

考核知识点：消防器材分类

难易度：易

技能等级评价专业技能考核操作工作任务书

一、任务名称

了解熟悉仓库消防器材种类。

二、适用工种

物资仓储作业员初级工。

三、具体任务

在指定的仓库现场完成仓库消防器材种类的识别。

四、工作规范及要求

按照标准化作业指导书的说明完成消防器材的种类识别。

五、考核及时间要求

（1）本考核操作时间为 30 分钟，时间到停止考评，包括操作现场清理。

（2）操作过程中，如果操作员出现无法继续操作的情况，可向考评员申请终止该项操作，该项操作项目不得分，但不影响其他项目。

（3）按照技能操作记录单的操作要求进行操作，正确记录操作结果。

技能等级评价专业技能考核操作评分标准

工种	物资仓储作业员			评价等级	初级工	
项目模块	安全管理—库房消防安全		编号	Jc0001541012		
单位		准考证号		姓名		
考试时限	30 分钟	题型	单项操作	题分	100 分	
成绩		考评员		考评组长		日期
试题正文	了解熟悉仓库消防器材种类					
需要说明的问题和要求	（1）单人操作。 （2）按照标准化作业指导书的说明辨认					
序号	项目名称	质量要求	满分	扣分标准	扣分原因	得分
1	仓库常用消防器材的种类	按指导作业书要求进行辨认				
1.1	各种灭火器	在仓库现场辨别不同类型的灭火器	30	识别不清扣 15～30 分		
1.2	消防桶	以仓库现场消防工器具为主	20	识别不清扣 10～20 分		
1.3	消防锹	以仓库现场消防工器具为主	10	识别不清扣 5～10 分		
1.4	消防栓	以仓库现场消防工器具为主	10	识别不清扣 5～10 分		
1.5	水枪	以仓库现场消防工器具为主	10	识别不清扣 5～10 分		
1.6	消防水池	以仓库现场消防工器具为主	20	识别不清扣 10～20 分		
合计			100			

Jc0001542013　报废物资实物交接单的填写内容（线下操作）。（100分）

考核知识点： 报废物资交接

难易度： 中

技能等级评价专业技能考核操作工作任务书

一、任务名称

报废物资实物交接单的填写内容（线下操作）。

二、适用工种

物资仓储作业员初级工。

三、具体任务

（1）在指定的现场完成报废物资实物交接单操作流程。

（2）操作现场，实施安全措施。

四、工作规范及要求

（1）严格执行国家电网公司通用制度要求。

（2）按规定要求完成报废物资实物交接单实地操作。

五、考核及时间要求

（1）本考核操作时间为60分钟，时间到停止考评。

（2）操作过程中，如果操作员出现无法继续操作的情况，可向考评员申请终止该项操作，该项操作项目不得分，但不影响其他项目。

（3）按照技能操作记录单的操作要求进行操作，正确记录操作结果。

技能等级评价专业技能考核操作评分标准

<table>
<tr><td>工种</td><td colspan="5">物资仓储作业员</td><td>评价等级</td><td>初级工</td></tr>
<tr><td>项目模块</td><td colspan="5">专业知识—废旧物资管理</td><td>编号</td><td>Jc0001542013</td></tr>
<tr><td>单位</td><td colspan="3"></td><td>准考证号</td><td></td><td>姓名</td><td></td></tr>
<tr><td>考试时限</td><td colspan="2">60分钟</td><td>题型</td><td colspan="2">单项操作</td><td>题分</td><td>100分</td></tr>
<tr><td>成绩</td><td></td><td>考评员</td><td></td><td>考评组长</td><td></td><td>日期</td><td></td></tr>
<tr><td>试题正文</td><td colspan="7">报废物资实物交接单的填写内容（线下操作）</td></tr>
<tr><td>需要说明的问题和要求</td><td colspan="7">（1）单人操作。
（2）按交接单实际要求填写内容</td></tr>
</table>

序号	项目名称	质量要求	满分	扣分标准	扣分原因	得分
1	安全文明生产	佩戴安全帽；穿全棉工作服；穿绝缘鞋；操作时戴线手套	5	有一项未按要求进行扣2分，扣完为止		
2	仓储物资实物交接单					
2.1	仓储物资实物交接单填写内容1	物资名称按指定名称填写	10	未完成一项扣10分； 发生错误一项扣5分； 扣完为止		
2.2	仓储物资实物交接单填写内容2	项目名称按给定项目名称填写	10	未完成一项扣10分； 发生错误一项扣5分； 扣完为止		
2.3	仓储物资实物交接单填写内容3	规格型号按指定要求填写	10	未完成一项扣10分； 发生错误一项扣5分； 扣完为止		

续表

序号	项目名称	质量要求	满分	扣分标准	扣分原因	得分
2.4	仓储物资实物交接单填写内容 4	资产编码按指定要求填写	10	未完成一项扣 10 分； 发生错误一项扣 5 分； 扣完为止		
2.5	仓储物资实物交接单填写内容 5	应交接数量按提供数量填写	20	未完成一项扣 10 分； 发生错误一项扣 5 分； 扣完为止		
2.6	仓储物资实物交接单填写内容 6	实际交接数量按提供数量填写	20	未完成一项扣 10 分； 发生错误一项扣 5 分； 扣完为止		
2.7	仓储物资实物交接单填写内容 7	完整情况按实际提供要求填报（完整或不完整）	10	未完成一项扣 10 分； 发生错误一项扣 5 分； 扣完为止		
3	现场恢复	操作结束后： （1）清理现场杂物； （2）将工器具归位摆放整齐	5	未完成一项扣 2 分； 两项未完成扣 5 分		
	合计		100			

Jc0001542014 仓储作业凭证的出入库联系单据填写（线下操作）。（100 分）

考核知识点：物资出入库

难易度：中

技能等级评价专业技能考核操作工作任务书

一、任务名称

仓储作业凭证的出入库联系单据填写（线下操作）。

二、适用工种

物资仓储作业员初级工。

三、具体任务

（1）操作现场，实施安全措施。

（2）在指定的现场完成一次仓储作业凭证需要填写的出入库联系单据。

四、工作规范及要求

（1）严格执行国家电网公司通用制度要求。

（2）按规定要求完成一次仓储作业凭证需要填写的出入库联系单据。

五、考核及时间要求

（1）本考核操作时间为 60 分钟，时间到停止考评。

（2）操作过程中，如果操作员出现无法继续操作的情况，可向考评员申请终止该项操作，该项操作项目不得分，但不影响其他项目。

（3）按照技能操作记录单的操作要求进行操作，正确记录操作结果。

技能等级评价专业技能考核操作评分标准

<table>
<tr><td>工种</td><td colspan="5">物资仓储作业员</td><td>评价等级</td><td>初级工</td></tr>
<tr><td>项目模块</td><td colspan="4">专业知识—仓储业务管理</td><td>编号</td><td colspan="2">Jc0001542014</td></tr>
<tr><td>单位</td><td colspan="2"></td><td>准考证号</td><td colspan="2"></td><td>姓名</td><td></td></tr>
<tr><td>考试时限</td><td>60 分钟</td><td>题型</td><td colspan="3">单项操作</td><td>题分</td><td>100 分</td></tr>
</table>

续表

成绩		考评员		考评组长		日期	
试题正文	仓储作业凭证的出入库联系单据填写（线下操作）						
需要说明的问题和要求	（1）单人操作。 （2）操作时应注意安全，按照标准化作业指导书的技术安全说明做好安全措施						

序号	项目名称	质量要求	满分	扣分标准	扣分原因	得分
1	安全文明生产	佩戴安全帽；穿全棉工作服；穿绝缘鞋；操作时戴线手套	10	有一项未按要求进行扣 2 分，扣完为止		
2	仓储作业凭证的记录凭证的管理					
2.1	记录凭证需要填写单据 1	送货单	10	未完成一项扣 10 分； 发生错误一项扣 5 分； 扣完为止		
2.2	记录凭证需要填写单据 2	调拨通知	10	未完成一项扣 10 分； 发生错误一项扣 5 分； 扣完为止		
2.3	记录凭证需要填写单据 3	代保管物资入库申请单	10	未完成一项扣 10 分； 发生错误一项扣 5 分； 扣完为止		
2.4	记录凭证需要填写单据 4	代保管物资领用申请单	10	未完成一项扣 10 分； 发生错误一项扣 5 分； 扣完为止		
2.5	记录凭证需要填写单据 5	可利用退役资产代保管申请单	10	未完成一项扣 10 分； 发生错误一项扣 5 分； 扣完为止		
2.6	记录凭证需要填写单据 6	可利用退役资产领用申请单	10	未完成一项扣 10 分； 发生错误一项扣 5 分； 扣完为止		
2.7	记录凭证需要填写单据 7	废旧物资交接单	10	未完成一项扣 10 分； 发生错误一项扣 5 分； 扣完为止		
2.8	记录凭证需要填写单据 8	结余物资退库申请单	10	未完成一项扣 10 分； 发生错误一项扣 5 分； 扣完为止		
3	现场恢复	操作结束后： （1）清理现场杂物 （2）将工器具归位摆放整齐	10	有一项未按要求进行扣 2.5 分，扣完为止		
合计			100			

Jc0001542015 仓储作业凭证的出入库记录凭证需要填写的单据（线下操作）。（100 分）

考核知识点：物资出入库

难易度：中

技能等级评价专业技能考核操作工作任务书

一、任务名称

仓储作业凭证的出入库记录凭证需要填写的单据（线下操作）。

二、适用工种

物资仓储作业员初级工。

三、具体任务

（1）操作现场，实施安全措施。

（2）在指定的现场完成一次仓储作业凭证的出入库记录凭证需要填写的单据。

四、工作规范及要求

（1）严格执行国家电网公司通用制度要求。

（2）按规定要求完成一次仓储作业凭证的出入库记录凭证需要填写的单据。

五、考核及时间要求

（1）本考核操作时间为 60 分钟，时间到停止考评。

（2）操作过程中，如果操作员出现无法继续操作的情况，可向考评员申请终止该项操作，该项操作项目不得分，但不影响其他项目。

（3）按照技能操作记录单的操作要求进行操作，正确记录操作结果。

技能等级评价专业技能考核操作评分标准

工种	物资仓储作业员				评价等级	初级工
项目模块	专业知识—仓储业务管理			编号		Jc0001542015
单位		准考证号			姓名	
考试时限	60 分钟	题型	单项操作		题分	100 分
成绩		考评员	考评组长		日期	
试题正文	仓储作业凭证的出入库记录凭证需要填写的单据（线下操作）					
需要说明的问题和要求	（1）单人操作。 （2）操作时应注意安全，按照标准化作业指导书的技术安全说明做好安全措施					

序号	项目名称	质量要求	满分	扣分标准	扣分原因	得分
1	安全文明生产	佩戴安全帽；穿全棉工作服；穿绝缘鞋；操作时戴线手套	5	有一项未按要求进行扣 2 分，扣完为止		
2	仓储作业凭证的记录凭证的管理					
2.1	记录凭证需要填写单据 1	交接单	10	未完成一项扣 10 分； 发生错误一项扣 5 分； 扣完为止		
2.2	记录凭证需要填写单据 2	验收单	10	未完成一项扣 10 分； 发生错误一项扣 5 分； 扣完为止		
2.3	记录凭证需要填写单据 3	领料单	10	未完成一项扣 10 分； 发生错误一项扣 5 分； 扣完为止		
2.4	记录凭证需要填写单据 4	借料申请单	20	未完成一项扣 20 分； 发生错误一项扣 10 分； 扣完为止		
2.5	记录凭证需要填写单据 5	代保管（废旧物资）入库单	20	未完成一项扣 10 分； 发生错误一项扣 5 分； 扣完为止		
2.6	记录凭证需要填写单据 6	代保管（废旧物资）出库单	20	未完成一项扣 10 分； 发生错误一项扣 5 分； 扣完为止		
3	现场恢复	操作结束后： （1）清理现场杂物。 （2）将工器具归位摆放整齐	5	有一项未按要求进行扣 2.5 分，扣完为止		
	合计		100			

Jc0001542016　仓储作业凭证的记账凭证需要填写的单据（线下操作）。（100 分）

考核知识点：物资出入库

难易度：中

技能等级评价专业技能考核操作工作任务书

一、任务名称

仓储作业凭证的记账凭证需要填写的单据（线下操作）。

二、适用工种

物资仓储作业员初级工。

三、具体任务

（1）操作现场，实施安全措施。

（2）在指定的现场完成一次仓储作业凭证的记账凭证需要填写的单据。

四、工作规范及要求

（1）严格执行国家电网公司通用制度要求。

（2）按规定要求完成一次仓储作业凭证的记账凭证需要填写的单据。

五、考核及时间要求

（1）本考核操作时间为 60 分钟，时间到停止考评。

（2）操作过程中，如果操作员出现无法继续操作的情况，可向考评员申请终止该项操作，该项操作项目不得分，但不影响其他项目。

（3）按照技能操作记录单的操作要求进行操作，正确记录操作结果。

技能等级评价专业技能考核操作评分标准

工种	物资仓储作业员					评价等级	初级工
项目模块	专业知识—仓储业务管理				编号	Jc0001542016	
单位			准考证号			姓名	
考试时限	60 分钟		题型	单项操作		题分	100 分
成绩		考评员		考评组长		日期	
试题正文	仓储作业凭证的记账凭证需要填写的单据（线下操作）						
需要说明的问题和要求	（1）单人操作。 （2）操作时应注意安全，按照标准化作业指导书的技术安全说明做好安全措施						

序号	项目名称	质量要求	满分	扣分标准	扣分原因	得分
1	安全文明生产	佩戴安全帽；穿全棉工作服；穿绝缘鞋；操作时戴线手套	5	有一项未按要求进行扣 2 分，扣完为止		
2	仓储作业凭证的记账凭证的管理					
2.1	记账凭证需要填写单据 1	入库单	20	未完成一项扣 20 分； 发生错误一项扣 10 分； 扣完为止		
2.2	记账凭证需要填写单据 2	出库单	20	未完成一项扣 20 分； 发生错误一项扣 10 分； 扣完为止		
2.3	记账凭证需要填写单据 3	工程结余物资退料入库单	20	未完成一项扣 20 分； 发生错误一项扣 10 分； 扣完为止		

续表

序号	项目名称	质量要求	满分	扣分标准	扣分原因	得分
2.4	记账凭证需要填写单据 4	工程结余物资退料申请单	20	未完成一项扣 20 分； 发生错误一项扣 10 分； 扣完为止		
2.5	记账凭证需要填写单据 5	鉴定报告	10	未完成一项扣 10 分； 发生错误一项扣 5 分； 扣完为止		
3	现场恢复	操作结束后： （1）清理现场杂物 （2）将工器具归位摆放整齐	5	有一项未按要求进行扣 2.5 分，扣完为止		
合计			100			

Jc0001542017　仓库网络规划原则（线下操作）。（100 分）

考核知识点：仓储标准化管理

难易度：中

技能等级评价专业技能考核操作工作任务书

一、任务名称

仓库网络规划原则（线下操作）。

二、适用工种

物资仓储作业员初级工。

三、具体任务

（1）操作现场，实施安全措施。

（2）在指定的现场完成一次仓库网络规划原则实操。

四、工作规范及要求

（1）严格执行国家电网公司通用制度要求。

（2）按规定要求完成一次仓库网络规划原则实操。

五、考核及时间要求

（1）本考核操作时间为 60 分钟，时间到停止考评。

（2）操作过程中，如果操作员出现无法继续操作的情况，可向考评员申请终止该项操作，该项操作项目不得分，但不影响其他项目。

（3）按照技能操作记录单的操作要求进行操作，正确记录操作结果。

技能等级评价专业技能考核操作评分标准

<table>
<tr><td>工种</td><td colspan="5">物资仓储作业员</td><td>评价等级</td><td>初级工</td></tr>
<tr><td>项目模块</td><td colspan="4">专业知识—仓储业务管理</td><td>编号</td><td colspan="2">Jc0001542017</td></tr>
<tr><td>单位</td><td colspan="2"></td><td>准考证号</td><td colspan="2"></td><td>姓名</td><td></td></tr>
<tr><td>考试时限</td><td>60 分钟</td><td>题型</td><td colspan="3">单项操作</td><td>题分</td><td>100 分</td></tr>
<tr><td>成绩</td><td></td><td>考评员</td><td></td><td>考评组长</td><td></td><td>日期</td><td></td></tr>
<tr><td>试题正文</td><td colspan="7">仓库网络规划原则（线下操作）</td></tr>
<tr><td>需要说明的问题和要求</td><td colspan="7">（1）单人操作。
（2）操作时应注意安全，按照标准化作业指导书的技术安全说明做好安全措施</td></tr>
</table>

续表

序号	项目名称	质量要求	满分	扣分标准	扣分原因	得分
1	安全文明生产	佩戴安全帽；穿全棉工作服；穿绝缘鞋；操作时戴线手套	10	有一项未按要求进行扣 2 分，扣完为止		
2	仓库网络规划原则					
2.1	仓库网络规划原则	统筹规划	20	未完成一项扣 20 分； 发生错误一项扣 10 分； 扣完为止		
2.2	仓库网络规划原则 2	合理布局	20	未完成一项扣 20 分； 发生错误一项扣 10 分； 扣完为止		
2.3	仓库网络规划原则 3	因地制宜	20	未完成一项扣 20 分； 发生错误一项扣 10 分； 扣完为止		
2.4	仓库网络规划原则 4	便捷高效	20	未完成一项扣 20 分； 发生错误一项扣 10 分； 扣完为止		
3	现场恢复	操作结束后： （1）清理现场杂物。 （2）将工器具归位摆放整齐	10	有一项未按要求进行扣 5 分，扣完为止		
合计			100			

Jc0001542018 工程结余物资鉴定为可用的满足条件的操作（线下操作）。（100 分）

考核知识点：工程结余物资管理

难易度：中

技能等级评价专业技能考核操作工作任务书

一、任务名称

工程结余物资鉴定为可用的满足条件的操作（线下操作）。

二、适用工种

物资仓储作业员初级工。

三、具体任务

（1）操作现场，实施安全措施。

（2）在指定的现场完成工程结余物资鉴定为可用的满足条件的操作。

四、工作规范及要求

(1) 严格执行国家电网公司通用制度要求。

(2) 按规定要求完成工程结余物资鉴定为可用的满足条件的操作。

五、考核及时间要求

（1）本考核操作时间为 60 分钟，时间到停止考评。

（2）操作过程中，如果操作员出现无法继续操作的情况，可向考评员申请终止该项操作，该项操作项目不得分，但不影响其他项目。

（3）按照技能操作记录单的操作要求进行操作，正确记录操作结果。

技能等级评价专业技能考核操作评分标准

<table>
<tr><td>工种</td><td colspan="5">物资仓储作业员</td><td>评价等级</td><td>初级工</td></tr>
<tr><td>项目模块</td><td colspan="4">专业物资—实物库存管理</td><td>编号</td><td colspan="2">Jc0001542018</td></tr>
<tr><td>单位</td><td colspan="3"></td><td>准考证号</td><td colspan="2"></td><td>姓名</td></tr>
<tr><td>考试时限</td><td colspan="2">60 分钟</td><td>题型</td><td colspan="3">单项操作</td><td>题分</td><td>100 分</td></tr>
<tr><td>成绩</td><td></td><td>考评员</td><td></td><td>考评组长</td><td colspan="2"></td><td>日期</td><td></td></tr>
<tr><td>试题正文</td><td colspan="8">工程结余物资鉴定为可用的满足条件的操作（线下操作）</td></tr>
<tr><td>需要说明的问题和要求</td><td colspan="8">（1）单人操作。
（2）操作时应注意安全，按照标准化作业指导书的技术安全说明做好安全措施</td></tr>
</table>

序号	项目名称	质量要求	满分	扣分标准	扣分原因	得分
1	安全文明生产	佩戴安全帽；穿全棉工作服；穿绝缘鞋；操作时戴线手套	10	有一项未按要求进行扣 10 分		
2	工程结余物资鉴定为可用的满足条件					
2.1	满足条件 1	变电一次设备的退库物资应为整台	20	少一项扣 20 分； 发生错误一项扣 10 分； 扣完为止		
2.2	满足条件 2	变电二次设备的退库物资应为最小使用单元	20	少一项扣 20 分； 发生错误一项扣 10 分； 扣完为止		
2.3	满足条件 3	线路材料的退库物资导线	20	少一项扣 20 分； 发生错误一项扣 10 分； 扣完为止		
2.4	满足条件 4	电缆单段长度满足最低使用需求量	20	少一项扣 20 分； 发生错误一项扣 10 分； 扣完为止		
3	现场恢复	操作结束后清理现场杂物，并将工器具归位摆放整齐	10	现场留有杂物或工器具未归位扣 10 分		
合计			100			

Jc0001542019　在库物资管理包括的内容。（100 分）

考核知识点：库存物资管理内容

难易度：中

技能等级评价专业技能考核操作工作任务书

一、任务名称

在库物资管理包括的内容。

二、适用工种

物资仓储作业员初级工。

三、具体任务

简述在库物资应如何管理。

四、工作规范及要求

（1）熟悉《国家电网公司仓储标准化管理指导意见》。

（2）掌握国网家电公司在库物资管理相关技能。

五、考核及时间要求

（1）本考核操作时间为 15 分钟，时间到停止考评。

（2）按照技能操作正确记录标识结果。

技能等级评价专业技能考核操作评分标准

工种	物资仓储作业员					评价等级	初级工
项目模块	专业知识—仓储业务管理				编号	Jc0001542019	
单位			准考证号			姓名	
考试时限	15 分钟	题型	单项操作			题分	100 分
成绩		考评员		考评组长		日期	
试题正文	在库物资管理包括的内容						
需要说明的问题和要求	单人操作						

序号	项目名称	质量要求	满分	扣分标准	扣分原因	得分
1	满足条件 1	所有在库物资必须形成统一的台账进行管理，并与财务明细账保持一致，实现账账相符，账物相符	25	少填写或错误一项扣 6 分，扣完为止		
2	满足条件 2	主业（含农电）物资与非主业物资要分库存放，严禁混合存放	25	少填写或错误一项扣 12 分，扣完为止		
2.1	满足条件 3	仓库保管人员要具备保管保养的基本知识，经常对库存物资定期进行检查、维护和保养	25	少填写或错误一项扣 6 分，扣完为止		
2.2	满足条件 4	物资办理领料手续后应立即领用，如有特殊情况，领料单位要委托仓库暂为保管已领出的物资，物资部门要建账管理，注明委托代管部门和代管时限	25	少填写或错误一项扣 6 分，扣完为止		
合计			100			

Jc0001542020 库存物资报废的管理流程（线下操作）。（100 分）

考核知识点： 物资报废流程

难易度： 中

技能等级评价专业技能考核操作工作任务书

一、任务名称

库存物资报废的管理流程（线下操作）。

二、适用工种

物资仓储作业员初级工。

三、具体任务

（1）操作现场，实施安全措施。

（2）在指定的现场完成一次库存物资报废的管理流程。

四、工作规范及要求

（1）严格执行国家电网公司通用制度要求。

（2）按规定要求完成一次库存物资报废的管理流程。

五、考核及时间要求

（1）本考核操作时间为 40 分钟，时间到停止考评。

（2）操作过程中，如果操作员出现无法继续操作的情况，可向考评员申请终止该项操作，该项操作项目不得分，但不影响其他项目。

（3）按照技能操作记录单的操作要求进行操作，正确记录操作结果。

技能等级评价专业技能考核操作评分标准

工种	物资仓储作业员			评价等级	初级工	
项目模块	专业知识—废旧物资管理		编号	Jc0001542020		
单位		准考证号		姓名		
考试时限	40 分钟	题型	单项操作	题分	100 分	
成绩		考评员		考评组长		日期
试题正文	库存物资报废的管理流程（线下操作）					
需要说明的问题和要求	（1）单人操作。 （2）操作时应注意安全，按照标准化作业指导书的技术安全说明做好安全措施					
序号	项目名称	质量要求	满分	扣分标准	扣分原因	得分
1	安全文明生产	佩戴安全帽；穿全棉工作服；穿绝缘鞋；操作时戴线手套	10	有一项未按要求进行扣 2 分，扣完为止		
2	库存物资报废的条件及流程管理					
2.1	库存物资报废的管理流程 1	（1）物资公司（中心）每年定时组织专业管理部门、项目管理部门、财务部门等，对库存物资进行技术鉴定。 （2）符合报废条件的，在技术鉴定书中明确和确认	20	未完成一项扣 10 分； 发生错误一项扣 5 分； 扣完为止		
2.2	库存物资报废的管理流程 2	（1）物资部门提出库存物资报废申请。 （2）提交专业管理部门和财务部门审批	20	未完成一项扣 10 分； 发生错误一项扣 5 分； 扣完为止		
2.3	库存物资报废的管理流程 3	审批通过后： （1）物资公司（中心）办理报废手续。 （2）在 ERP 系统打印报废物资出库单。 （3）办理废旧物资入库	20	未完成一项扣 6 分； 发生错误一项扣 3 分； 扣完为止		
2.4	库存物资报废的管理流程 4	（1）物资保管员根据物资报废出库单和废旧物资入库单，将实物转移到废旧物资区。 （2）物资报废出库单由物资部门和财务部门存档	20	未完成一项扣 10 分； 发生错误一项扣 5 分； 扣完为止		
3	现场恢复	操作结束后： （1）清理现场杂物。 （2）将工器具归位摆放整齐	10	有一项未按要求进行扣 5 分，扣完为止		
合计			100			

Jc0001542021　直接采购入库物资处理流程（线下操作）。（100 分）

考核知识点： 物资出入库

难易度： 中

技能等级评价专业技能考核操作工作任务书

一、任务名称

直接采购入库物资处理流程（线下操作）。

二、适用工种

物资仓储作业员初级工。

三、具体任务

（1）操作现场，实施安全措施。

（2）在指定的现场对直接采购入库物资进行处理。

四、工作规范及要求

（1）严格执行国家电网公司通用制度要求。

（2）按规定要求完成直接采购入库管理。

五、考核及时间要求

（1）本考核操作时间为 60 分钟，时间到停止考评。

（2）操作过程中，如果操作员出现无法继续操作的情况，可向考评员申请终止该项操作，该项操作项目不得分，但不影响其他项目。

（3）按照技能操作记录单的操作要求进行操作，正确记录操作结果。

技能等级评价专业技能考核操作评分标准

工种	物资仓储作业员				评价等级	初级工
项目模块	专业知识—仓储业务管理			编号	Jc0001542021	
单位		准考证号			姓名	
考试时限	60 分钟	题型	单项操作		题分	100 分
成绩		考评员		考评组长		日期	
试题正文	直接采购入库物资处理流程（线下操作）					
需要说明的问题和要求	（1）单人操作。 （2）操作时应注意安全，按照标准化作业指导书的技术安全说明做好安全措施					

序号	项目名称	质量要求	满分	扣分标准	扣分原因	得分
1	安全文明生产	佩戴安全帽；穿全棉工作服；穿绝缘鞋；操作时戴线手套；打开柜门前需先验电	20	有一项未按要求进行扣 5 分，扣完为止		
2	直接采购入库物资管理					
2.1	直接采购入库物资 1	管理部门：由物资公司（中心）（包括县公司仓储班）办理	20	未完成一项扣 10 分； 发生错误一项扣 3 分； 扣完为止		
2.2	直接采购入库物资 2	与供应商办理交接和验收：根据物资交接单、到货验收单和物资到货验收有关要求，与供应商办理交接和验收	20	未完成一项扣 10 分； 发生错误一项扣 3 分； 扣完为止		
2.3	直接采购入库物资 3	验收合格后办理入库手续	10	未完成扣 10 分； 发生错误一项扣 3 分； 扣完为止		
2.4	直接采购入库物资 4	特殊物资或重要设备管理：组织项目建设管理部门、专业管理部门、监理单位、施工单位、供应商共同进行验收	20	未完成一项扣 4 分； 发生错误一项扣 2 分； 扣完为止		
3	现场恢复	操作结束后清理现场杂物，并将工器具归位摆放整齐	10	现场留有杂物或工器具未归位扣 10 分		
合计			100			

Jc0001542022　中毒或窒息人员急救措施。（100 分）

考核知识点：紧急救护

难易度：中

技能等级评价专业技能考核操作工作任务书

一、任务名称

中毒或窒息人员急救措施。

二、适用工种

物资仓储作业员初级工。

三、具体任务

简述中毒或窒息人员急救措施。

四、工作规范及要求

（1）熟悉国家安全生产监督管理安全培训相关知识。

（2）掌握国家电网公司紧急救护相关技能。

五、考核及时间要求

（1）本考核操作时间为30分钟，时间到停止考评。

（2）按照技能操作正确记录标识结果。

技能等级评价专业技能考核操作评分标准

工种	物资仓储作业员				评价等级	初级工
项目模块	安全管理—仓储应急安全			编号	Jc0001542022	
单位			准考证号		姓名	
考试时限	30分钟	题型	单项操作		题分	100分
成绩		考评员		考评组长	日期	
试题正文	中毒或窒息人员急救措施					
需要说明的问题和要求	单人操作					

序号	项目名称	质量要求	满分	扣分标准	扣分原因	得分
1	移动人员	立即将伤员从危险区抢运到新风中，取平卧位	20	少填写或错误一项扣10分，扣完为止		
2	清除杂物	立即将伤员口、鼻内的黏液、血块、泥土、碎煤等除去，解开上衣和腰带，脱掉胶鞋	20	少填写或错误一项扣10分，扣完为止		
3	保持体温	用衣服覆盖在伤员身上保暖	10	少填写或错误一项扣10分		
4	初步判断伤情	根据心跳、呼吸、瞳孔等特征和伤员的神志情况，初步判定伤情的轻重	10	少填写或错误一项扣10分		
5	进一步判断伤情	当伤员出现眼红肿、流泪、畏光、喉痛、咳嗽、胸闷现象时，说明是受二氧化硫中毒所致。当出现眼红肿、流泪、喉痛及手抖、头发呈黄褐色现象时，说明伤员是受二氧化氮中毒。一氧化碳中毒的显著特征是嘴唇呈桃红色、两颊有红斑点	30	少填写或错误一项扣10分，扣完为止		
6	人工呼吸	人工呼吸持续的时间以恢复自主呼吸或到伤员真正死亡时为止	10	少填写或错误一项扣5分，扣完为止		
合计			100			

Jc0001542023　对于不同品种物资的验收方法。（100分）

考核知识点： 物资出入库

难易度： 中

技能等级评价专业技能考核操作工作任务书

一、任务名称

对于不同品种物资的验收方法。

二、适用工种

物资仓储作业员初级工。

三、具体任务

简述对于不同品种物资的验收可以采取的方法。

四、工作规范及要求

（1）熟悉《国家电网公司仓储标准化管理指导意见》。

（2）掌握国家电网公司物资入库作业相关技能。

五、考核及时间要求

（1）本考核操作时间为 30 分钟，时间到停止考评。

（2）按照技能操作正确记录标识结果。

技能等级评价专业技能考核操作评分标准

<table>
<tr><td>工种</td><td colspan="5">物资仓储作业员</td><td>评价等级</td><td colspan="2">初级工</td></tr>
<tr><td>项目模块</td><td colspan="4">专业知识—仓储业务管理</td><td>编号</td><td colspan="3">Jc0001542023</td></tr>
<tr><td>单位</td><td colspan="2"></td><td>准考证号</td><td colspan="2"></td><td>姓名</td><td colspan="2"></td></tr>
<tr><td>考试时限</td><td>30 分钟</td><td>题型</td><td colspan="3">单项操作题</td><td>题分</td><td colspan="2">100 分</td></tr>
<tr><td>成绩</td><td></td><td>考评员</td><td></td><td>考评组长</td><td></td><td>日期</td><td colspan="2"></td></tr>
<tr><td>试题正文</td><td colspan="8">对于不同品种物资的验收方法</td></tr>
<tr><td>需要说明的问题和要求</td><td colspan="8">单人操作</td></tr>
<tr><td>序号</td><td>项目名称</td><td>质量要求</td><td>满分</td><td colspan="3">扣分标准</td><td>扣分原因</td><td>得分</td></tr>
<tr><td>1</td><td>整体包装物资验收</td><td>整体包装（整桶、整瓶、整箱）物品及不便拆开的化学品、易燃、易爆物品，应根据供货方在原包装上标出的数量、容积、质量进行核对，计算验收</td><td>30</td><td colspan="3">少填写或错误一项扣 6 分，扣完为止</td><td></td><td></td></tr>
<tr><td>2</td><td>一般仪器仪表等验收</td><td>一般仪器、仪表、金具、小五金、电瓷、备品配件及一些辅助材料等要尽量做到全检，对于包装完整、数量相同的物资可抽检其中一部分，抽检率不得少于规定的抽检比例</td><td>40</td><td colspan="3">少填写或错误一项扣 20 分，扣完为止</td><td></td><td></td></tr>
<tr><td>3</td><td>贵重仪器仪表等验收</td><td>贵重仪器、仪表、重要设备、专项急用物资入库，应会同供应商、需求部门进行验收</td><td>30</td><td colspan="3">少填写或错误一项扣 15 分，扣完为止</td><td></td><td></td></tr>
<tr><td colspan="2">合计</td><td></td><td>100</td><td colspan="3"></td><td></td><td></td></tr>
</table>

Jc0001542024 物资仓储管理遵循的原则。（100 分）

考核知识点：仓储管理原则

难易度：中

技能等级评价专业技能考核操作工作任务书

一、任务名称

物资仓储管理遵循的原则。

二、适用工种

物资仓储作业员初级工。

三、具体任务

简述物资仓储管理遵循的原则。

四、工作规范及要求

（1）熟悉《国家电网公司仓储标准化管理指导意见》。

（2）掌握国家电网公司在库物资管理相关技能。

五、考核及时间要求

（1）本考核操作时间为30分钟，时间到停止考评。

（2）按照技能操作正确记录标识结果。

技能等级评价专业技能考核操作评分标准

<table>
<tr><td>工种</td><td colspan="5">物资仓储作业员</td><td>评价等级</td><td>初级工</td></tr>
<tr><td>项目模块</td><td colspan="4">专业知识—仓储业务管理</td><td>编号</td><td colspan="2">Jc0001542024</td></tr>
<tr><td>单位</td><td colspan="2"></td><td>准考证号</td><td colspan="2"></td><td>姓名</td><td></td></tr>
<tr><td>考试时限</td><td colspan="2">30分钟</td><td>题型</td><td colspan="2">单项操作题</td><td>题分</td><td>100分</td></tr>
<tr><td>成绩</td><td></td><td>考评员</td><td></td><td>考评组长</td><td></td><td>日期</td><td></td></tr>
<tr><td>试题正文</td><td colspan="7">物资仓储管理遵循的原则</td></tr>
<tr><td>需要说明的问题和要求</td><td colspan="7">单人操作</td></tr>
</table>

序号	项目名称	质量要求	满分	扣分标准	扣分原因	得分
1	物资仓储管理遵循“合理储备，加快周转，保质可用，永续盘存”的原则					
1.1	合理储备	合理储备。库存物资储备以保证电网建设，满足生产、经营需要为前提，制定储备定额，确定储备策略，控制库存总量	25	少填写或错误一项重要内容扣3分，扣完为止		
1.2	加快周转	加快周转。合理布局仓库网络，综合平衡库存物资种类和数量，利用平衡利库，加快物资周转，提高库存物资周转效率	25	少填写或错误一项重要内容扣3分，扣完为止		
1.3	保质可用	保质可用。库存物资应定期检查，及时组织检验，保证库存物资质量完好，随时可用	25	少填写或错误一项重要内容扣3分，扣完为止		
1.4	永续盘存	永续盘存。物资收、发、转储、退库等信息应在当日内完成信息记账，确保账、卡、物相符	25	少填写或错误一项重要内容扣5分，扣完为止		
	合计		100			

Jc0001542025 《国家电网公司实物库存管理办法》中物资领料出库内容。（100分）

考核知识点：物资出库

难易度：中

技能等级评价专业技能考核操作工作任务书

一、任务名称

《国家电网公司实物库存管理办法》中物资领料出库内容。

二、适用工种

物资仓储作业员初级工。

三、具体任务

简述《国家电网公司实物库存管理办法》中物资领料出库的内容。

四、工作规范及要求

（1）熟悉《国家电网公司实物库存管理办法》。

（2）掌握国家电网公司物资出库作业相关专业技能。

五、考核及时间要求

（1）本考核操作时间为 50 分钟，时间到停止考评。

（2）按照技能操作正确记录标识结果。

技能等级评价专业技能考核操作评分标准

工种	物资仓储作业员			评价等级	初级工
项目模块	专业知识—实物库存管理		编号	Jc0001542025	
单位		准考证号		姓名	
考试时限	50 分钟	题型	多项操作题（笔答）	题分	100 分
成绩		考评员		考评组长		日期	
试题正文	《国家电网公司实物库存管理办法》中物资领料出库内容				
需要说明的问题和要求	单人操作				

序号	项目名称	质量要求	满分	扣分标准	扣分原因	得分
1	项目暂存物资出库	项目建设管理部门在办理项目暂存物资领用手续时，在项目内按原物资需求，打印领料单，经部门领导审核同意后与物资公司（中心）办理领料手续	20	少填写或错误一项重点内容扣 5 分，扣完为止		
2	储备定额物资出库	项目建设管理部门在办理储备定额物资领用手续时，在项目内创建物资需求，打印领料单，经部门领导审核同意后与物资公司（中心）办理领料手续	20	少填写或错误一项重点内容扣 5 分，扣完为止		
3	实物发放	物资公司（中心）根据领料单，在系统内完成过账，打印出库单；根据出库单，物资公司（中心）和项目建设管理部门进行实物清点，完成出库发料	30	少填写或错误一项重点内容扣 5 分，扣完为止		
4	配套设备发放	物资出库发料时，有配套设备（包括附件、工具备件等）、相关资料（包括但不限于合格证、说明书、装箱单、技术资料、商务资料等）的，应一并交予领料人员	15	少填写或错误一项重点内容扣 5 分，扣完为止		
5	出库原则	物资出库遵循“先进先出”的原则，对有保管期限的物资，应在保质期限内发出	15	少填写或错误一项重点内容扣 5 分，扣完为止		
合计			100			

Jc0001543026　仓库各类物资的保管保养管理（按储存要求）。（100 分）

考核知识点：物资维护保养

难易度：难

技能等级评价专业技能考核操作工作任务书

一、任务名称

仓库各类物资的保管保养管理（按储存要求）。

二、适用工种

物资仓储作业员初级工。

三、具体任务

简述仓库各类物资按其储存要求的保管保养管理方法。

四、工作规范及要求

（1）熟悉《国家电网公司仓储标准化管理指导意见》。

（2）掌握国家电网公司仓库在库物资管理相关技能。

五、考核及时间要求

（1）本考核操作时间为50分钟，时间到停止考评。

（2）按照技能操作正确记录标识结果。

技能等级评价专业技能考核操作评分标准

<table>
<tr><td>工种</td><td colspan="5">物资仓储作业员</td><td>评价等级</td><td>初级工</td></tr>
<tr><td>项目模块</td><td colspan="4">专业知识—仓储业务管理</td><td>编号</td><td colspan="2">Jc0001543026</td></tr>
<tr><td>单位</td><td colspan="2"></td><td colspan="2">准考证号</td><td></td><td>姓名</td><td></td></tr>
<tr><td>考试时限</td><td>50分钟</td><td>题型</td><td colspan="3">综合操作题（笔试）</td><td>题分</td><td>100分</td></tr>
<tr><td>成绩</td><td></td><td>考评员</td><td></td><td>考评组长</td><td></td><td>日期</td><td></td></tr>
<tr><td>试题正文</td><td colspan="7">仓库各类物资的保管保养管理（按储存要求）</td></tr>
<tr><td>需要说明的问题和要求</td><td colspan="7">单人操作</td></tr>
</table>

序号	项目名称	质量要求	满分	扣分标准	扣分原因	得分
1	合理规划仓储区位	仓库根据物资性质、物资类别、库区库房和仓位（货架）设置，合理规划物资的仓储区位和堆码方式	10	少填写或错误一项扣10分		
2	合理摆放	各类物资要按其储存要求的环境和摆放方式进行存放，物资堆放应做到场地安排合理，码放安全科学，摆放整齐便于发放盘点，保证物资不变形、不损坏、不变质	10	少填写或错误一项扣10分		
3	码垛要求	码垛要求为轻启轻放、大不压小、重不压轻；标志直观清晰，标签朝外；四角落实，整齐稳当；袋装货物定型码垛，重心应倾向垛内，纸箱包装和桶装货物箱口应向上，破包货物要另行堆放。为了方便计量，宜采用“五五”堆码法	10	少填写或错误一项扣10分		
4	物资防潮、防虫	为了防止货物受潮，可采用垫垛的方式，垫垛材料可采用油毡、垫板等，木料作垫料时要经过防潮、防虫处理；可采用苫盖的形式，苫盖后的货垛应稳固、严密、不渗漏雨雪；可采用雨布、油毡、帆布等，就货物堆码外形，把苫盖物直接敷盖在货物上面	10	少填写或错误一项扣10分		
5	重点物资保管	对重点物资或保管有特殊要求的物资，要有针对性地采取相应的保管保养措施	5	少填写或错误一项扣5分		
6	精密仪器保管	精密仪器、仪表应有独立的空调系统，便于控制室内的温湿度，保证精密仪器	5	少填写或错误一项扣5分		

续表

序号	项目名称	质量要求	满分	扣分标准	扣分原因	得分
7	贵重物资保管	贵重物资应设专门存放地点，并加锁、加封	5	少填写或错误一项扣 5 分		
8	易碎物资保管	易碎的瓷、玻璃制品不得超高堆垛、挤压、碰撞	5	少填写或错误一项扣 5 分		
9	有存储期限物资保管	有储存期限的物资，登记出厂进库时间，经常检查有效期。实现物资到有效期后信息化系统自动报警	10	少填写或错误一项扣 10 分		
10	橡胶、塑料物资保管	橡胶、塑料制品要防止老化、变形或粘连，避免日照高温的影响	5	少填写或错误一项扣 5 分		
11	易燃、易爆、剧毒物资保管	对于某些特殊物资，易燃、易爆、剧毒等物资，应设专库存放，并标明储存物品的名称、性质和灭火方法；燃油、化工易燃、易腐蚀物品的包装容器必须牢固密封，发现破损、残缺、变形或物品变质、分解等情况应立即进行安全处理	10	少填写或错误一项扣 10 分		
12	危险品保管	在危险品库房中部悬挂温湿度计，夏季气温过高时，应有专人进行通风降温处理。危险品库内的照明开关，保险装置应设在库外，照明灯具应装用防爆灯具，电气设备要经常检查。危险品库管理员下班离开前要检查门窗是否锁闭，电源是否切断	10	少填写或错误一项扣 10 分		
13	特殊物资保管	对于保管保养有特殊要求的物资，可委托有关单位维护保养	5	少填写或错误一项扣 5 分		
合计			100			

Jc0001542027　物资储备定额管理要求。（100 分）

考核知识点：物资储备定额

难易度：中

技能等级评价专业技能考核操作工作任务书

一、任务名称

物资储备定额管理要求。

二、适用工种

物资仓储作业员初级工。

三、具体任务

简述物资储备定额管理的要求。

四、工作规范及要求

（1）熟悉《国家电网公司仓储标准化管理指导意见》。

（2）掌握国家电网公司在库物资管理相关技能。

五、考核及时间要求

（1）本考核操作时间为 50 分钟，时间到停止考评。

（2）按照技能操作正确记录标识结果。

技能等级评价专业技能考核操作评分标准

工种	物资仓储作业员					评价等级	初级工
项目模块	专业知识—实物库存管理				编号	Jc0001542027	
单位			准考证号			姓名	
考试时限	50 分钟		题型	综合操作题（笔试）		题分	100 分
成绩		考评员		考评组长		日期	
试题正文	物资储备定额管理要求						
需要说明的问题和要求	单人操作						

序号	项目名称	质量要求	满分	扣分标准	扣分原因	得分
1	储备定额编制	物资储备定额由各专业管理部门提出，各级物流服务中心编制仓储定额配置计划，经物资管理部门审核批准后实施	15	少填写或错误一项扣 5 分，扣完为止		
2	储备物资采购	各级物流服务中心以物资储备定额配置计划为依据，根据定额储备物资耗用情况，提出补充储备采购需求，平衡后形成库存物资补货计划，按公司采购规定组织采购	15	少填写或错误一项扣 5 分，扣完为止		
3	分级储备	对列入储备的物资，各单位应采取分级限量储备的方法储备，尽量避免重复储备，减少资金占用	10	少填写或错误一项扣 5 分，扣完为止		
4	减少储备量	充分利用供应商资源，除集中采购的物资外，凡市场上可以随时采购到的物资，仓库要减少储备量，或不予储备	5	少填写或错误一项扣 5 分，扣完为止		
5	数据收集、分析	建立健全库存物资供应和消耗的基础数据收集与管理机制，分析、检查定额在执行中存在的问题。定额应定期进行修订完善，使各项定额指标切实可行，先进合理	15	少填写或错误一项扣 5 分，扣完为止		
6	先利库、后采购	公司对物资需求坚持“先利库、后采购”的原则，实行各级利库管理。物资需求部门/单位提出的需求计划，本地市物资，由地市物流服务分中心进行利库后调配。跨地市（网省）物资，由网省物流服务中心（国网物流服务中心）利库后报物资部审批，统一调配	20	少填写或错误一项扣 5 分，扣完为止		
7	联合储备	供应商协议储备物资和寄存物资纳入储备定额统筹管理	5	少填写或错误一项扣 5 分，扣完为止		
8	加快周转	物资要在定额管理的基础上加快周转，按物资类别、物资价值，并结合物资全寿命周期制定周转率考核标准	15	少填写或错误一项扣 5 分，扣完为止		
合计			100			

Jc0001542028　物资盘点的工作准备（线下操作）。（100 分）

考核知识点：物资盘点

难易度：中

技能等级评价专业技能考核操作工作任务书

一、任务名称

物资盘点的工作准备（线下操作）。

二、适用工种

物资仓储作业员初级工。

三、具体任务

（1）操作现场，实施安全措施。

（2）在指定的现场对物资盘点的工作准备。

四、工作规范及要求

（1）严格执行国家电网公司通用制度要求。

（2）按规定要求完成物资盘点的准备工作。

五、考核及时间要求

（1）本考核操作时间为60分钟，时间到停止考评。

（2）操作过程中，如果操作员出现无法继续操作的情况，可向考评员申请终止该项操作，该项操作项目不得分，但不影响其他项目。

（3）按照技能操作记录单的操作要求进行操作，正确记录操作结果。

技能等级评价专业技能考核操作评分标准

<table>
<tr><td>工种</td><td colspan="5">物资仓储作业员</td><td>评价等级</td><td>初级工</td></tr>
<tr><td>项目模块</td><td colspan="4">专业知识—仓储业务管理</td><td>编号</td><td colspan="2">Jc0001542028</td></tr>
<tr><td>单位</td><td colspan="2"></td><td>准考证号</td><td colspan="2"></td><td>姓名</td><td></td></tr>
<tr><td>考试时限</td><td colspan="2">60分钟</td><td>题型</td><td colspan="2">单项操作</td><td>题分</td><td>100分</td></tr>
<tr><td>成绩</td><td></td><td>考评员</td><td></td><td>考评组长</td><td></td><td>日期</td><td></td></tr>
<tr><td>试题正文</td><td colspan="7">物资盘点的工作准备（线下操作）</td></tr>
<tr><td>需要说明的问题和要求</td><td colspan="7">（1）单人操作。
（2）操作时应注意安全，按照标准化作业指导书的技术安全说明做好安全措施。
（3）盘点方法及注意事项</td></tr>
</table>

序号	项目名称	质量要求	满分	扣分标准	扣分原因	得分
1	安全文明生产	佩戴安全帽；穿全棉工作服；穿绝缘鞋；操作时戴线手套；打开柜门前需先验电	20	有一项未按要求进行扣5分，扣完为止		
2	物资盘点的工作准备					
2.1	正确操作1	（1）盘点一周前开始追回借料，在盘点前一天将借料全部追回。 （2）未追回的要求其补相关单据	15	未完成一项扣7分； 发生错误一项扣3分； 扣完为止		
2.2	正确操作2	（1）因时间关系未追回也未补单据的，借料数量作为库存盘点，并在盘点表上注明。 （2）借料单作为依据	15	未完成一项扣7分； 发生错误一项扣3分； 扣完为止		
2.3	正确操作3	（1）盘点前需要将所有能入库归位的物资全部归位入库登账。 （2）不能归位入库不参加本次盘点。 （3）未登账的进行特殊标示注明不参加本次盘点	15	未完成一项扣5分； 发生错误一项扣3分； 扣完为止		
2.4	正确操作4	（1）将仓库所有物资进行整理整顿标示。 （2）所有物资外箱上都要求有相应物资标示、储位标示	15	未完成一项扣7分； 发生错误一项扣3分； 扣完为止		
2.5	正确操作5	盘点前仓库账务全部处理完毕	10	未完成工作扣10分； 发生错误一项扣3分； 扣完为止		
3	现场恢复	操作结束后清理现场杂物，并将工器具归位摆放整齐	10	现场留有杂物或工器具未归位扣10分		
合计			100			

Jc0001542029　现场不具备交货条件的采购入库物资管理（线下操作）。（100 分）

考核知识点：物资出入库

难易度：中

技能等级评价专业技能考核操作工作任务书

一、任务名称

现场不具备交货条件的采购入库物资管理（线下操作）。

二、适用工种

物资仓储作业员初级工。

三、具体任务

（1）操作现场，实施安全措施。

（2）在指定的现场对现场不具备交货条件的采购入库物资进行处理。

四、工作规范及要求

（1）严格执行国家电网公司通用制度要求。

（2）按规定要求完成现场不具备交货条件的采购入库物资管理。

五、考核及时间要求

（1）本考核操作时间为 60 分钟，时间到停止考评。

（2）操作过程中，如果操作员出现无法继续操作的情况，可向考评员申请终止该项操作，该项操作项目不得分，但不影响其他项目。

（3）按照技能操作记录单的操作要求进行操作，正确记录操作结果。

技能等级评价专业技能考核操作评分标准

工种	物资仓储作业员				评价等级	初级工
项目模块	专业知识—仓储业务管理			编号	Jc0001542029	
单位		准考证号			姓名	
考试时限	60 分钟	题型	单项操作		题分	100 分
成绩		考评员		考评组长	日期	
试题正文	现场不具备交货条件的采购入库物资管理（线下操作）					
需要说明的问题和要求	（1）单人操作。 （2）操作时应注意安全，按照标准化作业指导书的技术安全说明做好安全措施					

序号	项目名称	质量要求	满分	扣分标准	扣分原因	得分
1	安全文明生产	佩戴安全帽；穿全棉工作服；穿绝缘鞋；操作时戴线手套；打开柜门前需先验电	20	有一项未按要求进行扣 5 分，扣完为止		
2	仓库暂存的项目物资的采购入库					
2.1	正确操作 1	在物资公司（中心）办理入库手续	10	未完成一项扣 10 分； 发生错误一项扣 3 分； 扣完为止		
2.2	正确操作 2	将入库信息提供到相关项目建设管理部门	20	未完成一项扣 20 分； 发生错误一项扣 10 分； 扣完为止		
2.3	正确操作 3	项目物资： （1）在仓库暂存。 （2）时间原则上不得超过 360 天	20	未完成一项扣 10 分； 发生错误一项扣 5 分； 扣完为止		

续表

序号	项目名称	质量要求	满分	扣分标准	扣分原因	得分
2.4	正确操作 4	项目暂存物资的二次运输、装卸等费用按照“谁暂存，谁负责”原则承担	20	未完成一项扣 4 分； 发生错误一项扣 2 分； 扣完为止		
3	现场恢复	操作结束后清理现场杂物，并将工器具归位摆放整齐	10	现场留有杂物或工器具未归位扣 10 分		
合计			100			

Jc0001542030 虚拟库中实物代保管工厂管理的物资类型（线下操作）。（100 分）

考核知识点：虚拟库物资管理

难易度：中

技能等级评价专业技能考核操作工作任务书

一、任务名称

虚拟库中实物代保管工厂管理的物资类型（线下操作）。

二、适用工种

物资仓储作业员初级工。

三、具体任务

完成一次虚拟库中实物代保管工厂管理的物资类型。

工作任务：

（1）操作现场，实施安全措施。

（2）在指定的现场完成一次虚拟库中实物代保管工厂管理的物资类型。

四、工作规范及要求

（1）严格执行国家电网公司通用制度要求。

（2）按规定要求完成一次虚拟库中实物代保管工厂管理的物资类型。

五、考核及时间要求

（1）本考核操作时间为 60 分钟，时间到停止考评。

（2）操作过程中，如果操作员出现无法继续操作的情况，可向考评员申请终止该项操作，该项操作项目不得分，但不影响其他项目。

（3）按照技能操作记录单的操作要求进行操作，正确记录操作结果。

技能等级评价专业技能考核操作评分标准

工种	物资仓储作业员					评价等级	初级工
项目模块	专业知识—仓储业务管理				编号	Jc0001542030	
单位		准考证号				姓名	
考试时限	60 分钟	题型	单项操作			题分	100 分
成绩		考评员		考评组长		日期	
试题正文	虚拟库中实物代保管工厂管理的物资类型（线下操作）						
需要说明的问题和要求	（1）单人操作。 （2）操作时应注意安全，按照标准化作业指导书的技术安全说明做好安全措施						

续表

序号	项目名称	质量要求	满分	扣分标准	扣分原因	得分
1	安全文明生产	佩戴安全帽；穿全棉工作服；穿绝缘鞋；操作时戴线手套	5	有一项未按要求进行扣 2 分，扣完为止		
2	虚拟库中实物代保管工厂管理的物资类型					
2.1	虚拟库中实物代保管工厂管理的物资类型 1	直送项目物资	15	未完成一项扣 15 分； 发生错误一项扣 8 分； 扣完为止		
2.2	虚拟库中实物代保管工厂管理的物资类型 2	供应商代保管物资	15	未完成一项扣 15 分； 发生错误一项扣 8 分； 扣完为止		
2.3	虚拟库中实物代保管工厂管理的物资类型 3	借出物资	10	未完成一项扣 10 分； 发生错误一项扣 8 分； 扣完为止		
2.4	虚拟库中实物代保管工厂管理的物资类型 4	中转物资	10	未完成一项扣 10 分 发生错误一项扣 8 分； 扣完为止		
2.5	虚拟库中实物代保管工厂管理的物资类型 5	直发现场非项目物资	15	未完成一项扣 15 分； 发生错误一项扣 8 分； 扣完为止		
2.6	虚拟库中实物代保管工厂管理的物资类型 6	应急物资	15	未完成一项扣 15 分； 发生错误一项扣 8 分； 扣完为止		
2.7	应急物资	用于由省公司统一出资、集中管理的应急物资	10	未完成一项扣 10 分； 发生错误一项扣 4 分； 扣完为止		
3	现场恢复	操作结束后： （1）清理现场杂物。 （2）将工器具归位摆放整齐	5	有一项未按要求进行扣 5 分，扣完为止		
合计			100			

Jc0001542031　应急物资储备仓库执行验收的入库前注意事项（线下操作）。（100 分）

考核知识点：物资出入库

难易度：中

技能等级评价专业技能考核操作工作任务书

一、任务名称

应急物资储备仓库执行验收的入库前注意事项（线下操作）。

二、适用工种

物资仓储作业员初级工。

三、具体任务

完成应急物资储备仓库验收的入库前注意事项。

工作任务：

（1）操作现场，实施安全措施。

（2）在指定的现场完成应急物资储备仓库验收的入库前注意事项。

四、工作规范及要求

（1）严格执行国家电网公司通用制度要求。

（2）按规定要求完成应急物资储备仓库验收入库前注意事项。

五、考核及时间要求

（1）本考核操作时间为40分钟，时间到停止考评。

（2）操作过程中，如果操作员出现无法继续操作的情况，可向考评员申请终止该项操作，该项操作项目不得分，但不影响其他项目。

（3）按照技能操作记录单的操作要求进行操作，正确记录操作结果。

技能等级评价专业技能考核操作评分标准

工种	物资仓储作业员					评价等级	初级工
项目模块	专业知识—应急物资管理				编号	Jc0001542031	
单位			准考证号			姓名	
考试时限	40分钟		题型	单项操作		题分	100分
成绩		考评员		考评组长		日期	
试题正文	应急物资储备仓库执行验收的入库前注意事项（线下操作）						
需要说明的问题和要求	（1）单人操作。 （2）操作时应注意安全，按照标准化作业指导书的技术安全说明做好安全措施						

序号	项目名称	质量要求	满分	扣分标准	扣分原因	得分
1	安全文明生产	佩戴安全帽；穿全棉工作服；穿绝缘鞋；操作时戴线手套	20	有一项未按要求进行扣5分，扣完为止		
2	应急物资到货验收					
2.1	注意事项1	参与物资验收的各方应依据设备、材料的供货厂家提供的装箱单或供货清单进行核对	20	少一项扣10分； 发生错误一项扣5分； 扣完为止		
2.2	注意事项2	对物资的外观、名称、规格、型号、数量、送货单位等一一清点核对	20	少核对一项扣2分，扣完为止		
2.3	注意事项3	（1）确认无误后，如实填写物资验收单。 （2）参验各方签字确认	30	少一项扣15分； 发生错误一项扣10分； 扣完为止		
3	现场恢复	操作结束后清理现场杂物，并将工器具归位摆放整齐	10	现场留有杂物或工器具未归位扣10分		
合计			100			

Jc0001542032　应急物资储备仓库执行验收发现异常的注意事项（线下操作）。（100分）

考核知识点：物资出入库

难易度：中

技能等级评价专业技能考核操作工作任务书

一、任务名称

应急物资储备仓库执行验收发现异常的注意事项（线下操作）。

二、适用工种

物资仓储作业员初级工。

三、具体任务

（1）操作现场，实施安全措施。

（2）在指定的现场完成应急物资储备仓库验收发现异常的注意事项。

四、工作规范及要求

（1）严格执行国家电网公司通用制度要求。

（2）按规定要求完成应急物资储备仓库验收发现异常注意事项。

五、考核及时间要求

（1）本考核操作时间为40分钟，时间到停止考评。

（2）操作过程中，如果操作员出现无法继续操作的情况，可向考评员申请终止该项操作，该项操作项目不得分，但不影响其他项目。

（3）按照技能操作记录单的操作要求进行操作，正确记录操作结果。

技能等级评价专业技能考核操作评分标准

工种	物资仓储作业员				评价等级	初级工
项目模块	专业知识—应急物资管理			编号	Jc0001542032	
单位		准考证号			姓名	
考试时限	40分钟	题型		单项操作	题分	100分
成绩		考评员		考评组长	日期	
试题正文	应急物资储备仓库执行验收发现异常的注意事项（线下操作）					
需要说明的问题和要求	（1）单人操作。 （2）操作时应注意安全，按照标准化作业指导书的技术安全说明做好安全措施					

序号	项目名称	质量要求	满分	扣分标准	扣分原因	得分
1	安全文明生产	佩戴安全帽；穿全棉工作服；穿绝缘鞋；操作时戴线手套	20	有一项未按要求进行扣5分，扣完为止		
2	应急物资到货验收					
2.1	注意事项1	（1）如发现实物与供货厂家提供的装箱单或供货清单上所列的内容不符。 （2）所装载的物资有倾覆、破损、变质、受潮等异常现象	30	少一项扣15分； 发生错误一项扣5分； 扣完为止		
2.2	注意事项2	（1）参验各方据实验收后如实填写物资验收单。 （2）注明实际验收状况后参验。 （3）各方签字确认	30	少一项扣15分； 发生错误一项扣5分； 扣完为止		
2.3	注意事项3	由相关部门通知厂家联系消缺事宜	10	回答不正确扣10分； 回答不完全5分； 扣完为止		
3	现场恢复	操作结束后清理现场杂物，并将工器具归位摆放整齐	10	现场留有杂物或工器具未归位扣10分		
合计			100			

Jc0001542033　应急物资储备仓库执行验收过程中需要实物检验的内容（线下操作）。（100分）

考核知识点： 物资出入库

难易度： 中

技能等级评价专业技能考核操作工作任务书

一、任务名称

应急物资储备仓库执行验收过程中需要实物检验的内容（线下操作）。

二、适用工种

物资仓储作业员初级工。

三、具体任务

（1）操作现场，实施安全措施。

（2）在指定的现场完成应急物资储备仓库执行验收过程中实物检验需要检验的内容。

四、工作规范及要求

（1）严格执行国家电网公司通用制度要求。

（2）按规定要求完成应急物资储备仓库执行验收过程中实物检验需要检验的内容。

五、考核及时间要求

（1）本考核操作时间为40分钟，时间到停止考评。

（2）操作过程中，如果操作员出现无法继续操作的情况，可向考评员申请终止该项操作，该项操作项目不得分，但不影响其他项目。

（3）按照技能操作记录单的操作要求进行操作，正确记录操作结果。

技能等级评价专业技能考核操作评分标准

工种	物资仓储作业员				评价等级	初级工
项目模块	专业知识—应急物资管理			编号	Jc0001542033	
单位		准考证号			姓名	
考试时限	40分钟	题型	单项操作		题分	100分
成绩		考评员		考评组长	日期	
试题正文	应急物资储备仓库执行验收过程中需要实物检验的内容（线下操作）					
需要说明的问题和要求	（1）单人操作。 （2）操作时应注意安全，按照标准化作业指导书的技术安全说明做好安全措施					

序号	项目名称	质量要求	满分	扣分标准	扣分原因	得分
1	安全文明生产	佩戴安全帽；穿全棉工作服；穿绝缘鞋；操作时戴线手套	20	有一项未按要求进行扣5分，扣完为止		
2	应急物资储备仓库执行验收过程					
2.1	实物检验1	（1）确定送到日期。 （2）确定验收日期	20	少核对一项扣10分； 发生错误一项扣5分； 扣完为止		
2.2	实物检验2	确定物料的名称与材质是否与采购合同的要求相符	20	少核对一项扣10分； 发生错误一项扣5分； 扣完为止		
2.3	实物检验3	（1）清点数量。 （2）外观检验。 （3）重量检验	30	少核对一项扣10分； 发生错误一项扣5分； 扣完为止		
3	现场恢复	操作结束后清理现场杂物，并将工器具归位摆放整齐	10	现场留有杂物或工器具未归位扣10分		
合计			100			

Jc0001542034　应急物资储备仓库执行验收过程中需要核对的凭证（线下操作）。（100分）

考核知识点：物资出入库

难易度：中

技能等级评价专业技能考核操作工作任务书

一、任务名称

应急物资储备仓库执行验收过程中需要核对的凭证（线下操作）。

二、适用工种

物资仓储作业员初级工。

三、具体任务

（1）操作现场，实施安全措施。

（2）在指定的现场完成应急物资储备仓库执行验收过程中需要核对的凭证。

四、工作规范及要求

（1）严格执行国家电网公司通用制度要求。

（2）按规定要求完成应急物资储备仓库执行验收过程中需要核对的凭证。

五、考核及时间要求

（1）本考核操作时间为40分钟，时间到停止考评。

（2）操作过程中，如果操作员出现无法继续操作的情况，可向考评员申请终止该项操作，该项操作项目不得分，但不影响其他项目。

（3）按照技能操作记录单的操作要求进行操作，正确记录操作结果。

技能等级评价专业技能考核操作评分标准

<table>
<tr><td>工种</td><td colspan="6">物资仓储作业员</td><td>评价等级</td><td>初级工</td></tr>
<tr><td>项目模块</td><td colspan="5">专业知识—应急物资管理</td><td colspan="2">编号</td><td>Jc0001542034</td></tr>
<tr><td>单位</td><td colspan="3"></td><td colspan="2">准考证号</td><td></td><td>姓名</td><td></td></tr>
<tr><td>考试时限</td><td colspan="2">40分钟</td><td>题型</td><td colspan="3">单项操作</td><td>题分</td><td>100分</td></tr>
<tr><td>成绩</td><td></td><td>考评员</td><td></td><td>考评组长</td><td colspan="2"></td><td>日期</td><td></td></tr>
<tr><td>试题正文</td><td colspan="8">应急物资储备仓库执行验收过程中需要核对的凭证（线下操作）</td></tr>
<tr><td>需要说明的问题和要求</td><td colspan="8">（1）单人操作。
（2）操作时应注意安全，按照标准化作业指导书的技术安全说明做好安全措施</td></tr>
</table>

序号	项目名称	质量要求	满分	扣分标准	扣分原因	得分
1	安全文明生产	佩戴安全帽；穿全棉工作服；穿绝缘鞋；操作时戴线手套	20	有一项未按要求进行扣5分，扣完为止		
2	应急物资储备仓库执行验收过程					
2.1	核对凭证1	（1）入库单。 （2）合同副本	20	少核对一项扣10分； 发生错误一项扣5分； 扣完为止		
2.2	核对凭证2	（1）供应商提供的材质证明书。 （2）装箱单。 （3）磅码单。 （4）发货明细表	30	少核对一项扣7分； 发生错误一项扣4分； 扣完为止		
2.3	核对凭证3	（1）承运单位提供的运单。 （2）物料在入库前发现残损情况，要有承运部门提供的货运记录或普通记录	20	少核对一项扣10分； 发生错误一项扣5分； 扣完为止		

续表

序号	项目名称	质量要求	满分	扣分标准	扣分原因	得分
3	现场恢复	操作结束后清理现场杂物，并将工器具归位摆放整齐	10	现场留有杂物或工器具未归位扣10分		
合计			100			

Jc0001542035 根据仓库网络规划原则，列举专业支撑机构仓储点（线下操作）。（100分）

考核知识点：仓储标准化管理

难易度：中

技能等级评价专业技能考核操作工作任务书

一、任务名称

根据仓库网络规划原则，列举专业支撑机构仓储点（线下操作）。

二、适用工种

物资仓储作业员初级工。

三、具体任务

完成一次专业支撑机构仓储点实操。

工作任务：

（1）操作现场，实施安全措施。

（2）在指定的现场完成一次专业支撑机构仓储点实操。

四、工作规范及要求

（1）严格执行国家电网公司通用制度要求。

（2）按规定要求完成一次专业支撑机构仓储点实操。

五、考核及时间要求

（1）本考核操作时间为60分钟，时间到停止考评。

（2）操作过程中，如果操作员出现无法继续操作的情况，可向考评员申请终止该项操作，该项操作项目不得分，但不影响其他项目。

（3）按照技能操作记录单的操作要求进行操作，正确记录操作结果。

技能等级评价专业技能考核操作评分标准

工种	物资仓储作业员				评价等级	初级工
项目模块	专业知识—仓储业务管理			编号	Jc0001542035	
单位		准考证号			姓名	
考试时限	60分钟	题型	单项操作		题分	100分
成绩		考评员		考评组长	日期	
试题正文	根据仓库网络规划原则，列举专业支撑机构仓储点（线下操作）					
需要说明的问题和要求	（1）单人操作。 （2）操作时应注意安全，按照标准化作业指导书的技术安全说明做好安全措施					
序号	项目名称	质量要求	满分	扣分标准	扣分原因	得分
1	安全文明生产	佩戴安全帽；穿全棉工作服；穿绝缘鞋；操作时戴线手套	5	有一项未按要求进行扣2分，扣完为止		

续表

序号	项目名称	质量要求	满分	扣分标准	扣分原因	得分
2	专业支撑机构仓储点					
2.1	专业支撑机构仓储点 1	国网储备库	20	未完成一项扣 20 分； 发生错误一项扣 10 分； 扣完为止		
2.2	专业支撑机构仓储点 2	省中心库	20	未完成一项扣 20 分； 发生错误一项扣 10 分； 扣完为止		
2.3	专业支撑机构仓储点 3	地（市）周转库	20	未完成一项扣 20 分； 发生错误一项扣 10 分； 扣完为止		
2.4	专业支撑机构仓储点 4	县公司	20	未完成一项扣 20 分； 发生错误一项扣 10 分； 扣完为止		
2.5	专业支撑机构仓储点 5	专业支撑机构仓储点	10	未完成一项扣 10 分； 发生错误一项扣 5 分； 扣完为止		
3	现场恢复	操作结束后： （1）清理现场杂物。 （2）将工器具归位摆放整齐	5	有一项未按要求进行扣 5 分，扣完为止		
	合计		100			

Jc0001543036　综合讲述库存物资报废的条件（线下操作）。（100 分）

考核知识点：物资报废条件

难易度：难

技能等级评价专业技能考核操作工作任务书

一、任务名称

综合讲述库存物资报废的条件（线下操作）。

二、适用工种

物资仓储作业员初级工。

三、具体任务

完成一次库存物资报废条件的管理。

工作任务：

（1）操作现场，实施安全措施。

（2）在指定的现场完成一次库存物资报废条件的管理。

四、工作规范及要求

（1）严格执行国家电网公司通用制度要求。

（2）按规定要求完成一次库存物资报废条件的管理。

五、考核及时间要求

（1）本考核操作时间为 30 分钟，时间到停止考评。

（2）操作过程中，如果操作员出现无法继续操作的情况，可向考评员申请终止该项操作，该项操作项目不得分，但不影响其他项目。

（3）按照技能操作记录单的操作要求进行操作，正确记录操作结果。

技能等级评价专业技能考核操作评分标准

<table>
<tr><td>工种</td><td colspan="5">物资仓储作业员</td><td>评价等级</td><td>初级工</td></tr>
<tr><td>项目模块</td><td colspan="4">专业知识—废旧物资管理</td><td>编号</td><td colspan="2">Jc0001543036</td></tr>
<tr><td>单位</td><td colspan="2"></td><td>准考证号</td><td colspan="2"></td><td>姓名</td><td></td></tr>
<tr><td>考试时限</td><td colspan="2">30 分钟</td><td>题型</td><td colspan="2">单项操作</td><td>题分</td><td>100 分</td></tr>
<tr><td>成绩</td><td></td><td>考评员</td><td></td><td>考评组长</td><td></td><td>日期</td><td></td></tr>
<tr><td>试题正文</td><td colspan="7">综合讲述库存物资报废的条件（线下操作）</td></tr>
<tr><td>需要说明的问题和要求</td><td colspan="7">（1）单人操作。
（2）操作时应注意安全，按照标准化作业指导书的技术安全说明做好安全措施</td></tr>
</table>

序号	项目名称	质量要求	满分	扣分标准	扣分原因	得分
1	安全文明生产	佩戴安全帽；穿全棉工作服；穿绝缘鞋；操作时戴线手套	10	有一项未按要求进行扣 2 分，扣完为止		
2	库存物资报废的条件及流程管理					
2.1	库存物资报废的条件 1	（1）淘汰产品，无零配件供应，不能利用。 （2）国家规定强制淘汰报废。 （3）技术落后不能满足生产需要	40	未完成一项扣 13 分； 发生错误一项扣 7 分； 扣完为止		
2.2	库存物资报废的条件 2	（1）经鉴定存在严重质量问题不能使用。 （2）其他原因，不能使用	30	未完成一项扣 15 分； 发生错误一项扣 7 分； 扣完为止		
2.3	库存物资报废的条件 3	超过保质期的物资	10	未完成一项扣 10 分； 发生错误一项扣 5 分； 扣完为止		
3	现场恢复	操作结束后： （1）清理现场杂物。 （2）将工器具归位摆放整齐	10	有一项未按要求进行扣 5 分，扣完为止		
合计			100			

第二部分 中级工

第三章　物资仓储作业员中级工技能笔答

Jb0001433001　物资领料出库的流程是什么？（5分）

考核知识点：物资出入库

难易度：难

标准答案：

（1）项目建设管理部门在办理项目暂存物资领用手续时，在项目内按原物资需求，打印领料单，经部门领导审核同意后与物资公司（中心）办理领料手续。

（2）项目建设管理部门在办理储备定额物资领用手续时，在项目内创建物资需求，打印领料单，经部门领导审核同意后与物资公司（中心）办理领料手续。

（3）物资公司（中心）根据领料单，在系统内完成过账，打印出库单；根据出库单，物资公司（中心）和项目建设管理部门进行实物清点，完成出库发料。

（4）物资出库发料时，有配套设备（包括附件、工具备件等）、相关资料（包括但不限于合格证、说明书、装箱单、技术资料、商务资料等）的，应一并交予领料人员。

（5）物资出库遵循"先进先出"的原则，对有保管期限的物资，应在保质期限内发出。

Jb0001432002　调配物资的出库要求是什么？（5分）

考核知识点：物资出入库

难易度：中

标准答案：

（1）调出单位物资公司（中心）根据调配通知单，组织物资配送，办理系统出库手续，与调入单位完成实物交接。

（2）调出物资技术鉴定报告以及配套附件（包括工具、备件等）、相关资料（包括但不限于合格证、说明书、装箱单、技术资料、商务资料等），于交接时一并移交。

（3）调配利库所产生的运输费用原则上由调出单位承担，费用列入调出单位成本。

Jb0001432003　退役资产的出库流程是什么？（5分）

考核知识点：物资出入库

难易度：中

标准答案：

（1）物资公司（中心）定期将在库存保管的资产台账信息反馈各实物资产管理部门。

（2）实物资产管理部门负责退役资产利库调配，协调和制订利用计划。

（3）物资公司（中心）根据利用计划，与需求部门（单位）办理可用退役资产交接。

（4）可用退役资产的相关配件和资料（含在库代保管时的试验报告等），于交接时一并移交。

Jb0001432004　废旧物资的出库流程是什么？（5分）

考核知识点：废旧物资出库

难易度：中

标准答案：

（1）省物资公司组织开展废旧物资网上竞价处置，在成交后，及时通知申报废旧物资处置的物资供应中心和回收商，发布成交通知书。

（2）物资公司（中心）及时联系回收商，确定废旧物资移交数量和成交金额等，督促回收商完成回收款支付。

（3）根据成交通知书（废旧物资销售订单）、销售合同、经财务部门确认的付款凭证，物资公司（中心）与回收商办理交接。

Jb0001433005　变压器在存储及日常维护保养的要求是什么？（5分）

考核知识点：物资维护保养

难易度：难

标准答案：

每月检查是否漏油、检查变压器外壳金属件是否锈蚀、漆皮是否脱落；变压器应保持清洁，如有积灰，要用清洁干燥的布擦拭；为防止瓷套管受到撞击而破损，必须用麻包、木板包扎保护。

Jb0001433006　库存物资的管理原则是什么？（5分）

考核知识点：库存物资管理原则

难易度：难

标准答案：

（1）库存物资管理遵循“合理储备，加快周转，永续盘存，保质可用”的原则。

（2）库存物资遵循“合理储备”原则，按照“定额储备、按需领用、动态周转、定期补库”模式运作。

（3）库存物资遵循“加快周转”的原则，加强库存物资的集中管控，加快动态周转。

（4）库存物资遵循“永续盘存”的原则。逐日逐项记录物资收、发、转储、退库等信息，确保当日实物与账面数量保持一致。定期组织开展库存物资实物盘点。

（5）库存物资遵循“保质可用”的原则，定期检查，及时组织检验，保证库存物资质量完好，随时可用。

Jb0001432007　库存物资的报废流程是什么？（5分）

考核知识点：物资报废流程

难易度：中

标准答案：

（1）物资公司（中心）依据盘点结果，按季度梳理出不满足技术条件或已到保质期的库存物资清单，组织专业管理部门开展库存物资技术鉴定工作。

（2）物资公司（中心）、专业管理部门填写库存物资技术鉴定单，鉴定不可用的物资，由物资公司（中心）提出库存物资报废申请，履行报废处置流程。

Jb0001432008　仓库注册管理原则和内容是什么？（5分）

考核知识点：仓储标准化管理

难易度：中

标准答案：

（1）国网储备库、省中心库、地（市）周转库、县仓储点、（省、市公司及具备系统应用条件的县公司）专业仓储点需在公司 MDM 平台统一注册。

（2）仓库注册管理遵循“统一注册、统一编码、统一命名、统一管理”的原则。

（3）仓库注册信息包括库存地点编码、仓库名称、仓库地址、总占地面积、使用面积、仓库资产属性、所属单位、管理部门、仓库建成时间等。仓库主数据注册信息申请/变更表。

Jb0001433009 公司统一实体仓库命名规则是什么？（5 分）

考核知识点：仓储标准化管理

难易度：难

标准答案：

（1）国网储备仓库命名规则：国网+地（市）名＋应急物资储备仓库。如国网唐山应急物资储备仓库。

（2）省中心库命名规则：省公司名称（简称）＋地区＋中心库。

（3）地（市）周转库命名规则：直辖市公司名称或地（市）公司名称（简称）＋地区/地址名+仓库。

（4）县仓储点命名规则：县（市）公司名称＋地址名＋仓库。

（5）专业仓储点：按照归属直属单位或供电所进行分别命名。直属单位仓储点命名规则：直属单位名称（简称）＋地区/地址名＋仓储点。供电所仓储点命名规则：地（市）公司或县（市）公司名称（简称）＋地区名＋仓储点。

Jb0001433010 工器具类物资存储及日常维护保养的要求是什么？（5 分）

考核知识点：物资维护保养

难易度：难

标准答案：

各类小型电工、检测工器具采用相应的容器按类别盛装存放，便于集中标识、清洁和保养；电工作业所用绝缘检测棒、高压电笔等工具需按要求定期检测其绝缘性能，保留检测报告，对绝缘性能不能满足要求的应及时采取处理措施。

Jb0001433011 仓库作业区具体分类及功能是什么？（5 分）

考核知识点：仓储标准化管理

难易度：难

标准答案：

（1）作业区可包括装卸区、入库待检区、收货暂存区、不合格品暂存区、出库（配送）理货区、仓储装备区等。

（2）功能如下：

1）装卸区：用于物资交接、装卸的区域。

2）入库待检区：用于存放已完成收货交接，尚未通过验收的物资。

3）收货暂存区：用于存放已通过验收，因各种原因尚未进入货位的物资。

4）不合格品暂存区：用于存放未通过验收的物资。

5）出库（配送）理货区：用于按领料或转储需求提前从系统内出库，将物资实物从存储区货位转移到该区域进行整理和暂时存放物资的区域。

6）仓储装备区：用于停放仓储作业所需设备的区域，主要存放吊车、叉车、堆垛机、液压手推车、平板手推车、托盘、钢丝绳、篷布等装备。

Jb0001433012　中心库、周转库实施标准化仓库定置建设要求是什么？（5分）

考核知识点：仓储标准化管理

难易度：难

标准答案：

（1）独立的仓库宜设置仓库地标，设于仓库主通道大门侧。

（2）仓库设置库区引导牌，设于大门入口醒目处。

（3）仓库定置图，悬挂在库房室内大门入口醒目位置。

（4）仓库办公室醒目墙面设置相关制度和规定标牌。

（5）办公室和小型库房门口醒目位置设置门牌标识。

（6）库房入口大门醒目处设置烟火标志和车辆人员不得擅入标志，同时在库房内醒目位置设置禁止烟火标识。

（7）库房或库区内应划分不同的存储区域，在区域靠近主通道侧应设置区域标识。

（8）仓位区域的界定原则上用黄色 100mm 宽的喷漆线条划分，并在区域靠近主通道侧的界线中间向两边设置区域标识。

（9）仓库内和货架间要预留作业通道，通道尺寸与作业车辆转弯半径需相互匹配。

Jb0001433013　仓储设备设施的管理要求是什么？（5分）

考核知识点：设备设施管理

难易度：难

标准答案：

（1）仓储设备设施要按名称、数量、规格型号、试验周期建立台账，做到账、物相符；台账由设备设施保管员负责保管，定期集中归档。

（2）仓储设备应设专人操作和保管，主要装卸、搬运装备应随机配置设备使用说明书。

（3）仓储设备要严格按设备使用说明书要求进行使用，装卸、搬运装备中的行车、叉车、升降车、搬运车等设备要制定相应的操作规程。

（4）行车、吊车、叉车必须由持有效证件人员操作，其他人不得随意动用。起吊工具使用前需仔细检查，确保装卸工作安全。

（5）仓储设备设施应定期检查、维修，确保使用状态良好。特种装备（度量衡设备、起重设备等）要定期检测，检测后应有检测部门出具合格证，不得超周期使用。

（6）仓储设备设施运行维护记录包括度量衡设备年检证明，行车、吊车、叉车等起重设备起升装置的年检证明，车辆年检证明，消防设施的维护保养记录等。

Jb0001431014　专业仓的专业仓注册管理原则是什么？（5分）

考核知识点：专业仓建设

难易度：易

标准答案：

专业仓注册管理遵循“统一编码、统一命名、统一管理”原则，各专业管理部门统一规划建设专业仓，在公司 MDM 平台统一注册。

Jb0001431015　专业仓的编码规则是什么？（5分）

考核知识点：专业仓建设

难易度：易

标准答案：

专业仓编码规则为单位代码+地市代码+区县代码+专业仓类型+自定义代码。

Jb0001432016　备品备件在存储及日常维护保养的要求是什么？（5分）

考核知识点：物资维护保养

难易度：中

标准答案：

备品备件入库前，应将油污或生锈处清理干净，重新涂刷防锈油脂，用盒、塑料袋等包装存放于干燥清洁处；电瓷制品存放时，应采取缓冲措施，以防发生碰撞而损坏。

Jb0001431017　在ESC平台如何查看实物入库信息监控的数据？（5分）

考核知识点：预警监控模块

难易度：易

标准答案：

作业单据应按月在系统中收集存档，单据办理的种类、数量应与实际业务一致，审批流程符合相关规定。作业单据应存放在符合信息安全管理要求的存储介质中。

Jb0001431018　简述在ESC平台中查看专业仓库存数据的路径及操作步骤。（5分）

考核知识点：预警监控模块

难易度：易

标准答案：

（1）路径：数字物流—资源优化配置—仓储阶段—数据统计—专业仓库存查询。

（2）操作步骤：根据工厂名称、专业仓名称、物料编码、物料描述等维度查询，通过表格形式展示专业仓库存查询的数据。

Jb0001432019　借用物资的出库流程是什么？（5分）

考核知识点：物资出入库

难易度：中

标准答案：

（1）需求单位（部门）填写借料申请单，管理部门、物资部门、分管领导审批同意。

（2）物资保管员按照借料申请单办理实物出库，并在借料申请单上记录发料情况后双方签字确认，物资部门和需求单位（部门）分别留存。系统操作员根据借料申请单在ERP系统进行移库操作。

Jb0001432020　专业仓装备类物资管理流程是什么？（5分）

考核知识点：物资管理流程

难易度：中

标准答案：

装备类实物包含但不限于存放在专业仓需日常使用的试验设备、校验装备、工器具及备品备件等，领用人在信息系统中提出使用申请，明确使用人及预期使用期限，仓管专责完成实物发货及信息系统出仓操作。领用人在阶段性工作完成后，应及时归还，仓管专责办理实物接收及信息系统入仓操作。

Jb0001433021 专业仓的功能区域是如何划分的？（5分）

考核知识点：专业仓建设

难易度：难

标准答案：

（1）专业仓功能区域划分一般可以划分为存储区（室内货架区、室内堆放区）、装卸区、装备区。各专业仓因地制宜开展区域划分，相应区域可做合并设置。

（2）室内货架区：使用货架进行实物存储的区域。

（3）室内堆放区：仓库室内地面用于堆放实物的区域，主要用于储存各类体积、质量较大和不适用于货架存储的实物。

（4）装卸区：用于实物交接、装卸的区域。

（5）装备区：用于停放仓储作业所需设备的区域，主要存放叉车、液压手推车、平板手推车、登高车、钢丝绳、篷布等装备。

Jb0001431022 什么是仓储管理？包括哪些工作？（5分）

考核知识点：仓储管理定义

难易度：易

标准答案：

仓储管理是指对公司实体仓库、储备物资、仓库作业的管理，包括仓储规划建设、仓储作业管理、库存管理、仓库运维管理等工作。

Jb0001431023 库存物资的管理原则及其运作模式是什么？（5分）

考核知识点：库存物资管理原则

难易度：易

标准答案：

库存物资管理遵循“合理储备、保质可用、永续盘存”的原则，按照“定额储备、按需领用、动态周转、定期补库”的模式运作。

Jb0001431024 仓储设备如何进行使用？（5分）

考核知识点：设备设施管理

难易度：易

标准答案：

要严格按设备使用说明书要求进行使用，装卸、搬运装备中的行车、叉车、升降车、搬运车等设备要制定相应的操作规程。

Jb0001431025 委外加工物资的定义是什么？（5分）

考核知识点：仓储管理定义

难易度：易

标准答案：

本单位出资购买用于委托供应商进行生产加工的物资。特殊库存类型标识为“O”。

Jb0001431026 特种车辆相关要求有哪些？（5分）

考核知识点：设备设施管理

难易度：易

标准答案：

行车、吊车、叉车必须由持有效证件人员操作，其他人不得随意动用。起吊工具使用前需仔细检查，确保装卸工作安全。

Jb0001431027　仓储设备设施运行维护记录包括哪些？（5分）

考核知识点：设备设施管理

难易度：易

标准答案：

度量衡设备年检证明，行车、吊车、叉车等起重设备起升装置的年检证明，车辆年检证明，消防设施的维护保养记录等。

Jb0001431028　库存物资存放要求是什么？（5分）

考核知识点：仓储标准化管理

难易度：易

标准答案：

应分类、分堆、分组和分剁，留出必要的防火间距。易燃易爆物资必须分间、分库储存，并在醒目处标明储存物品的名称、性质和灭火方法。

Jb0001431029　物料出库的要求是什么？（5分）

考核知识点：物资出入库

难易度：易

标准答案：

均应凭出库单出门，若物证不符的，门卫有权拒绝放行。外来施工队伍因施工需要带进仓库的工具、器材，应在门卫处办理登记手续，以便出门时核对。

Jb0001431030　WM模块中的仓库号以什么进行定义？（5分）

考核知识点：ERP物资模块

难易度：易

标准答案：

仓库物理区域划分方式定义，通过库存地点同IM关联。通常多个公司代码的库存地点可使用一个仓库号，也可以每个库存地点对应一个仓库号。仓库号编码为3位，为实体库库存地点后三位。

Jb0001433031　什么是物料码？如何应用？（5分）

考核知识点：物料定义

难易度：难

标准答案：

是同一物料的群体标识，辅助进行仓储物资收发货和盘点操作。主要用于数量多、金额少，不需要进行信息追溯的库存物资。通过ERP系统识别物料码信息，可快速查询物料自身属性以及存储情况。物料码采用国家电网公司统一物料编号作为编码。

Jb0001433032　退役资产拆除后需要做哪些工作？（5分）

考核知识点：退役资产管理

难易度：难

标准答案：

（1）项目管理单位（部门）组织实物使用保管单位（部门）、监理单位、施工单位依据拟拆除计划，扫描实物“ID”、盘点验收实拆情况，对应拆、实拆、实交量进行确认，对存在的差异，由施工单位说明原因，确认后形成退役资产拆除计划执行情况表。

（2）由于施工单位原因导致不能足额回收的，由施工单位依据合同赔偿损失。

Jb0001433033　现场处置的报废资产处置流程是什么？（5分）

考核知识点：报废资产现场处置

难易度：难

标准答案：

应在拆除前完成报废手续办理，向物资管理单位（部门）出具报废审批单，提出现场报废物资处置申请，明确具体拆除时间、实物交接时间和地点，物资管理单位（部门）开展网上竞价处置工作。

Jb0001433034　专业仓的其他配套要求是什么？（5分）

考核知识点：专业仓建设

难易度：难

标准答案：

（1）专业仓消防设施，根据国家消防有关规定和公司消防安全要求，基本型专业仓应配备满足基本消防规定的灭火器。加强型、智能型在基础型专业仓的基础上可选配消防桶、消防锹、消防栓、消防水池及其他消防用品、自动报警、自动灭火系统。

（2）专业仓安防设施，应在公安机关的指导下，根据实际需要安装视频采集等公共安全技术防范设施，具备条件的专业仓可选配红外报警装置、电子围栏系统与远程公安监管系统联网。

（3）特殊专业要求，各专业仓要满足各专业特殊的专业要求，按需配置（营销：表计类实物应具备防潮、防尘、防震条件；调控：根据二次系统设备备品备件的特性，满足温湿度要求）。

Jb0001432035　库存物资一本账的管理要求是什么？（5分）

考核知识点：一本账管理

难易度：中

标准答案：

（1）各单位实施应用IM模块，实现库存“一本账”管理。库存“一本账”管理包含实体仓库库存和虚拟仓库库存信息的统一管理。

（2）各单位实体仓库注册完成后，按照实体仓库库存地点编码规则，在ERP系统中创建库存地点。

（3）根据库存物资存放地点、资金来源、使用目的、账面表现等因素，结合“工厂类型”“特殊库存标识”和“库存状态”设置，将各类物资全部纳入ERP系统实体库和虚拟库进行统一管理。

Jb0001432036　库存物资的报废流程是什么？（5分）

考核知识点：物资报废流程

难易度：中

标准答案：

（1）物资公司（中心）每年定时组织专业管理部门、项目管理部门、财务部门等，对库存物资进行技术鉴定。符合报废条件的，在技术鉴定书中明确和确认。

（2）物资部门提出库存物资报废申请，提交专业管理部门和财务部门审批。

（3）审批通过后，物资公司（中心）办理报废手续，在 ERP 系统打印报废物资出库单，并办理废旧物资入库。

（4）物资保管员根据物资报废出库单和废旧物资入库单，将实物转移到废旧物资区。物资报废出库单由物资部门和财务部门存档。

Jb0001432037 如何确定物资符合工程结余退库物资的标准？（5分）

考核知识点：工程结余物资管理

难易度：中

标准答案：

（1）变电一次设备的退库物资应为整台；变电二次设备的退库物资应为最小使用单元。

（2）杆塔类（铁塔、钢管杆、电杆）按照整基进行退库。

（3）线路材料的退库物资导线、电缆、光缆单段长度原则上应满足最低使用需求量（导线单根质量在 200kg 及以上；地线单根质量在 200kg 及以上）。

（4）架空绝缘线单根段长在 500m 及以上。

（5）10kV 及以上高压电缆单根段长在 100m 及以上；1kV 及以下低压电缆单根段长在 100m 及以上。

Jb0001432038 如何建设专业仓信息化？（5分）

考核知识点：专业仓建设

难易度：中

标准答案：

具备条件的单位，实现入仓货位智能分配，库存可视化管理，在仓实物数据分析，问题预警监测；应用 WCS 仓储设备控制系统调度自动化物流设备，实现实物装卸、搬运自动化；采用人脸识别、智能感知等先进技术，应用智能化设备进行实物资源管控。

Jb0001432039 计划管理包括什么内容？（5分）

考核知识点：计划管理内容

难易度：中

标准答案：

组织研究制定公司物资管理的战略目标、发展规划，确定物资和服务的采购范围、采购实施模式、采购方式、采购组织形式、采购批次，需求计划预测管理、采购计划管理，统计分析和计划考评等内容。

Jb0001432040 计划管理的原则是什么？（5分）

考核知识点：计划管理原则

难易度：中

标准答案：

"统一、集中、全面、刚性"原则，执行统一标准、统一申报平台，按照两级集中采购目录清单实施全面计划管理，加强计划准确性、时效性考核，确保精益高效。

Jb0001433041 公司集中采购目录清单包括两级集中采购的范围是什么？（5分）

考核知识点：两级采购范围

难易度：难

标准答案：

（1）一级集中采购目录清单内的物资和服务原则上由总部组织实施，或授权下一级单位实施。

（2）二级集中采购目录清单内的物资和服务由省公司、直属单位组织实施，或授权下一级单位实施。

Jb0001431042　物资采购标准遵循原则是什么？（5分）

考核知识点：物资采购原则

难易度：易

标准答案：

“统一分类编码、统一型号种类、统一技术参数、统一技术规范、统一技术接口”的“五统一”原则，统一组织编制、修订和发布，各级单位遵照执行，实现电网物资通用互换，提高采购效率和效益。

Jb0001431043　物资数据管理包括哪些内容？（5分）

考核知识点：物资数据管理内容

难易度：易

标准答案：

在物资管理过程中，通过“五 E 一中心”一体化供应链平台内存储和管理的数据。数据管理包括数据需求、数据资产、数据质量、数据安全、数据共享、数据应用、数据监控和工作评价管理。

Jb0001431044　库存物资出库包括哪些类型？（5分）

考核知识点：物资出入库

难易度：易

标准答案：

物资领料出库、调配物资出库、供应商寄存物资出库、退役资产出库、废旧物资出库等。

Jb0001431045　供应商寄存物资的入库流程是什么？（5分）

考核知识点：物资出入库

难易度：易

标准答案：

（1）物资公司（中心）根据供应商寄存物资清单，核对到货物资种类、品名、数量、外观等，组织开展验收，办理交接手续。

（2）供应商寄存物资入库后应分区存放，对不同供应商寄存物资应现场标识区分。

Jb0001431046　物资信息化主要包括哪些内容？（5分）

考核知识点：物资信息化内容

难易度：易

标准答案：

搭建公司现代智慧供应链平台涉及的相关管理信息系统建设、应用和运维等工作，为构建具有数字化、网络化和智能化的公司现代智慧供应链体系提供信息技术支撑。

Jb0001431047　简述 ESC 平台中查看实物入库信息监控数据的路径及操作步骤。（5 分）

考核知识点：预警监控模块

难易度：易

标准答案：

（1）路径：数字物流—风险监控预警—仓储阶段—实物流监控—实物入库信息监控。

（2）操作步骤：根据实物 ID、采购订单编号、物料编码、工厂等维度查询，通过表格形式展示实物入库信息监控的数据。

Jb0001431048　简述 ESC 供应链平台中查看报废物资在库情况监控数据的路径及操作步骤。（5 分）

考核知识点：预警监控模块

难易度：易

标准答案：

（1）路径：数字物流—风险监控预警—废旧处置阶段—实物流监控—报废物资在库情况监控。

（2）操作步骤：根据工厂名称、库存地点名称、物料大类、废旧物料描述等维度查询，通过图形及表格形式展示报废物资在库情况监控的数据。

Jb0001431049　专业仓实物标识管理要求有哪些？（5 分）

考核知识点：专业仓建设

难易度：易

标准答案：

专业仓实物可配置实物 ID 或二维码标签等构成的物料标识，入仓时粘贴于明显位置，具备条件的可通过移动终端办理现场收发货及盘点等业务。

Jb0001431050　专业仓安全管理要求是什么？（5 分）

考核知识点：专业仓安全管理要求

难易度：易

标准答案：

坚持“安全第一、预防为主、综合治理”方针，专业仓使用单位应建立专业仓防火、防洪、防盗、防损等安全制度，常态化开展安全隐患排查治理，确保专业仓安全运行。

第四章　物资仓储作业员中级工技能操作

Jc0001463001　仓库安全保卫管理的基本内容。（100 分）

考核知识点：仓储安全保卫管理

难易度：难

技能等级评价专业技能考核操作工作任务书

一、任务名称

仓库安全保卫管理的基本内容。

二、适用工种

物资仓储作业员中级工。

三、具体任务

简述仓库安全保卫管理的基本内容。

四、工作规范及要求

（1）熟悉《国家电网公司仓储标准化管理指导意见》。

（2）掌握国家电网公司相关技能中库房安全管理技能。

五、考核及时间要求

（1）本考核操作时间为 40 分钟，时间到停止考评。

（2）按照技能操作正确记录标识结果。

技能等级评价专业技能考核操作评分标准

工种	物资仓储作业员					评价等级	中级工
项目模块	安全管理—日常安全管理				编号	Jc0001463001	
单位			准考证号			姓名	
考试时限	40 分钟		题型	综合操作题（笔试）		题分	100 分
成绩		考评员		考评组长		日期	
试题正文	仓库安全保卫管理的基本内容						
需要说明的问题和要求	单人操作						

序号	项目名称	质量要求	满分	扣分标准	扣分原因	得分
1	出入登记	外单位机动车辆需登记后方可进入库区，并按指定位置停放；严禁携带任何易燃、易爆、有毒有害等危险品进入仓库	15	少填写或错误一项扣 5 分，扣完为止		
2	出入登记	仓库员工或本单位员工进入仓库，应主动出示工作证，配合安保检查；到仓库办理业务的外来人员，应凭有效证件在门岗值班室登记；提货人员未经仓库保管员许可不得随便进入仓库内	20	少填写或错误一项扣 5 分，扣完为止		

续表

序号	项目名称	质量要求	满分	扣分标准	扣分原因	得分
3	库区安全	进入库区作业人员，必须佩戴安全帽；行车、叉车必须由持证人员操作，其他人不得随意动用；起吊工具使用前需仔细检查，确保装卸工作安全	25	少填写或错误一项扣5分，扣完为止		
4	物资出库	所有物资出库均应凭物资出门证出门，若物证不符的，门卫有权拒绝放行；外来施工队伍因施工需要带进仓库的工具、器材，应在门卫处办理登记手续，以便出门时核对	15	少填写或错误一项扣5分，扣完为止		
5	库房安全	库房（含门、窗）必须安全牢固。易于侵入的窗户需加装铁栅栏等防范设施	5	少填写或错误一项扣5分		
6	库房安全	根据实际需要，仓库可安装视频监控系统。条件允许，可与远程公安监管系统联网	5	少填写或错误一项扣5分		
7	安全巡查	仓库保管员应做到每天四“检查”，即上班检查仓库门锁有无异常，物品有无丢失；下班检查是否已锁门、拉闸、断电及是否存在其他安全隐患；经常检查调整库内温度、湿度，保持通风；检查易燃、易爆物品或其他特殊物资是否单独存储、妥善保管	15	少填写或错误一项扣3分，扣完为止		
合计			100			

Jc0001452002　物资仓储装卸搬运注意事项。（100 分）

考核知识点：装卸管理

难易度：中

技能等级评价专业技能考核操作工作任务书

一、任务名称

物资仓储装卸搬运注意事项。

二、适用工种

物资仓储作业员中级工。

三、具体任务

（1）在指定的现场独立完成物资仓储装卸搬运中的注意事项。

（2）操作现场，实施安全措施。

四、工作规范及要求

（1）熟悉物资装卸过程及安全操作规程。

（2）掌握物资装卸搬运的方法及步骤。

（3）应遵循仓储安全操作规程来提高人员装卸的整体水平及工作效率。

五、考核及时间要求

（1）本考核操作时间为60分钟，时间到停止考评，包括操作现场清理。

（2）操作过程中，如果操作员出现无法继续操作的情况，可向考评员申请终止该项操作，该项操作项目不得分，但不影响其他项目。

（3）按照技能操作记录单的操作要求进行操作，正确记录操作结果。

技能等级评价专业技能考核操作评分标准

工种	物资仓储作业员					评价等级	中级工
项目模块	专业知识—仓储业务管理				编号	Jc0001452002	
单位				准考证号		姓名	
考试时限	60 分钟		题型	多项操作题（笔试）		题分	100 分
成绩		考评员		考评组长		日期	
试题正文	物资仓储装卸搬运注意事项						
需要说明的问题和要求	（1）单人操作。 （2）遵循《国家电网公司仓储标准化管理指导意见》						

序号	项目名称	质量要求	满分	扣分标准	扣分原因	得分
1	物资仓储装卸搬运中的注意事项	遵循仓储安全操作规程来提高人员装卸的整体水平及工作效率				
2	物资装卸前准备工作	货物搬运前：在接到仓库管理员的出、入库物资通知后，装卸人员应立即准备装卸机具和人员在指定货物位置等候，随时装卸货物	10	少一项扣 10 分		
		在搬运货物前，应根据货物的质量和体积，采取相应装卸方式	20	漏一项扣 5 分，扣完为止		
		搬运货物前，装卸人员应采取相应的保护措施，做好装卸货物现场的安全注意事项	20	漏一项扣 5 分，扣完为止		
		装卸人员在仓库管理员组织下，根据货物的规格性质，进行货物的装卸及搬运工作	10	操作不正确扣 10 分		
		搬运货物时，应先检查货物的外观及箱体状态是否有松动现象，以免造成设备损伤	10	漏一项扣 10 分		
3	物资装卸	装卸货物时，应根据货物的质量及体积，采用最为合适的装卸机具	10	操作不正确扣 10 分		
		放置货物时，根据货物的装卸标识，按照要求进行装卸作业	10	操作不正确扣 10 分		
4	问题记录	对货品所出现的问题，仓库管理员和装卸人员进行详细的记录，应及时报仓库主任进行审批和确定	10	操作不正确扣 10 分		
合计			100			

Jc0001442003　废旧物资处置申请单操作流程。（100 分）

考核知识点：废旧物资处置流程

难易度：中

技能等级评价专业技能考核操作工作任务书

一、任务名称

废旧物资处置申请单操作流程。

二、适用工种

物资仓储作业员中级工。

三、具体任务

依据相关资料，完成废旧物资处置申请单的编制（线下）。

四、工作规范及要求

（1）按《国家电网有限公司废旧物资管理办法》要求执行。

（2）在指定的现场独立完成。

五、考核及时间要求

（1）本考核操作时间为30分钟，时间到停止考评。

（2）操作过程中，如果操作员出现无法继续操作的情况，可向考评员申请终止该项操作，该项操作项目不得分，但不影响其他项目。

（3）按照技能操作记录单的操作要求进行操作，正确记录操作结果。

技能等级评价专业技能考核操作评分标准

工种	物资仓储作业员				评价等级	中级工
项目模块	专业知识—废旧物资管理			编号	Jc0001442003	
单位		准考证号			姓名	
考试时限	30分钟	题型	单项操作		题分	100分
成绩		考评员		考评组长	日期	
试题正文	废旧物资处置申请单操作流程					
需要说明的问题和要求	单人操作					

序号	项目名称	质量要求	满分	扣分标准	扣分原因	得分
1	申请单具体操作流程-1					
1.1	序号填写	按自然序号填写	5	填写不完整，每项扣1分，扣完为止		
1.2	物资名称填写	按处置废旧物资名称填写	5	填写不规范，每项扣1分，扣完为止		
1.3	规格型号填写	按废旧物资处置资料填写	10	填写不规范，每项扣1分，扣完为止		
1.4	生产厂商填写	按废旧物资处置资料填写	10	填写不规范，每项扣1分，扣完为止		
1.5	ERP（资产编号、设备号、报废申请单号）	按废旧物资处置资料填写	10	填写不规范，每项扣1分，扣完为止		
1.6	废旧物资编码	按废旧物资处置资料填写	10	填写不规范，每项扣1分，扣完为止		
2	申请单创建具体操作流程-2					
2.1	数量	填写废旧物资处置数量	10	填写不规范，每项扣1分，扣完为止		
2.2	单位	填写废旧物资处置计量单位	10	填写不规范，每项扣1分，扣完为止		
2.3	资产原值	按废旧物资处置资料填写	10	填写不规范，每项扣1分，扣完为止		
2.4	账面净值	按废旧物资处置资料填写	10	填写不规范，每项扣1分，扣完为止		
2.5	建议处置时间	依据废旧物资处置评估报告确定处置时间	10	填写不规范，每项扣1分，扣完为止		
合计			100			

Jc0001442004　废旧物资台账建立流程。（100分）

考核知识点：废旧物资处置流程

难易度：中

技能等级评价专业技能考核操作工作任务书

一、任务名称

废旧物资台账建立流程。

二、适用工种

物资仓储作业员中级工。

三、具体任务

（1）依据相关资料，在指定的现场完成废旧物资台账建立操作流程。

（2）操作现场，实施安全措施。

四、工作规范及要求

（1）严格按国家电网公司通用制度要求执行。

（2）按规定要求依据相关资料正确完成废旧物资台账建立操作流程。

五、考核及时间要求

（1）本考核操作时间为30分钟，时间到停止考评。

（2）操作过程中，如果操作员出现无法继续操作的情况，可向考评员申请终止该项操作，该项操作项目不得分，但不影响其他项目。

（3）按照技能操作记录单的操作要求进行操作，正确记录操作结果。

技能等级评价专业技能考核操作评分标准

<table>
<tr><td>工种</td><td colspan="5">物资仓储作业员</td><td>评价等级</td><td>中级工</td></tr>
<tr><td>项目模块</td><td colspan="4">专业知识—废旧物资管理</td><td>编号</td><td colspan="2">Jc0001442004</td></tr>
<tr><td>单位</td><td colspan="2"></td><td>准考证号</td><td colspan="2"></td><td>姓名</td><td></td></tr>
<tr><td>考试时限</td><td colspan="2">30分钟</td><td>题型</td><td colspan="2">单项操作题</td><td>题分</td><td>100分</td></tr>
<tr><td>成绩</td><td></td><td>考评员</td><td></td><td>考评组长</td><td></td><td>日期</td><td></td></tr>
<tr><td>试题正文</td><td colspan="7">废旧物资台账建立流程</td></tr>
<tr><td>需要说明的问题和要求</td><td colspan="7">单人操作</td></tr>
</table>

序号	项目名称	质量要求	满分	扣分标准	扣分原因	得分
1	废旧物资台账建立的构成要素					
1.1	序号填写	按自然序号填写	10	少填写一项扣10分； 填写错误一项扣5分； 扣完为止		
1.2	移交单位	填写废旧物资实际移交单位名称	10	少填写一项扣10分； 填写错误一项扣5分； 扣完为止		
1.3	工程项目名称	按废旧物资移交资料内容填写	10	少填写一项扣10分； 填写错误一项扣5分； 扣完为止		
1.4	交接地点	填写废旧物资实际移交地点	10	少填写一项扣10分； 填写错误一项扣5分； 扣完为止		
1.5	交接时间	填写废旧物资实际移交时间	10	少填写一项扣10分； 填写错误一项扣5分； 扣完为止		

续表

序号	项目名称	质量要求	满分	扣分标准	扣分原因	得分
1.6	废旧物资描述	按废旧物资移交资料内容填写移交类别	10	少填写一项扣 10 分； 填写错误一项扣 5 分； 扣完为止		
2	台账建立相关内容					
2.1	计量单位	按国家电网公司通用制度 ERP 操作手册完成	5	少填写或错误一项扣 5 分		
2.2	交接数量	填写移交废旧物资的实际数量	5	少填写或错误一项扣 5 分		
2.3	换算重量	按移交废旧物资的相关资料填写	5	少填写或错误一项扣 5 分		
2.4	移交物资类别	填写移交废旧物资的类别	20	少填写一项扣 20 分； 填写错误一项扣 5 分； 扣完为止		
2.5	备注	填写废旧物资移交的完整情况（完整、不完整）	5	少填写或错误一项扣 5 分		
合计			100			

Jc0001442005　库存物资出库工作流程（线下操作）。（100 分）

考核知识点：物资出入库

难易度：中

技能等级评价专业技能考核操作工作任务书

一、任务名称

库存物资出库工作流程（线下操作）。

二、适用工种

物资仓储作业员中级工。

三、具体任务

完成库存物资出库工作操作流程。

四、工作规范及要求

（1）依据《国家电网公司仓储标准化管理指导意见》。

（2）在指定的现场独立完成仓库物资入库验收工作流程。

五、考核及时间要求

（1）本考核操作时间为 20 分钟，时间到停止考评。

（2）操作过程中，如果操作员出现无法继续操作的情况，可向考评员申请终止该项操作，该项操作项目不得分，但不影响其他项目。

（3）按照技能操作记录单的操作要求进行操作，正确记录操作结果。

技能等级评价专业技能考核操作评分标准

工种	物资仓储作业员					评价等级	中级工
项目模块	专业知识—实物库存管理				编号	Jc0001442005	
单位		准考证号				姓名	
考试时限	20 分钟	题型	单项操作题			题分	100 分
成绩		考评员		考评组长		日期	

续表

试题正文	库存物资出库工作流程（线下操作）
需要说明的问题和要求	单人操作

序号	项目名称	质量要求	满分	扣分标准	扣分原因	得分
1	库存物资出库工作流程要求					
1.1	移库至具体项目库存	按《国家电网公司仓储标准化管理指导意见》要求完成	30	少填写一项扣 30 分； 填写错误一项扣 15 分； 扣完为止		
1.2	扫描领料单条形码	按《国家电网公司仓储标准化管理指导意见》要求完成	20	少填写一项扣 20 分； 填写错误一项扣 10 分； 扣完为止		
1.3	确认信息无误后，办理系统出库	做好领料信息核对	20	少填写一项扣 20 分； 填写错误一项扣 10 分； 扣完为止		
1.4	核对领料单与库存信息	做好领料信息核对	20	少填写一项扣 20 分； 填写错误一项扣 10 分； 扣完为止		
1.5	实物发料	以领料单发料数量为主	10	少填写一项扣 10 分； 填写错误一项扣 5 分； 扣完为止		
合计			100			

Jc0001442006　废旧物资处置底价单编制流程。（100 分）

考核知识点：废旧物资处置流程

难易度：中

技能等级评价专业技能考核操作工作任务书

一、任务名称

废旧物资处置底价单编制流程。

二、适用工种

物资仓储作业员中级工。

三、具体任务

在指定的现场依据相关资料完成废旧物资底价单编制操作流程。

四、工作规范及要求

（1）掌握废旧物资处置流程。

（2）依据相关资料完成废旧物资底价单编制操作流程。

五、考核及时间要求

（1）本考核操作时间为 30 分钟，时间到停止考评。

（2）操作过程中，如果操作员出现无法继续操作的情况，可向考评员申请终止该项操作，该项操作项目不得分，但不影响其他项目。

（3）按照技能操作记录单的操作要求进行操作，正确记录操作结果。

技能等级评价专业技能考核操作评分标准

<table>
<tr><td>工种</td><td colspan="5">物资仓储作业员</td><td>评价等级</td><td colspan="2">中级工</td></tr>
<tr><td>项目模块</td><td colspan="4">专业知识—废旧物资管理</td><td>编号</td><td colspan="3">Jc0001442006</td></tr>
<tr><td>单位</td><td colspan="2"></td><td>准考证号</td><td colspan="2"></td><td>姓名</td><td colspan="2"></td></tr>
<tr><td>考试时限</td><td>30 分钟</td><td>题型</td><td colspan="3">单项操作题</td><td>题分</td><td colspan="2">100 分</td></tr>
<tr><td>成绩</td><td></td><td>考评员</td><td></td><td>考评组长</td><td></td><td>日期</td><td colspan="2"></td></tr>
<tr><td>试题正文</td><td colspan="8">废旧物资处置底价单编制流程</td></tr>
<tr><td>需要说明的问题和要求</td><td colspan="8">（1）单人操作。
（2）按仓储作业指导书要求完成操作</td></tr>
<tr><td>序号</td><td>项目名称</td><td colspan="2">质量要求</td><td>满分</td><td colspan="2">扣分标准</td><td>扣分原因</td><td>得分</td></tr>
<tr><td>1</td><td>具体操作流程</td><td colspan="2"></td><td></td><td colspan="2"></td><td></td><td></td></tr>
<tr><td>1.1</td><td>填写序号</td><td colspan="2">按自然序号填写</td><td>10</td><td colspan="2">少填写一项扣 10 分；
填写错误一项扣 5 分；
扣完为止</td><td></td><td></td></tr>
<tr><td>1.2</td><td>废旧物资类别</td><td colspan="2">依据提供废旧物资处置资料种类填写</td><td>10</td><td colspan="2">少填写一项扣 10 分；
填写错误一项扣 5 分；
扣完为止</td><td></td><td></td></tr>
<tr><td>1.3</td><td>计量单位</td><td colspan="2">依据提供废旧物资处置资料填写</td><td>10</td><td colspan="2">少填写一项扣 10 分；
填写错误一项扣 5 分；
扣完为止</td><td></td><td></td></tr>
<tr><td>1.4</td><td>评估价</td><td colspan="2">依据评估报告填写</td><td>30</td><td colspan="2">少填写一项扣 30 分；
填写错误一项扣 15 分；
扣完为止</td><td></td><td></td></tr>
<tr><td>1.5</td><td>拍卖底价</td><td colspan="2">不低于评估价</td><td>30</td><td colspan="2">少填写一项扣 30 分；
填写错误一项扣 15 分；
扣完为止</td><td></td><td></td></tr>
<tr><td>1.6</td><td>备注</td><td colspan="2">填写需要说明的相关问题</td><td>10</td><td colspan="2">少填写一项扣 10 分；
填写错误一项扣 5 分；
扣完为止</td><td></td><td></td></tr>
<tr><td colspan="2">合计</td><td colspan="2"></td><td>100</td><td colspan="2"></td><td></td><td></td></tr>
</table>

Jc0001442007 仓库标准化建设—地面区域标线的识别。(100 分)

考核知识点：仓储标准化管理

难易度：中

技能等级评价专业技能考核操作工作任务书

一、任务名称

仓库标准化建设—地面区域标线的识别。

二、适用工种

物资仓储作业员中级工。

三、具体任务

依据《国家电网公司仓储标准化管理指导意见》，完成仓库标准化建设地面区域标线的识别。

四、工作规范及要求

（1）熟悉《国家电网公司仓储标准化管理指导意见》。

（2）在指定的现场，完成仓库标准化建设—地面区域标线的识别具体内容。

五、考核及时间要求

（1）本考核操作时间为20分钟，时间到停止考评。

（2）操作过程中，如果操作员出现无法继续操作的情况，可向考评员申请终止该项操作，该项操作项目不得分，但不影响其他项目。

（3）按照技能操作记录单的操作要求进行操作，正确记录操作结果。

技能等级评价专业技能考核操作评分标准

工种	物资仓储作业员					评价等级	中级工
项目模块	专业知识—仓储业务管理				编号	Jc0001442007	
单位			准考证号			姓名	
考试时限	20分钟	题型		单项操作题		题分	100分
成绩		考评员		考评组长		日期	
试题正文	仓库标准化建设—地面区域标线的识别						
需要说明的问题和要求	（1）单人操作。 （2）在指定仓储作业区域完成						

序号	项目名称	质量要求	满分	扣分标准	扣分原因	得分
1	仓库标准化建设地面区域标线的辨识要素					
1.1	仓位区域的界定应用黄色100mm宽的喷漆（也可采用同规格粘贴带）线条划分	依据《国家电网公司仓储标准化管理指导意见》，完成仓库标准化建设地面区域标线	20	辨识不正确，每项扣10分，扣完为止		
1.2	并在区域靠近主通道侧的界线中间向两边设置区域标识内，完成系统操作	依据《国家电网公司仓储标准化管理指导意见》，完成仓库标准化建设地面区域标线	20	辨识不正确，每项扣10分，扣完为止		
1.3	对应定置图的编号和区域名称	依据《国家电网公司仓储标准化管理指导意见》，完成仓库标准化建设地面区域标线	20	辨识不正确，每项扣10分，扣完为止		
1.4	字体宜采用黑体，黄色	依据《国家电网公司仓储标准化管理指导意见》，完成仓库标准化建设地面区域标线	20	辨识不正确，每项扣10分，扣完为止		
1.5	X号字喷漆，距边界线150mm	依据《国家电网公司仓储标准化管理指导意见》，完成仓库标准化建设地面区域标线	20	辨识不正确，每项扣10分，扣完为止		
	合计		100			

Jc0001443008　仓库消防安全检查工作流程。（100分）

考核知识点：消防安全检查流程

难易度：难

技能等级评价专业技能考核操作工作任务书

一、任务名称

仓库消防安全检查工作流程。

二、适用工种

物资仓储作业员中级工。

三、具体任务

依据《国家电网公司仓储标准化管理指导意见》，完成仓库消防安全检查工作流程。

四、工作规范及要求

（1）熟悉《国家电网公司仓储标准化管理指导意见》。

（2）在指定的现场，完成仓库消防安全检查工作流程。

五、考核及时间要求

（1）本考核操作时间为30分钟，时间到停止考评。

（2）操作过程中，如果操作员出现无法继续操作的情况，可向考评员申请终止该项操作，该项操作项目不得分，但不影响其他项目。

（3）按照技能操作记录单的操作要求进行操作，正确记录操作结果。

技能等级评价专业技能考核操作评分标准

工种	物资仓储作业员					评价等级	中级工
项目模块	安全管理—仓储消防安全				编号	Jc0001443008	
单位			准考证号			姓名	
考试时限	30分钟		题型	单项操作题		题分	100分
成绩		考评员		考评组长		日期	
试题正文	仓库消防安全检查工作流程						
需要说明的问题和要求	单人操作						

序号	项目名称	质量要求	满分	扣分标准	扣分原因	得分
1	仓库消防安全检查流程					
1.1	现场实地检查仓库库区内消防灭火器的完好性	依据《国家电网公司仓储标准化管理指导意见》实地开展仓库消防安全检查	20	少操作一项扣10分； 操作错误一项扣5分； 扣完为止		
1.2	实地检查库区的消防车道、仓库的安全出口、疏散楼梯等位置，严禁堆放物品。 检查物资存放应分类、分堆、分组和分垛，并留出必要的防火间距	依据《国家电网公司仓储标准化管理指导意见》实地开展仓库消防安全检查	40	少操作一项扣10分； 操作错误一项扣5分； 扣完为止		
1.3	易燃易爆物资以及容易相互发生化学反应或者灭火方法不同的物品，必须分间、分库储存，并在醒目处标明储存物品的名称、性质和灭火方法	依据《国家电网公司仓储标准化管理指导意见》实地开展仓库消防安全检查	40	少操作一项扣10分； 操作错误一项扣5分； 扣完为止		
合计			100			

Jc0001442009　物资验收入库流程操作。（100分）

考核知识点：物资出入库

难易度：中

技能等级评价专业技能考核操作工作任务书

一、任务名称

物资验收入库流程操作。

二、适用工种

物资仓储作业员中级工。

三、具体任务

熟练掌握物资验收入库工作流程。

四、工作规范及要求

（1）依据《国家电网公司仓储标准化管理指导意见》。

（2）在指定的现场独立完成物资验收入库工作流程。

五、考核及时间要求

（1）本考核操作时间为30分钟，时间到停止考评。

（2）操作过程中，如果操作员出现无法继续操作的情况，可向考评员申请终止该项操作，该项操作项目不得分，但不影响其他项目。

（3）按照技能操作记录单的操作要求进行操作，正确记录操作结果。

技能等级评价专业技能考核操作评分标准

工种	物资仓储作业员				评价等级	中级工
项目模块	专业知识—实物库存管理			编号	Jc0001442009	
单位		准考证号			姓名	
考试时限	30分钟	题型	单项操作题		题分	100分
成绩	考评员		考评组长		日期	
试题正文	物资验收入库流程操作					
需要说明的问题和要求	单人操作					

序号	项目名称	质量要求	满分	扣分标准	扣分原因	得分
1	物资验收入库流程规范					
1.1	物资到货后，实物核对，数量及外观验收确认	严格按《国家电网公司仓储标准化管理指导意见》要求完成	30	少操作一项扣10分； 操作错误一项扣5分； 扣完为止		
1.2	根据需要组织相关部门质量验收确认	严格按《国家电网公司仓储标准化管理指导意见》要求完成	20	少操作一项扣10分； 操作错误一项扣5分； 扣完为止		
1.3	填制验收单	严格按《国家电网公司仓储标准化管理指导意见》要求完成	10	少操作一项扣10分； 操作错误一项扣5分； 扣完为止		
1.4	扫描送货单条形码，系统信息核对	严格按《国家电网公司仓储标准化管理指导意见》要求完成	10	少操作一项扣10分； 操作错误一项扣5分； 扣完为止		
1.5	签收送货单	严格按《国家电网公司仓储标准化管理指导意见》要求完成	10	少操作一项扣10分； 操作错误一项扣5分； 扣完为止		
1.6	办理系统入库	严格按《国家电网公司仓储标准化管理指导意见》要求完成	10	少操作一项扣10分； 操作错误一项扣5分； 扣完为止		
1.7	实物入库	实物入库严格按《国家电网公司仓储标准化管理指导意见》要求完成	10	少操作一项扣10分； 操作错误一项扣5分； 扣完为止		
合计			100			

Jc0001443010　仓库安全保卫管理工作流程操作。(100分)

考核知识点：安全保卫管理

难易度：难

技能等级评价专业技能考核操作工作任务书

一、任务名称

仓库安全保卫管理工作流程操作。

二、适用工种

物资仓储作业员中级工。

三、具体任务

依据《国家电网公司仓储标准化管理指导意见》，完成仓库安全保卫管理工作操作流程。

四、工作规范及要求

(1) 熟悉《国家电网公司仓储标准化管理指导意见》。

(2) 在指定的现场，完成安全保卫管理工作流程。

五、考核及时间要求

(1) 本考核操作时间为30分钟，时间到停止考评。

(2) 操作过程中，如果操作员出现无法继续操作的情况，可向考评员申请终止该项操作，该项操作项目不得分，但不影响其他项目。

(3) 按照技能操作记录单的操作要求进行操作，正确记录操作结果。

技能等级评价专业技能考核操作评分标准

工种	物资仓储作业员					评价等级	中级工
项目模块	安全管理—日常安全管理				编号	Jc0001443010	
单位			准考证号			姓名	
考试时限	30分钟		题型	单项操作		题分	100分
成绩		考评员		考评组长		日期	
试题正文	仓库安全保卫管理工作流程操作						
需要说明的问题和要求	单人操作						

序号	项目名称	质量要求	满分	扣分标准	扣分原因	得分
1	仓库安全保卫管理工作流程操作要点					
1.1	外单位机动车辆需登记后方可进入库区，并按指定位置停放；严禁携带任何易燃、易爆、有毒有害等危险品进入仓库	加强库区出入车辆登记工作检查，严防有害物品进入库区	10	少操作一项扣10分； 操作错误一项扣5分； 扣完为止		
1.2	到仓库办理业务的外来人员，应凭有效证件在门岗值班室登记	加强库区出入车辆登记工作	20	少操作一项扣10分； 操作错误一项扣5分； 扣完为止		
1.3	提货人员未经仓库保管员许可不得随便进入仓库内	严格执行人员出入仓库登记制度管理	10	少操作一项扣10分； 操作错误一项扣5分； 扣完为止		
1.4	进入库区作业人员，必须佩戴安全帽；行车、叉车必须由持证人员操作，其他人不得随意动用	严格执行库区管理制度	20	少操作一项扣10分； 操作错误一项扣5分； 扣完为止		

续表

序号	项目名称	质量要求	满分	扣分标准	扣分原因	得分
1.5	起吊工具使用前需仔细检查，确保装卸工作安全	严格执行库区装卸作业管理制度	10	少操作一项扣 10 分； 操作错误一项扣 5 分； 扣完为止		
1.6	所有物资出库均应凭物资出门证出门，若物证不符的，门卫有权拒绝放行；外来施工队伍因施工需要带进仓库的工具、器材，应在门卫处办理登记手续，以便出门时核对	加强门卫值班管理	20	少操作一项扣 10 分； 操作错误一项扣 5 分； 扣完为止		
1.7	检查仓库门锁有无异常，物品有无丢失；下班检查是否已锁门、拉闸、断电及是否存在其他安全隐患；经常检查调整库内温度、湿度，保持通风；检查易燃、易爆物品或其他特殊物资是否单独存储、妥善保管	加强库区范围内日常安全检查工作	10	少操作一项扣 10 分； 操作错误一项扣 5 分； 扣完为止		
	合计		100			

Jc0001442011　领用物资退回操作流程（线下操作）。（100 分）

考核知识点：物资出入库

难易度：中

技能等级评价专业技能考核操作工作任务书

一、任务名称

领用物资退回操作流程（线下操作）。

二、适用工种

物资仓储作业员中级工。

三、具体任务

依据《国家电网公司仓储标准化管理指导意见》，完成领用物资退回操作流程。

四、工作规范及要求

（1）熟悉《国家电网公司仓储标准化管理指导意见》。

（2）在指定的现场，完成领用物资退回操作流程。

五、考核及时间要求

（1）本考核操作时间为 30 分钟，时间到停止考评。

（2）操作过程中，如果操作员出现无法继续操作的情况，可向考评员申请终止该项操作，该项操作项目不得分，但不影响其他项目。

（3）按照技能操作记录单的操作要求进行操作，正确记录操作结果。

技能等级评价专业技能考核操作评分标准

工种	物资仓储作业员					评价等级	中级工
项目模块	专业知识—实物库存管理				编号	Jc0001442011	
单位			准考证号			姓名	
考试时限	30 分钟	题型		单项操作题		题分	100 分
成绩		考评员		考评组长		日期	

续表

试题正文	领用物资退回操作流程（线下操作）					
需要说明的问题和要求	单人操作					
序号	项目名称	质量要求	满分	扣分标准	扣分原因	得分
1	领用物资退回操作流程要点					
1.1	提出退料申请	依据《国家电网公司仓储标准化管理指导意见》，完成领用物资退回操作流程	10	少操作一项扣 10 分； 操作错误一项扣 5 分； 扣完为止		
1.2	鉴定意见（是否可用，如属于不可用物资，转入报废物资）	依据《国家电网公司仓储标准化管理指导意见》，完成领用物资退回操作流程	10	少操作一项扣 10 分； 操作错误一项扣 5 分； 扣完为止		
1.3	如果属于可用物资，通过鉴定意见，提交退料申请	依据《国家电网公司仓储标准化管理指导意见》，完成领用物资退回操作流程	20	少操作一项扣 10 分； 操作错误一项扣 5 分； 扣完为止		
1.4	实物退库	依据《国家电网公司仓储标准化管理指导意见》，完成领用物资退回操作流程	20	少操作一项扣 10 分； 操作错误一项扣 5 分； 扣完为止		
1.5	办理系统退库（ERP 操作）	依据《国家电网公司仓储标准化管理指导意见》，完成领用物资退回操作流程	20	少操作一项扣 10 分； 操作错误一项扣 5 分； 扣完为止		
1.6	打印退料单	依据《国家电网公司仓储标准化管理指导意见》，完成领用物资退回操作流程	20	少操作一项扣 10 分； 操作错误一项扣 5 分； 扣完为止		
合计			100			

Jc0001442012 仓库设备设施管理流程操作。（100 分）

考核知识点：设备设施管理

难易度：中

技能等级评价专业技能考核操作工作任务书

一、任务名称

仓库设备设施管理流程操作。

二、适用工种

物资仓储作业员中级工。

三、具体任务

完成仓库设备设施管理操作流程。

四、工作规范及要求

（1）以国家电网公司仓储管理工作要求为依据。

（2）按照指定的仓库设备设施检查要求完成仓库设备设施管理操作流程。

五、考核及时间要求

（1）本考核操作时间为 30 分钟，时间到停止考评，包括操作现场清理。

（2）操作过程中，如果操作员出现无法继续操作的情况，可向考评员申请终止该项操作，该项操作项目不得分，但不影响其他项目。

（3）按照技能操作记录单的操作要求进行操作，正确记录操作结果。

技能等级评价专业技能考核操作评分标准

工种	物资仓储作业员					评价等级	中级工
项目模块	专业知识—仓储业务管理				编号	Jc0001442012	
单位			准考证号			姓名	
考试时限	30 分钟	题型	单项操作题			题分	100 分
成绩		考评员		考评组长		日期	
试题正文	仓库设备设施管理流程操作						
需要说明的问题和要求	单人操作						

序号	项目名称	质量要求	满分	扣分标准	扣分原因	得分
1	按照指定的仓库设备设施检查要求完成仓库设备设施管理操作流程					
1.1	检查仓库各设备设施是否按名称、数量、规格型号、试验周期为主要内容建立台账，做到账、物相符	按指定检查要求进行账物检查	10	少操作一项扣 10 分；操作错误一项扣 5 分；扣完为止		
1.2	检查仓库各设备设施定期检查、维修，保养记录	按指定检查要求检查设备设施定期维护记录	20	少操作一项扣 10 分；操作错误一项扣 5 分；扣完为止		
1.3	检查仓库中的特种装备是否按周期进行检测，每次检测后，应由检测部门出具检测合格证，不得超周期使用	按指定检查要求检查特种装备检测记录	20	少操作一项扣 10 分；操作错误一项扣 5 分；扣完为止		
1.4	检查仓库主要装卸、搬运装备操作人员，是否持证上岗	检查仓库要装卸、搬运人员上岗证	20	少操作一项扣 10 分；操作错误一项扣 5 分；扣完为止		
1.5	检查仓库装卸、搬运装备中的行车、叉车、升降车、搬运车、平板车、手推车等设备是否制定相应的操作规程，主要装卸、搬运装备应随机配置设备使用说明书	检查仓库作业设备说明书	10	少操作一项扣 10 分；操作错误一项扣 5 分；扣完为止		
1.6	检查仓库各类装备是否严格按设备使用说明书要求进行使用，严禁带病、违章作业	检查仓库各类装备是否存在违章作业行为	20	少操作一项扣 10 分；操作错误一项扣 5 分；扣完为止		
合计			100			

Jc0001442013 在建工程废弃物资处置申请的创建。(100 分)

考核知识点：废旧物资处置流程

难易度：中

技能等级评价专业技能考核操作工作任务书

一、任务名称

在建工程废弃物资处置申请的创建。

二、适用工种

物资仓储作业员中级工。

三、具体任务

（1）在指定的现场依据相关资料完成在建工程废弃物资处置申请的创建。

（2）操作现场，实施安全措施。

四、工作规范及要求

（1）严格执行国家电网公司通用制度要求。

（2）按规定要求依据相关资料完成在建工程废弃物资处置申请。

五、考核及时间要求

（1）本考核操作时间为30分钟，时间到停止考评。

（2）操作过程中，如果操作员出现无法继续操作的情况，可向考评员申请终止该项操作，该项操作项目不得分，但不影响其他项目。

（3）按照技能操作记录单的操作要求进行操作，正确记录操作结果。

技能等级评价专业技能考核操作评分标准

工种	物资仓储作业员					评价等级	中级工
项目模块	专业知识—废旧物资管理			编号		Jc0001442013	
单位		准考证号				姓名	
考试时限		题型	单项操作			题分	100分
成绩		考评员		考评组长		日期	
试题正文	在建工程废弃物资处置申请的创建						
需要说明的问题和要求	（1）单人线下操作。 （2）按实际要求填写相关内容						

序号	项目名称	质量要求	满分	扣分标准	扣分原因	得分
1	处置申请创建的相关要求					
1.1	工程名称	按在建工程废弃物资处置申请资料要求规范填写	20	少操作一项扣10分； 操作错误一项扣5分； 扣完为止		
1.2	物资名称	按在建工程废弃物资处置申请资料要求规范填写	20	少操作一项扣10分； 操作错误一项扣5分； 扣完为止		
2	具体操作规范要求					
2.1	项目编码	按在建工程废弃物资处置申请资料要求规范填写	10	少操作一项扣10分； 操作错误一项扣5分； 扣完为止		
2.2	合同编号	按在建工程废弃物资处置申请资料要求规范填写	20	少操作一项扣10分； 操作错误一项扣5分； 扣完为止		
2.3	规格型号	按在建工程废弃物资处置申请资料要求规范填写	10	少操作一项扣10分； 操作错误一项扣5分； 扣完为止		
2.4	数量	按在建工程废弃物资处置申请资料要求规范填写	10	少操作一项扣10分； 操作错误一项扣5分； 扣完为止		
2.5	计量单位	按在建工程废弃物资处置申请资料要求规范填写	10	少操作一项扣10分； 操作错误一项扣5分； 扣完为止		
合计			100			

Jc0001442014　报废物资实物交接单（线下操作）。（100 分）

考核知识点：废旧物资处置流程

难易度：中

技能等级评价专业技能考核操作工作任务书

一、任务名称

报废物资实物交接单（线下操作）。

二、适用工种

物资仓储作业员中级工。

三、具体任务

（1）在指定现场依据相关资料完成报废物资实物交接单。

（2）操作现场，实施安全措施。

四、工作规范及要求

（1）严格执行国家电网公司通用制度要求。

（2）按规定要求依据相关资料完成报废物资实物交接单（线下）操作流程。

五、考核及时间要求

（1）本考核操作时间为 30 分钟，时间到停止考评。

（2）操作过程中，如果操作员出现无法继续操作的情况，可向考评员申请终止该项操作，该项操作项目不得分，但不影响其他项目。

（3）按照技能操作记录单的操作要求进行操作，正确记录操作结果。

技能等级评价专业技能考核操作评分标准

工种	物资仓储作业员					评价等级	中级工
项目模块	专业知识—废旧物资管理				编号		Jc0001442014
单位			准考证号			姓名	
考试时限	30 分钟		题型	单项操作题		题分	100 分
成绩		考评员		考评组长		日期	
试题正文	报废物资实物交接单（线下操作）						
需要说明的问题和要求	（1）单人操作。 （2）按提供的相关资料完成交接单求填写						

序号	项目名称	质量要求	满分	扣分标准	扣分原因	得分
1	交接单的具体操作要求					
1.1	物资名称	依据报废物资移交资料填写	10	少填写一项扣 10 分； 填写错误一项扣 5 分； 扣完为止		
1.2	工程项目名称	依据报废物资移交资料填写	10	少填写一项扣 10 分； 填写错误一项扣 5 分； 扣完为止		
2	具体操作过程的实施					
2.1	规格型号	依据报废物资移交资料填写	10	少填写一项扣 10 分； 填写错误一项扣 5 分； 扣完为止		

续表

序号	项目名称	质量要求	满分	扣分标准	扣分原因	得分
2.2	资产编码	依据报废物资移交资料填写	20	少填写一项扣 10 分； 填写错误一项扣 5 分； 扣完为止		
2.3	应交接数量	按提供报废物资移交资料数量填写	20	少填写一项扣 10 分； 填写错误一项扣 5 分； 扣完为止		
2.4	实际交接数量	按报废物资实际入库过磅数量填写	20	少填写一项扣 10 分； 填写错误一项扣 5 分； 扣完为止		
2.5	完整情况	依据报废物资实物移交情况填写完整或不完整	10	少填写一项扣 10 分； 填写错误一项扣 5 分； 扣完为止		
合计			100			

Jc0001442015　废旧物资处置计划申报。(100 分)

考核知识点：废旧物资处置流程

难易度：中

技能等级评价专业技能考核操作工作任务书

一、任务名称

废旧物资处置计划申报。

二、适用工种

物资仓储作业员中级工。

三、具体任务

(1) 在指定的现场完成废旧物资处置计划申报。

(2) 操作现场，实施安全措施。

四、工作规范及要求

(1) 严格按指导作业书要求进行维护保养。

(2) 按规定要求正确完成废旧物资处置计划申报（ERP）线上操作流程。

五、考核及时间要求

(1) 本考核操作时间为 60 分钟，时间到停止考评。

(2) 操作过程中，如果操作员出现无法继续操作的情况，可向考评员申请终止该项操作，该项操作项目不得分，但不影响其他项目。

(3) 按照技能操作记录单的操作要求进行操作，正确记录操作结果。

技能等级评价专业技能考核操作评分标准

工种	物资仓储作业员					评价等级	中级工
项目模块	专业知识—废旧物资管理			编号		Jc0001442015	
单位			准考证号			姓名	
考试时限	60 分钟		题型	单项操作题		题分	100 分
成绩		考评员		考评组长		日期	

续表

试题正文	废旧物资处置计划申报					
需要说明的问题和要求	单人操作					
序号	项目名称	质量要求	满分	扣分标准	扣分原因	得分
1	废旧物资处置计划申报流程操作指令					
1.1	用户名×××口令×××（按指定要求填写）	按照国家电网公司 ERP 操作要求执行	10	少操作一项扣 10 分； 操作错误一项扣 5 分； 扣完为止		
1.2	进入废旧物资管理平台界面 ZMM29297，选中废旧物资处置计划创建	按照国家电网公司 ERP 操作要求执行	20	少操作一项扣 10 分； 操作错误一项扣 5 分； 扣完为止		
1.3	输入批次年度、处置批次、库存地点之后点击左上角的☑，带出之前入库的废旧物资	按照国家电网公司 ERP 操作要求执行	10	少操作一项扣 10 分； 操作错误一项扣 5 分； 扣完为止		
1.4	输入评估单价、物资描述、存放地点，将所有条目数选中点击保存	按照国家电网公司 ERP 操作要求执行	20	少操作一项扣 10 分； 操作错误一项扣 5 分； 扣完为止		
1.5	返回废旧物资处置计划创建界面，将工厂批次年度、处置批次、库存地点输入	按照国家电网公司 ERP 操作要求执行	20	少操作一项扣 10 分； 操作错误一项扣 5 分； 扣完为止		
1.6	将最下面的一行修改、提报选中，点击左上角☑，废旧物资处置计划创建计划即可生成	按照国家电网公司 ERP 操作要求执行	20	少操作一项扣 10 分； 操作错误一项扣 5 分； 扣完为止		
合计			100			

Jc0001442016　一般物资入库管理—维护货物交接单。（100 分）

考核知识点：物资出入库

难易度：中

技能等级评价专业技能考核操作工作任务书

一、任务名称

一般物资入库管理—维护货物交接单。

二、适用工种

物资仓储作业员中级工。

三、具体任务

依据相关资料完成一般物资入库管理—维护货物交接单。

四、工作规范及要求

按规定的时间要求依据相关资料完成一般物资入库管理—维护货物交接单。

五、考核及时间要求

（1）本考核操作时间为 30 分钟，时间到停止考评。

（2）操作过程中，如果操作员出现无法继续操作的情况，可向考评员申请终止该项操作，该项操作项目不得分，但不影响其他项目。

（3）按照技能操作记录单的操作要求进行操作，正确记录操作结果。

技能等级评价专业技能考核操作评分标准

工种	物资仓储作业员					评价等级	中级工
项目模块	专业知识—实物库存管理				编号	Jc0001442016	
单位			准考证号			姓名	
考试时限	30 分钟	题型		单项操作题		题分	100 分
成绩		考评员		考评组长		日期	
试题正文	一般物资入库管理—维护货物交接单						
需要说明的问题和要求	（1）单人操作。 （2）按相关要求填写						

序号	项目名称	质量要求	满分	扣分标准	扣分原因	得分
1	编制供应商相关信息					
1.1	货物交接单	按供应商提供的货物交接资料填写	10	少填写一项扣 10 分； 填写错误一项扣 5 分； 扣完为止		
1.2	发货通知编号	按供应商提供的货物交接资料填写	10	少填写一项扣 10 分； 填写错误一项扣 5 分； 扣完为止		
1.3	供应商编号	按应商提供的货物交接资料填写	10	少填写一项扣 10 分； 填写错误一项扣 5 分； 扣完为止		
1.4	供应商名称	填写物资采购合同供货供应商名称	10	少填写一项扣 10 分； 填写错误一项扣 5 分； 扣完为止		
2	填写物资交接单信息要素					
2.1	交接数量	填写物资交接单交货数量	10	少填写一项扣 10 分； 填写错误一项扣 5 分； 扣完为止		
2.2	库存地点	物资交接单交货地	10	少填写一项扣 10 分； 填写错误一项扣 5 分； 扣完为止		
2.3	库存地点描述	文字说明物资交货种类	10	少填写一项扣 10 分； 填写错误一项扣 5 分； 扣完为止		
2.4	质量单位	按采购订单资料填写	10	少填写一项扣 10 分； 填写错误一项扣 5 分； 扣完为止		
2.5	采购订单	核对物资采购资料	20	少填写一项扣 10 分； 填写错误一项扣 5 分； 扣完为止		
合计			100			

Jc0001442017　一般物资入库管理—维护到货验收单。（100 分）

考核知识点：物资出入库

难易度：中

技能等级评价专业技能考核操作工作任务书

一、任务名称

一般物资入库管理—维护到货验收单。

二、适用工种

物资仓储作业员中级工。

三、具体任务

依据相关资料完成一般物资入库管理—维护到货验收单。

四、工作规范及要求

按规定的时间要求完成一般物资入库管理—维护到货验收单。

五、考核及时间要求

（1）本考核操作时间为 30 分钟，时间到停止考评。

（2）操作过程中，如果操作员出现无法继续操作的情况，可向考评员申请终止该项操作，该项操作项目不得分，但不影响其他项目。

（3）按照技能操作记录单的操作要求进行操作，正确记录操作结果。

技能等级评价专业技能考核操作评分标准

<table>
<tr><td>工种</td><td colspan="5">物资仓储作业员</td><td>评价等级</td><td>中级工</td></tr>
<tr><td>项目模块</td><td colspan="4">专业知识—实物库存管理</td><td>编号</td><td colspan="2">Jc0001442017</td></tr>
<tr><td>单位</td><td colspan="3"></td><td>准考证号</td><td></td><td>姓名</td><td></td></tr>
<tr><td>考试时限</td><td colspan="2">30 分钟</td><td>题型</td><td colspan="2">单项操作题</td><td>题分</td><td>100 分</td></tr>
<tr><td>成绩</td><td></td><td>考评员</td><td></td><td>考评组长</td><td></td><td>日期</td><td></td></tr>
<tr><td>试题正文</td><td colspan="7">一般物资入库管理—维护到货验收单</td></tr>
<tr><td>需要说明的问题和要求</td><td colspan="7">（1）单人操作。
（2）按 ERP 线上操作要求完成</td></tr>
</table>

序号	项目名称	质量要求	满分	扣分标准	扣分原因	得分
1	维护到货验收单编制要素					
1.1	收货标识	依据物资到货资料填写	10	少填写一项扣 10 分； 填写错误一项扣 5 分； 扣完为止		
1.2	发货通知编码	依据物资采购合同资料填写	10	少填写一项扣 10 分； 填写错误一项扣 5 分； 扣完为止		
1.3	供应商编号	依据物资采购合同资料填写	20	少填写一项扣 10 分； 填写错误一项扣 5 分； 扣完为止		
1.4	供应商名称	依据物资采购合同资料填写	10	少填写一项扣 10 分； 填写错误一项扣 5 分； 扣完为止		
1.5	验收日期	填写物资实际到货验收日期	10	少填写一项扣 10 分； 填写错误一项扣 5 分； 扣完为止		
2	填写物资到货验收单位相关信息					
2.1	物资供应公司收货人	填写物资管理人员姓名	10	少填写一项扣 10 分； 填写错误一项扣 5 分； 扣完为止		
2.2	物资供应公司收货时间	填写物资具体收货时间	10	少填写一项扣 10 分； 填写错误一项扣 5 分； 扣完为止		

续表

序号	项目名称	质量要求	满分	扣分标准	扣分原因	得分
2.3	项目单位接收人	填写项目单位物资接收人	10	少填写一项扣 10 分； 填写错误一项扣 5 分； 扣完为止		
2.4	接收时间	填写项目单位物资接收具体时间	10	少填写一项扣 10 分； 填写错误一项扣 5 分； 扣完为止		
合计			100			

Jc0001441018 打印物资转储单。(100 分)

考核知识点：物资出入库

难易度：易

技能等级评价专业技能考核操作工作任务书

一、任务名称

打印物资转储单。

二、适用工种

物资仓储作业员中级工。

三、具体任务

在指定的现场完成打印物资转储单（ERP）线上操作。

四、工作规范及要求

（1）熟悉物资转出单操作系统路径：库存管理—物资收货—无采购订单入库。

（2）按国家电网公司仓储物资 ERP 操作要求，在规定的时间要求完成打印物资转储单（ERP）线上操作流程。

五、考核及时间要求

（1）本考核操作时间为 20 分钟，时间到停止考评。

（2）操作过程中，如果操作员出现无法继续操作的情况，可向考评员申请终止该项操作，该项操作项目不得分，但不影响其他项目。

（3）按照技能操作记录单的操作要求进行操作，正确记录操作结果。

技能等级评价专业技能考核操作评分标准

<table>
<tr><td>工种</td><td colspan="5">物资仓储作业员</td><td>评价等级</td><td>中级工</td></tr>
<tr><td>项目模块</td><td colspan="4">专业知识—实物库存管理</td><td>编号</td><td colspan="2">Jc0001441018</td></tr>
<tr><td>单位</td><td colspan="2"></td><td>准考证号</td><td colspan="2"></td><td>姓名</td><td></td></tr>
<tr><td>考试时限</td><td>20 分钟</td><td>题型</td><td colspan="3">单项操作题</td><td>题分</td><td>100 分</td></tr>
<tr><td>成绩</td><td></td><td>考评员</td><td></td><td>考评组长</td><td></td><td>日期</td><td></td></tr>
<tr><td>试题正文</td><td colspan="7">打印物资转储单</td></tr>
<tr><td>需要说明的问题和要求</td><td colspan="7">（1）单人操作。
（2）按 ERP 操作要求完成</td></tr>
</table>

序号	项目名称	质量要求	满分	扣分标准	扣分原因	得分
1	打印物资转储单（ERP）线上操作流程					

续表

序号	项目名称	质量要求	满分	扣分标准	扣分原因	得分
1.1	在系统初始界面输入事务代码（ZMM29002）	在系统初始界面输入事务代码（ZMM29002）	20	少填写一项扣 10 分； 填写错误一项扣 5 分； 扣完为止		
1.2	回车进入显示物资入库单、出库单、转储单、调拨单界面	回车进入显示物资入库单、出库单、转储单、调拨单界面	20	少填写一项扣 10 分； 填写错误一项扣 5 分； 扣完为止		
1.3	输入查询条件：移出工厂	输入查询条件：移出工厂	20	少填写一项扣 10 分； 填写错误一项扣 5 分； 扣完为止		
1.4	输入查询条件：移入工厂	输入查询条件：移入工厂	20	少填写一项扣 10 分； 填写错误一项扣 5 分； 扣完为止		
1.5	输入查询条件：调拨时间	输入查询条件：调拨时间	10	少填写一项扣 10 分； 填写错误一项扣 5 分； 扣完为止		
1.6	点击进入打印界面	点击进入打印界面	10	少填写一项扣 10 分； 填写错误一项扣 5 分； 扣完为止		
	合计		100			

Jc0001442019　库存物资年度盘点表的编制。（100 分）

考核知识点：物资盘点

难易度：中

技能等级评价专业技能考核操作工作任务书

一、任务名称

库存物资年度盘点表的编制。

二、适用工种

物资仓储作业员中级工。

三、具体任务

（1）依据相关资料在指定的现场完成库存物资年度盘点表的编制。

（2）操作现场，实施安全措施。

四、工作规范及要求

（1）严格执行国家电网公司通用制度要求。

（2）按规定要求依据相关资料完成库存物资年度盘点表的编制。

五、考核及时间要求

（1）本考核操作时间为 30 分钟，时间到停止考评。

（2）操作过程中，如果操作员出现无法继续操作的情况，可向考评员申请终止该项操作，该项操作项目不得分，但不影响其他项目。

（3）按照技能操作记录单的操作要求进行操作，正确记录操作结果。

技能等级评价专业技能考核操作评分标准

工种	物资仓储作业员					评价等级	中级工
项目模块	专业知识—仓储业务管理				编号	Jc0001442019	
单位			准考证号			姓名	
考试时限	30 分钟	题型	单项操作			题分	100 分
成绩		考评员		考评组长		日期	
试题正文	库存物资年度盘点表的编制						
需要说明的问题和要求	（1）单人操作。 （2）按相关要求完成						

序号	项目名称	质量要求	满分	扣分标准	扣分原因	得分
1	库存物资年度盘点表编制流程					
1.1	物资名称	按盘点物资名称填写	10	少填写一项扣 10 分； 填写错误一项扣 5 分； 扣完为止		
1.2	规格型号	按盘点物资规格型号填写	10	少填写一项扣 10 分； 填写错误一项扣 5 分； 扣完为止		
1.3	单位	按盘点物资单位填写	10	少填写一项扣 10 分； 填写错误一项扣 5 分； 扣完为止		
1.4	实际数量	按盘点物资账面数量填写	10	少填写一项扣 10 分； 填写错误一项扣 5 分； 扣完为止		
1.5	盘点数量	按现场盘点数量填写	10	少填写一项扣 10 分； 填写错误一项扣 5 分； 扣完为止		
1.6	盘盈（数量）	按现场实际盘点数量填写	10	少填写一项扣 10 分； 填写错误一项扣 5 分； 扣完为止		
1.7	盘亏（数量）	按现场实际盘点数量填	10	少填写一项扣 10 分； 填写错误一项扣 5 分； 扣完为止		
1.8	盈亏原因	按现场实际盘点账实核对结果填写	20	少填写一项扣 10 分； 填写错误一项扣 5 分； 扣完为止		
1.9	备注	填写盘点过程需要说明的相关问题	10	少填写一项扣 10 分； 填写错误一项扣 5 分； 扣完为止		
合计			100			

Jc0001442020　完成物资盘点检查的主要流程操作。（100 分）

考核知识点：物资盘点

难易度：中

技能等级评价专业技能考核操作工作任务书

一、任务名称

完成物资盘点检查的主要流程操作。

二、适用工种

物资仓储作业员中级工。

三、具体任务

依据《国家电网公司仓储标准化管理指导意见》，掌握物资盘点检查的主要内容。

四、工作规范及要求

（1）熟悉《国家电网公司仓储标准化管理指导意见》。

（2）在指定的现场，独立完成流程物资盘点检查的主要流程操作。

五、考核及时间要求

（1）本考核操作时间为20分钟，时间到停止考评。

（2）操作过程中，如果操作员出现无法继续操作的情况，可向考评员申请终止该项操作，该项操作项目不得分，但不影响其他项目。

（3）按照技能操作记录单的操作要求进行操作，正确记录操作结果。

技能等级评价专业技能考核操作评分标准

工种	物资仓储作业员			评价等级	中级工
项目模块	专业知识—仓储业务管理		编号	Jc0001442020	
单位		准考证号		姓名	
考试时限	20分钟	题型	单项操作	题分	100分
成绩		考评员	考评组长	日期	
试题正文	完成物资盘点检查的主要流程操作				
需要说明的问题和要求	（1）单人操作。 （2）按提供的相关资料编制				

序号	项目名称	质量要求	满分	扣分标准	扣分原因	得分
1	物资盘点检查的组成要素					
1.1	检查物资实存量与账、卡的数量是否相符，不相符的找出原因	以库存物资账、卡、物检查为主	20	少操作一项扣10分； 操作错误一项扣5分； 扣完为止		
1.2	查明库存物资的质量状况，有无锈蚀、霉变、潮解、虫蛀等情况，必要时重新进行小样检验	主要检查库存物资的存放质量	10	少操作一项扣10分； 操作错误一项扣5分； 扣完为止		
1.3	查明有无超过保管期限及长期未使用的积压物资，并查明积压原因。 以各仓库物资储备定额为依据，根据定额储备物资耗用情况，检查库存数量是否低于储备定额	检查有无积压，检查库存数量与定额储备是否匹配	20	少操作一项扣10分； 操作错误一项扣5分； 扣完为止		
1.4	对工程竣工后未使用完的结余物资，领用单位应及时提出退库申请，填制退料申请单，报主管审批生效后退料入库	加强工程结余物资的管理流程	20	少操作一项扣10分； 操作错误一项扣5分； 扣完为止		

续表

序号	项目名称	质量要求	满分	扣分标准	扣分原因	得分
1.5	检查堆垛是否稳固，场地有无积水和杂物，库房有无漏雨，门窗通风是否良好，库房温湿度是否符合保管要求，清洁卫生是否符合要求等	检查库存物资的堆放及库存环境	10	少操作一项扣 10 分； 操作错误一项扣 5 分； 扣完为止		
1.6	检查计量工具是否准确，使用与维护是否合理	检查库存工器具的完好性	10	少操作一项扣 10 分； 操作错误一项扣 5 分； 扣完为止		
1.7	检查各种安全措施和消防设备是否齐全，是否符合安全要求	重点检查仓库的安防措施是否健全	10	少操作一项扣 10 分； 操作错误一项扣 5 分； 扣完为止		
合计			100			

Jc0001442021　工程结余物资办理入库手续的操作（线下操作）。（100 分）

考核知识点：工程结余物资管理

难易度：中

技能等级评价专业技能考核操作工作任务书

一、任务名称

工程结余物资办理入库手续的操作（线下操作）。

二、适用工种

物资仓储作业员中级工。

三、具体任务

（1）操作现场，实施安全措施。

（2）在指定的现场完成工程结余物资办理入库手续的操作。

四、工作规范及要求

（1）严格执行国家电网公司通用制度要求。

（2）按规定要求完成工程结余物资办理入库手续的操作。

五、考核及时间要求

（1）本考核操作时间为 60 分钟，时间到停止考评。

（2）操作过程中，如果操作员出现无法继续操作的情况，可向考评员申请终止该项操作，该项操作项目不得分，但不影响其他项目。

（3）按照技能操作记录单的操作要求进行操作，正确记录操作结果。

技能等级评价专业技能考核操作评分标准

<table>
<tr><td>工种</td><td colspan="6">物资仓储作业员</td><td>评价等级</td><td>中级工</td></tr>
<tr><td>项目模块</td><td colspan="5">专业知识—仓储业务管理</td><td>编号</td><td colspan="2">Jc0001442021</td></tr>
<tr><td>单位</td><td colspan="3"></td><td>准考证号</td><td colspan="2"></td><td>姓名</td><td></td></tr>
<tr><td>考试时限</td><td colspan="2">60 分钟</td><td>题型</td><td colspan="3">单项操作</td><td>题分</td><td>100 分</td></tr>
<tr><td>成绩</td><td></td><td>考评员</td><td colspan="2"></td><td>考评组长</td><td></td><td>日期</td><td></td></tr>
<tr><td>试题正文</td><td colspan="8">工程结余物资办理入库手续的操作（线下操作）</td></tr>
<tr><td>需要说明的问题和要求</td><td colspan="8">（1）单人操作。
（2）操作时应注意安全，按照标准化作业指导书的技术安全说明做好安全措施</td></tr>
</table>

续表

序号	项目名称	质量要求	满分	扣分标准	扣分原因	得分
1	安全文明生产					
1.1	安全文明生产	佩戴安全帽；穿全棉工作服；穿绝缘鞋；操作时戴线手套	10	有一项未按要求进行扣10分		
2	工程结余物资办理入库手续操作					
2.1	操作步骤1	工程结余物资在办理入库手续前，由专业管理部门组织开展物资/资产技术鉴定	15	少操作一项扣15分； 操作错误一项扣5分； 扣完为止		
2.2	操作步骤2	工程结余物资鉴定为可用的需满足： （1）规定的技术条件。 （2）变电一次设备的退库物资应为整台。 （3）变电二次设备的退库物资应为最小使用单元。 （4）线路材料的退库物资导线。 （5）电缆单段长度满足最低使用需求量	30	少操作一项扣6分； 操作错误一项扣3分； 扣完为止		
2.3	操作步骤3	工程结余物资鉴定结果为可用的，各级物资公司（供应中心）应办理退库、保管入库手续	15	少操作一项扣15分； 操作错误一项扣5分； 扣完为止		
2.4	操作步骤4	工程结余物资鉴定结果为不可用的： （1）专业管理部门应在一个月内办理完报废手续。 （2）将报废手续和实物移交各级物资公司进行网上竞价处置	20	少操作一项扣10分； 操作错误一项扣5分； 扣完为止		
3	现场恢复	操作结束后清理现场杂物，并将工器具归位摆放整齐	10	现场留有杂物或工器具未归位扣10分		
合计			100			

Jc0001442022　工程结余物资办理退库手续的操作（线下操作）。（100分）

考核知识点：工程结余物资管理

难易度：中

技能等级评价专业技能考核操作工作任务书

一、任务名称

工程结余物资办理退库手续的操作（线下操作）。

二、适用工种

物资仓储作业员中级工。

三、具体任务

（1）操作现场，实施安全措施。

（2）在指定的现场完成工程结余物资办理退库手续的操作。

四、工作规范及要求

（1）严格执行国家电网公司通用制度要求。

（2）按规定要求完成工程结余物资办理退库手续的操作。

五、考核及时间要求

（1）本考核操作时间为60分钟，时间到停止考评。

（2）操作过程中，如果操作员出现无法继续操作的情况，可向考评员申请终止该项操作，该项操作项目不得分，但不影响其他项目。

（3）按照技能操作记录单的操作要求进行操作，正确记录操作结果。

技能等级评价专业技能考核操作评分标准

<table>
<tr><td>工种</td><td colspan="5">物资仓储作业员</td><td>评价等级</td><td colspan="2">中级工</td></tr>
<tr><td>项目模块</td><td colspan="4">专业知识—仓储业务管理</td><td>编号</td><td colspan="3">Jc0001442022</td></tr>
<tr><td>单位</td><td colspan="2"></td><td>准考证号</td><td colspan="2"></td><td>姓名</td><td colspan="2"></td></tr>
<tr><td>考试时限</td><td>60 分钟</td><td>题型</td><td colspan="3">单项操作</td><td>题分</td><td colspan="2">100 分</td></tr>
<tr><td>成绩</td><td></td><td>考评员</td><td></td><td>考评组长</td><td></td><td>日期</td><td colspan="2"></td></tr>
<tr><td>试题正文</td><td colspan="8">工程结余物资办理退库手续的操作（线下操作）</td></tr>
<tr><td>需要说明的问题和要求</td><td colspan="8">（1）单人操作。
（2）操作时应注意安全，按照标准化作业指导书的技术安全说明做好安全措施</td></tr>
</table>

序号	项目名称	质量要求	满分	扣分标准	扣分原因	得分
1	安全文明生产	佩戴安全帽；穿全棉工作服；穿绝缘鞋；操作时戴线手套	10	有一项未按要求进行扣 2 分，扣完为止		
2	工程结余物资办理退库手续的操作					
2.1	退库手续操作 1	在工程竣工后： （1）由项目建设单位编制工程结余物资退库申请。 （2）专业管理部门审批。 （3）办理实物退库	30	少操作一项扣 10 分； 操作错误一项扣 5 分； 扣完为止		
2.2	退库手续操作 2	（1）项目建设单位负责将退库物资送抵指定仓库和区域。 （2）退库物资必须质量合格。 （3）退库物资必须数量准确。 （4）退库物资必须资料齐全（包括但不限于合格证、说明书、装箱单、技术资料、商务资料等）	25	少操作一项扣 6 分； 操作错误一项扣 3 分； 扣完为止		
2.3	退库手续操作 3	各级物资公司（供应中心）接收退库物资时，依据审批后的物资退库申请及鉴定表，核对物资的品名、物资的规格、物资的数量、物资的相关资料，验收无误后方可接收物资	25	少操作一项扣 6 分； 操作错误一项扣 3 分； 扣完为止		
3	现场恢复	操作结束后清理现场杂物，并将工器具归位摆放整齐	10	现场留有杂物或工器具未归位扣 10 分		
合计			100			

Jc0001442023 物资堆垛前的准备工作（线下操作）。（100 分）

考核知识点：装卸作业

难易度：中

技能等级评价专业技能考核操作工作任务书

一、任务名称

物资堆垛前的准备工作（线下操作）。

二、适用工种

物资仓储作业员中级工。

三、具体任务

（1）操作现场，实施安全措施。

（2）在指定的现场完成一次物资堆垛前的准备工作。

四、工作规范及要求

（1）严格执行国家电网公司通用制度要求。

（2）按规定要求完成一次物资堆垛前的准备工作的实地操作。

五、考核及时间要求

（1）本考核操作时间为60分钟，时间到停止考评。

（2）操作过程中，如果操作员出现无法继续操作的情况，可向考评员申请终止该项操作，该项操作项目不得分，但不影响其他项目。

（3）按照技能操作记录单的操作要求进行操作，正确记录操作结果。

技能等级评价专业技能考核操作评分标准

工种	物资仓储作业员			评价等级	中级工
项目模块	专业知识—仓储业务管理		编号	Jc0001442023	
单位		准考证号		姓名	
考试时限	60分钟	题型	单项操作	题分	100分
成绩	考评员		考评组长	日期	
试题正文	物资堆垛前的准备工作（线下操作）				
需要说明的问题和要求	（1）单人操作。 （2）操作时应注意安全，按照标准化作业指导书的技术安全说明做好安全措施				

序号	项目名称	质量要求	满分	扣分标准	扣分原因	得分
1	安全文明生产	佩戴安全帽；穿全棉工作服；穿绝缘鞋；操作时戴线手套	20	有一项未按要求进行扣5分，扣完为止		
2	物资堆垛前的准备工作					
2.1	准备工作1	根据不同的物料计算占地面	30	不能计算物料面积扣30分； 计算错误一项扣5分； 扣完为止		
2.2	准备工作2	做好机械、人力、材料的准备	30	未完成一项扣10分； 发生错误一项扣2分； 扣完为止		
2.3	准备工作3	检查条形码自动识别技术的数据采集系统是否完好	10	未进行该操作扣10分； 发生错误一项扣2分； 扣完为止		
3	现场恢复	操作结束后清理现场杂物，并将工器具归位摆放整齐	10	现场留有杂物或工器具未归位扣10分		
合计			100			

Jc0001442024　退役资产出库步骤的操作（线下操作）。（100分）

考核知识点：退役资产管理

难易度：中

技能等级评价专业技能考核操作工作任务书

一、任务名称

退役资产出库步骤的操作（线下操作）。

二、适用工种

物资仓储作业员中级工。

三、具体任务

（1）操作现场，实施安全措施。

（2）在指定的现场完成退役资产出库步骤的操作。

四、工作规范及要求

（1）严格执行国家电网公司通用制度要求。

（2）按规定要求完成退役资产出库步骤的操作。

五、考核及时间要求

（1）本考核操作时间为60分钟，时间到停止考评。

（2）操作过程中，如果操作员出现无法继续操作的情况，可向考评员申请终止该项操作，该项操作项目不得分，但不影响其他项目。

（3）按照技能操作记录单的操作要求进行操作，正确记录操作结果。

技能等级评价专业技能考核操作评分标准

工种	物资仓储作业员					评价等级	中级工
项目模块	专业知识—废旧物资管理				编号	Jc0001442024	
单位			准考证号			姓名	
考试时限	60分钟		题型	单项操作		题分	100分
成绩		考评员		考评组长		日期	
试题正文	退役资产出库步骤的操作（线下操作）						
需要说明的问题和要求	（1）单人操作。 （2）操作时应注意安全，按照标准化作业指导书的技术安全说明做好安全措施						

序号	项目名称	质量要求	满分	扣分标准	扣分原因	得分
1	安全文明生产	佩戴安全帽；穿全棉工作服；穿绝缘鞋；操作时戴线手套	10	有一项未按要求进行扣10分		
2	退役资产出库步骤					
2.1	退役资产出库操作步骤1	物资公司（中心）定期将在库存保管的资产台账信息反馈各实物资产管理部门	20	少操作一项扣20分； 操作错误一项扣10分； 扣完为止		
2.2	退役资产出库操作步骤2	（1）实物资产管理部门负责退役资产利库调配。 （2）协调和制订利用计划	20	少操作一项扣10分； 操作错误一项扣5分； 扣完为止		

续表

序号	项目名称	质量要求	满分	扣分标准	扣分原因	得分
2.3	退役资产出库操作步骤 3	物资公司（中心）根据利用计划，与需求部门（单位）办理可用退役资产交接	20	少操作一项扣 20 分； 操作错误一项扣 10 分； 扣完为止		
2.4	退役资产出库操作步骤 4	将可用退役资产的相关配件和资料（含在库代保管时的试验报告等），于交接时一并移交	20	少操作一项扣 20 分； 操作错误一项扣 10 分； 扣完为止		
3	现场恢复	操作结束后清理现场杂物，并将工器具归位摆放整齐	10	现场留有杂物或工器具未归位扣 10 分		
合计			100			

第三部分 高级工

第五章　物资仓储作业员高级工技能笔答

Jb0001331001　废旧物资管理包括哪些？应遵循什么原则？（5分）

考核知识点：废旧物资管理原则

难易度：易

标准答案：

（1）废旧物资管理包括计划管理、技术鉴定、拆除回收、报废审批、移交保管、竞价处置、资金回收、实物交接，以及再利用物资入库保管、利库调配、账务处理等全过程管理。

（2）废旧物资管理应遵循“依法合规、协同高效、集中处置、闭环管控”原则。

Jb0001332002　废旧物资管理中物资部门的职责是什么？（5分）

考核知识点：废旧物资管理职责

难易度：中

标准答案：

（1）负责报废物资处置管理，组织开展报废物资的接收保管、集中处置、网上竞价、合同签订、实物交接、资金回收、回收商管理及资料归档等工作。

（2）负责组织开展库存物资技术鉴定、办理报废手续，组织汇总废旧物资处置计划。

（3）负责组织开展在库退出物资再利用及库存物资跨区调配工作。

（4）负责协同专业部门对废旧物资管理工作进行指导、监督、检查和考核。

Jb0001331003　应急物资资源主要分为哪些？（5分）

考核知识点：应急物资资源分类

难易度：易

标准答案：

应急物资资源主要分为物力资源和运力资源。物力资源包括实物库存资源、协议库存资源、办公用品及非电网零星物资资源、采购合同订单资源、应急物资采购资源等；运力资源包括框架协议运输服务商、社会物流企业及物资供应商的运输资源。

Jb0001333004　仓储作业单据整理归档要求是什么？（5分）

考核知识点：仓储标准化管理

难易度：难

标准答案：

（1）入库单、出库单等出入库记账凭证：在完成出入库业务和系统操作后，进行签字确认，按月收集，统一按日期、凭证号码排序装订成册，由物资部门归档。

（2）交接单、验收单、领料单等出入库物料凭证：填写日期、实际收发数量，各方签字确认后，按月收集，按日期、凭证号码排序装订成册，由物资部门归档。

（3）送货单、调拨通知、代保管物资入库申请单等出入库联系凭证：每月分类装订，由物资部门归档。

（4）盘点凭证：月度盘点表分类整理，由物资公司（中心）集中归档，季度物资盘点表、盘点差异表，一式两份，由财务部门和物资部门各自归档。

（5）其他文档资料：工作计划、方案、检查、考核、总结等，分类整理，按年度由物资部门归档。

（6）各类单据账本应每年进行整理归档。需要保存的电子文档及其他类文件，应按计划、方案、考核与总结等项目，分类存储于符合信息安全管理要求的存储介质中。资料保管期限不少于 10 年，超出期限的纸质和电子文档资料，写出书面销毁报告，经审查同意后，方可销毁，具体执行“档案管理标准”。

Jb0001333005　库存物资平衡利库流程是什么？（5 分）

考核知识点： 平衡利库

难易度： 难

标准答案：

（1）地（市）物资供应中心收集本地（市）物资需求，与库存物资匹配后形成库存物资利用计划，并组织实施；本地（市）无法满足需求时，在全省可调配库存物资清单中进行匹配，若满足需要，形成跨地（市）调配申请单；若不满足需要，形成物资采购需求，报省公司。

（2）省物资公司收集汇总省公司物资需求、各地（市）公司物资采购需求和跨地（市）调配申请单，在全省可调配库存物资清单中进行匹配和复核。若满足需要，汇总形成本省库存物资利用计划；省内无法满足需求时，在国网可调配库存物资清单中进行匹配，若满足需要，形成跨省调配申请单，报省物资部审核。不满足需要的，执行物资采购流程。

（3）省物资部审核本省库存物资利用计划，审核同意后由省物资公司下达调配通知单，组织实施物资调配；审核跨省调配申请单，审核同意后，报国网物资有限公司。

（4）国网物资有限公司收集汇总公司物资需求，省公司上报的跨省调配申请单，匹配后形成库存物资利用计划，报国网物资部。

（5）国网物资部审核库存物资利用计划，审核同意后由国网物资有限公司下达调配通知单，组织实施物资调配。

Jb0001333006　专业仓的分级标准是什么？（5 分）

考核知识点： 专业仓建设

难易度： 难

标准答案：

根据专业仓属性、储备实物类别和供应模式、专业特性、地域特点及用户数量等因素，根据实际情况，专业仓分为基础型、加强型、智能型三种类型。

（1）基础型专业仓：配置基本的仓储设备设施，具备地面硬化、标识标牌等基础条件，允许使用单位灵活调整仓内区域，仓内允许按专业实物属性分区存放。应用专业仓信息管理系统，可以满足日常基本的出入仓、借用、归还、盘点等业务需求，记录库存领用和实物耗用信息。

（2）加强型专业仓：配置较完善的仓储设备设施，具备耐磨地坪、区域划线、标识标牌等条件，根据实际需求选配存储、搬运的设备设施。应用专业仓信息管理系统、二维码、移动作业终端技术，实现仓储作业移动办理，实物远程现场验收，符合相关专业部门个性化实物专业管理需求。

（3）智能型专业仓：配置智能化的仓储设备设施，具备高标准耐磨地坪、区域划线、标识标牌条件，根据实际需求选配智能（人脸、指纹、刷卡）识别设备、智能工器具柜（相关专业）、自动存储搬运的设备设施等。具备无人值守功能的专业仓，可采用蓝牙、NFC、RFID 等智能技术建设无人值守专业仓，实现仓库领料自动化。

Jb0001333007　专业仓的“6S”管理是什么？（5分）

考核知识点：专业仓建设

难易度：难

标准答案：

（1）整理（SEIRI）：将必需物品与非必需品区分开，必需品摆在指定位置挂牌明示，及时处理非必需品。

（2）整顿（SEITON）：对存储场地进行科学合理布局，对存储实物定位、定量、定物存放，明确各类实物存储要求。

（3）清扫（SEISO）：明确存储场地的清扫频率及时间，做到仓内无积水、无脏污、无杂物、无明尘，优化实物存储环境。

（4）清洁（SEIKETSU）：将整理、整顿和清扫环节的成果进行巩固，规范作业流程，保持专业仓整体干净、整洁。

（5）素养（SHITSUKE）：加强作业人员培训，强化责任意识、团队意识与协作能力，引导员工养成良好的作业习惯。

（6）安全（SAFETY）：严格消防安保管理，加强安全教育，从“要我安全”到“我要安全”，确保人员、设备、实物安全。

Jb0001332008　五E一中心是什么？（5分）

考核知识点：五E一中心

难易度：中

标准答案：

电子商务平台（ECP）全流程采购、企业资源管理平台（ERP）业务协同贯通。电工装备智慧物联平台（EIP）在线质量管控、电力物流服务平台（ELP）运输统筹监控、“e物资”移动应用和供应链运营中心（ESC）。

Jb0001333009　专业仓的其他配套要求有哪些？（5分）

考核知识点：专业仓建设

难易度：难

标准答案：

（1）专业仓消防设施，根据国家消防有关规定和公司消防安全要求，基本型专业仓应配备满足基本消防规定的灭火器。加强型、智能型专业仓在基础型专业仓的基础上可选配消防桶、消防锹、消防栓、消防水池及其他消防用品、自动报警、自动灭火系统。

（2）专业仓安防设施，应在公安机关的指导下，根据实际需要安装视频采集等公共安全技术防范设施，具备条件的专业仓可选配红外报警装置、电子围栏系统与远程公安监管系统联网。

（3）特殊专业要求，各专业仓要满足各专业特殊的专业要求，按需配置（营销：表计类实物应具备防潮、防尘、防震条件。调控：根据二次系统设备备品备件的特性，满足温湿度要求）。

Jb0001333010　库存一本账的管理范围是什么？（5分）

考核知识点：一本账管理

难易度：难

标准答案：

（1）各单位实施应用IM模块，实现库存“一本账”管理。库存“一本账”管理包含实体仓库库存和虚拟仓库库存信息的统一管理。

（2）各单位实体仓库注册完成后，按照实体仓库库存地点编码规则，在 ERP 系统中创建库存地点。

（3）根据库存物资存放地点、资金来源、使用目的、账面表现等因素，结合“工厂类型”“特殊库存标识”和“库存状态”设置，将各类物资全部纳入 ERP 系统实体库和虚拟库进行统一管理。

Jb0001332011 库存物资的报废流程是什么？（5 分）

考核知识点：物资报废流程

难易度：中

标准答案：

（1）物资公司（中心）每年定时组织专业管理部门、项目管理部门、财务部门等，对库存物资进行技术鉴定。符合报废条件的，在技术鉴定书中明确和确认。

（2）物资部门提出库存物资报废申请，提交专业管理部门和财务部门审批。

（3）审批通过后，物资公司（中心）办理报废手续，在 ERP 系统打印报废旧物资出库单，并办理废旧物资入库。

（4）物资保管员根据物资报废出库单和废旧物资入库单，将实物转移到废旧物资区。物资报废出库单由物资部门和财务部门存档。

Jb0001332012 工程结余退库物资的标准有哪些？（5 分）

考核知识点：工程结余物资管理

难易度：中

标准答案：

（1）变电一次设备的退库物资应为整台；变电二次设备的退库物资应为最小使用单元。

（2）杆塔类（铁塔、钢管杆、电杆）按照整基进行退库。

（3）线路材料的退库物资导线、电缆、光缆单段长度原则上应满足最低使用需求量（导线单根质量在 200kg 及以上；地线单根质量在 200kg 及以上）。

（4）架空绝缘线单根段长在 500m 及以上。

（5）10kV 及以上高压电缆单根段长在 100m 及以上；1kV 及以下低压电缆单根段长在 100m 及以上。

Jb0001332013 实物库存管理中省公司物资部的职责是什么？（5 分）

考核知识点：管理职责

难易度：中

标准答案：

（1）负责贯彻执行公司实物库存管理的有关规定。

（2）负责本单位库存“一本账”管理，组织开展库存“一本账”系统应用。

（3）负责建立省公司库存资源统一调配平台，定期更新、发布可调配库存物资信息。

（4）负责审核和上报跨省物资调配申请，审批跨地（市）物资调配计划，组织开展跨区域物资调配工作。

（5）负责组织制定和优化本单位库存物资储备定额，组织开展本单位库存物资采购、仓储、配送管理等工作。

（6）负责省公司直接管理仓库库存物资管理，审核库存物资报废申请。组织开展省公司库存废旧物资集中处置工作。

（7）负责省公司库存物资管理工作的指导、监督、检查和考核。

Jb0001332014　专业仓借用物资管理流程是什么？（5分）

考核知识点：物资出入库

难易度：中

标准答案：

（1）借用实物出仓：需求单位（部门）在信息系统中发起借用申请，经本级专业管理部门（跨专业借用需两个专业部门审核）审批后，仓管专责按照借用申请单办理实物发货，及时完成信息系统出仓操作。

（2）借用实物归还：需求单位（部门）将实物归还时，仓管专责办理实物入仓，并根据归还信息，及时完成信息系统入仓操作。

Jb0001332015　退役资产保管入库管理标准是什么？（5分）

考核知识点：退役资产管理

难易度：中

标准答案：

（1）退役资产在办理保管入库手续前，实物资产管理部门组织开展技术鉴定。

（2）鉴定为可用资产由原实物资产使用管理部门（单位）编制可用退役资产保管申请表，明确资产名称、数量等。

（3）物资公司（中心）依据审批后的拟退役资产技术鉴定单及保管申请，核对实物的品名、规格、数量及相关资料办理入库。入库后退役资产与库存物资分别存放，设立明显标志；可用退役资产原则上应在720天内完成利库或者调配使用，超期无法利用的，可采取销售或上一级单位实施无偿划转方式解决。

（4）退役资产由原实物资产使用部门办理退役资产的报废手续后，填写废旧物资移交单与物资公司（中心）办理交接，进行网上竞价处置。

Jb0001332016　回收商违约主要分为哪几种？具体是什么？（5分）

考核知识点：回收商管理

难易度：中

标准答案：

回收商违约分为一般违约和重大违约两种：

（1）一般违约主要包括：不按时领取竞价成交通知书、不及时交纳竞价服务费、不及时签订销售合同、服务配合度差等违约行为。

（2）重大违约主要包括：在回收商签订销售合同后，不按合同约定时限付款、不按时开展实物交接等；在实物交接中采取不当行为，以及在运输、拆解和处置过程中造成二次环境污染等，对公司报废物资处置工作造成严重影响的行为，以及发生一般违约行为后仍不予改正的。

Jb0001332017　专业仓实物出仓的流程是什么？（5分）

考核知识点：物资出入库

难易度：中

标准答案：

（1）领用人员在信息系统内创建电子领用单，经有关人员审核后办理实物领用。

（2）仓管专责根据领用单，在信息系统内完成出仓操作，与领用人员进行实物清点，完成实物出仓。

（3）实物出仓时，有配套设备（包括附件、工具备件等）、相关资料（包括但不限于合格证、说明书、装箱单、技术资料、商务资料等）的，应一并交予领用人员。

（4）实物出仓遵循“先进先出”原则，对有保质期限的实物，应在保质期限内发出。

Jb0001332018　专业仓实物调配管理流程是什么？（5分）

考核知识点：物资出入库

难易度：中

标准答案：

（1）专业仓存放的实物可按需调配，同单位、同类型的专业仓间实物调配可直接进行跨仓调配操作，完成实物交接；同单位、不同类型的专业仓间实物调配由各对口专业管理部门审批后实施；跨单位专业仓间实物调配由上级对口专业管理部门审批后实施。

（2）调配实物出仓：调出方仓管专责根据调配实物信息，按照系统中的调配通知组织做好实物发货，及时完成信息系统出仓手续。

（3）调配实物入仓：调入方仓管专责核对调配实物信息无误后，接收实物并在系统中办理入仓手续。

Jb0001332019　专业仓可用退役资产物资管理流程是什么？（5分）

考核知识点：物资出入库

难易度：中

标准答案：

（1）可用退役资产入仓：经专业管理部门鉴定为可用的退役资产，可由原实物使用保管单位（部门）存放在专业仓中保管，并及时办理信息系统入仓手续。

（2）可用退役资产出仓：仓管专责根据可用退役资产的领用单，与需求单位（部门）进行实物清点及发货，同时在信息系统内完成出仓操作。

Jb0001331020　废旧物资的入库流程是什么？（5分）

考核知识点：废旧物资入库

难易度：易

标准答案：

（1）物资公司（中心）根据移交部门提供的废旧物资报废手续和移交单，核对废旧物资的品名、规格、数量，检查废旧物资的完整性，办理入库。

（2）各级仓库应设立废旧物资存放区域，用于存放、保管废旧物资，并按《国家电网公司废旧物资处置管理办法》规定，及时整理废旧物资清单，在电子商务平台集中办理网上竞价处置。

Jb0001331021　供应商寄存物资的入库流程是什么？（5分）

考核知识点：物资出入库

难易度：易

标准答案：

（1）物资公司（中心）根据供应商寄存物资清单，核对到货物资种类、品名、数量、外观等，组织开展验收，办理交接手续。

（2）供应商寄存物资入库后应分区存放，对不同供应商寄存物资应现场标识区分。

Jb0001331022　物资信息化主要包括什么内容？（5分）

考核知识点：物资信息化内容

难易度：易

标准答案：

搭建公司现代智慧供应链平台涉及的相关管理信息系统建设、应用和运维等工作，为构建具有数字化、网络化和智能化的公司现代智慧供应链体系提供信息技术支撑。

Jb0001331023　专业仓安全管理要求是什么？（5分）

考核知识点：专业仓安全管理要求

难易度：易

标准答案：

坚持“安全第一、预防为主、综合治理”方针，专业仓使用单位应建立专业仓防火、防洪、防盗、防损等安全制度，常态化开展安全隐患排查治理，确保专业仓安全运行。

Jb0001331024　简述在ESC平台中查看实物入库信息监控的数据的路径及操作步骤。（5分）

考核知识点：

难易度：易

标准答案：

（1）路径：数字物流—风险监控预警—仓储阶段—实物流监控—实物入库信息监控。

（2）操作步骤：根据实物ID、采购订单编号、物料编码、工厂等维度查询，通过表格形式展示实物入库信息监控的数据。

Jb0001331025　简述在ESC平台中查看报废物资在库情况监控数据的路径及操作步骤。（5分）

考核知识点：预警监控模块

难易度：易

标准答案：

（1）路径：数字物流—风险监控预警—废旧处置阶段—实物流监控—报废物资在库情况监控。

（2）操作步骤：根据工厂名称、库存地点名称、物料大类、废旧物料描述等维度查询，通过图形及表格形式展示报废物资在库情况监控的数据。

Jb0001331026　专业仓的仓管专责主要职责是什么？（5分）

考核知识点：管理职责

难易度：易

标准答案：

（1）负责专业仓实物收、发、借、调、盘等日常工作。

（2）负责专业仓“6S”管理、设备设施、安全管理等工作。

（3）负责专业仓实物日常保管、保养，做到实物随时可用。

（4）负责针对各级部门（单位）检查发现的问题，组织实施整改。

Jb0001331027 专业仓实物标识管理要求是什么？（5分）

考核知识点：专业仓建设

难易度：易

标准答案：

专业仓实物可配置实物 ID 或二维码标签等构成的物料标识，入仓时粘贴于明显位置，具备条件的可通过移动终端办理现场收发货及盘点等业务。

Jb0001331028 物资的全供应链管理包括什么？（5分）

考核知识点：全供应链管理内容

难易度：易

标准答案：

物资的全供应链管理包括物资的计划、采购、合同、质量监督、仓储调配、应急物资、废旧物资、供应链运营、供应商关系，以及与之配套的标准化、信息化及数据、供应链文化建设、档案管理等支撑保障措施和监察、考核机制。

Jb0001333029 有处置价值的报废物资具体指什么？应当如何处置？（5分）

考核知识点：废旧物资处置流程

难易度：难

标准答案：

（1）有处置价值的报废物资是指处置收益较高且处置成本（包括物资回收、保管、销售过程中发生的运输、仓储、人工、差旅等费用）相对较低的报废物资。主要包括报废变压器、断路器、铁塔、导线、电缆等。

（2）有处置价值的报废物资，在国家电网有限公司电子商务平台集中开展网上竞价（拍卖）处置。其中，配电变压器、电能表等报废物资，应按专业要求组织开展拆解破坏处理，防止回流进入电网。

Jb0001333030 无处置价值的报废物资具体指什么？应当如何处置？（5分）

考核知识点：废旧物资处置流程

难易度：难

标准答案：

（1）无处置价值的报废物资是指处置效率较低且处置成本相对较高的报废物资。主要包括报废水泥电杆、电缆盖板、绝缘子、非金属表箱等。

（2）无处置价值的报废物资，由实物使用保管单位（部门）提出处置需求，经本单位实物管理、物资、财务部门审批后，在符合安全、环境等相关要求前提下，自行、委托第三方或社会公共机构实施无公害化处理。

Jb0001333031 报废物资竞价底价如何定制？（5分）

考核知识点：废旧物资处置流程

难易度：难

标准答案：

物资管理部门应在报废物资竞价处置前组织实物（资产）管理部门、财务部门、使用保管单位等以估值为基础，编制报废物资竞价底价，底价原则上不得低于估值，并提交竞价委员会进行确定。

Jb0001333032　废旧物资实物交接时有哪些注意事项？（5分）

考核知识点：废旧物资处置流程

难易度：难

标准答案：

（1）各级物资管理单位（部门）应在全额收取报废物资销售合同货款后，组织回收商进行实物交接，签署报废物资实物交接单。

（2）对于集中处置的仓库内报废物资，由仓库保管员与回收商共同盘点交接，办理出库手续。

（3）现场存放的报废物资交接，应由各级物资管理单位（部门）、项目管理部门、施工单位、回收商共同盘点、称重，据实交接，办理出库手续。

（4）对于列入《国家危险废物名录》的报废物资交接，应按照环保法律法规要求办理相关手续。

Jb0001333033　报废物资处置资金管理应遵循什么原则？（5分）

考核知识点：报废物资管理

难易度：难

标准答案：

报废物资处置资金管理应遵循“收支两条线”原则。在报废物资处置过程中发生的运输、仓储、拆解破坏等处置服务费用，应据实列支。

Jb0001333034　因自然灾害、紧急事故等原因，急需在现场清理处置以保障抢修工作开展、无法就近临时保管的报废物资应怎样处理？（5分）

考核知识点：废旧物资处置流程

难易度：难

标准答案：

对于自然灾害、紧急事故等原因，急需在现场清理处置以保障抢修工作开展、无法就近临时保管的报废物资，应经省公司安监、设备管理、物资等部门确认，并经省公司分管物资领导同意后，参考近期竞价成交价格，从本单位回收商库中邀请回收商线下竞价，成交结果报总部备案。

Jb0001333035　总部跨区电网固定资产报废物资如何处置？（5分）

考核知识点：废旧物资处置流程

难易度：难

标准答案：

总部跨区电网固定资产报废物资处置，依据报废批复文件，由受托省公司物资管理部门或国网物资公司组织开展竞价，实物交接完毕后30日内，应将报废物资销售合同、残值收入上交国网跨区电网资产运营管理中心，由其汇总后统一上交国网财务部。

Jb0001333036　公司对回收商如何管理？（5分）

考核知识点：回收商管理

难易度：难

标准答案：

公司对回收商采取分类管理，资质审核通过并签订竞价销售协议的回收商方可参与公司竞价活动，对回收商履约行为进行评价，开展回收商违约处理工作。

Jb0001333037　跨省物资调配可采取哪两种方式？（5分）

考核知识点：物资出入库

难易度：难

标准答案：

（1）采用划转方式调配的，由公司统一组织按批次开展，划转双方应为公司所属各级全资单位。

（2）采用销售方式的，由调出、调入方协商一致后直接实施。调出单位根据评估价确定销售价格，调出、调入双方协商签订销售合同，依据合同开展后续工作。

Jb0001331038　什么是室内堆放区？（5分）

考核知识点：仓储标准化管理

难易度：易

标准答案：

仓库室内地面用于堆放物资的区域，主要用于储存各类体积、质量较大和不适用于货架存储的物资。

Jb0001331039　进入库区作业人员要求是什么？（5分）

考核知识点：作业人员要求

难易度：易

标准答案：

必须佩戴安全帽。外单位机动车辆需登记后方可进入库区，并按指定位置停放。严禁携带任何易燃、易爆、有毒有害等危险品进入仓库。

Jb0001332040　调配物资入库流程是什么？（5分）

考核知识点：物资出入库

难易度：中

标准答案：

调入单位物资公司（中心）按照上级调配通知单（划转方式）或销售合同（销售方式），与调出单位办理交接验收，双方在调配物资交接单上签字确认，验收合格后办理入库手续。

Jb0001331041　实物库存是指什么？（5分）

考核知识点：实物库存定义

难易度：易

标准答案：

存放在公司各级仓库的储备定额物资、项目暂存物资、工程结余退库物资、供应商寄存物资、废旧物资和退出退役保管资产等。

Jb0001331042　库存“一本账”的定义是什么？（5分）

考核知识点：一本账定义

难易度：易

标准答案：

公司通过企业管理信息系统（ERP），规范仓库库存业务，对不同业务形成的实物库存进行有区别的管理，准确反映实体仓库内库存实物信息，实现账卡物的一致性。

Jb0001333043　实体仓库要做到 ERP 系统全面覆盖，实施 IM 模块应用，做好库存什么管理工作？（5 分）

考核知识点：退役资产物资利用解决方式

难易度：难

标准答案：

各单位实体仓库要做到 ERP 系统全面覆盖，实施 IM 模块应用，做好库存“一本账”管理。

Jb0001331044　应急物资是指什么？（5 分）

考核知识点：应急物资定义

难易度：易

标准答案：

应急物资是指为防范影响公司生产经营的突发事件（包括自然灾害、事故灾难、公共卫生、社会安全等事件），满足短时间恢复供电需要的电网抢修设备材料、应急抢修工器具、应急救灾物资及装备、劳动保护用品等。

Jb0001332045　实物库存资源是指什么？（5 分）

考核知识点：实物库存资源定义

难易度：中

标准答案：

实物库存资源是指存放在公司各级物资库、专业仓内，应急状态下可随时调用的物资资源，包括日常周转物资和应急储备物资两类物资。

Jb0001332046　直送项目物资的定义是什么？（5 分）

考核知识点：直送项目物资定义

难易度：中

标准答案：

指为项目所采购，实物从供应商处直接送货到项目现场的物资。该类物资使用 ERP 系统一般工厂的项目直发虚拟库进行收发货操作，特殊库存标识为“Q”，记录所属项目 WBS 编号。

Jb0001332047　供应商寄存物资的出库流程是什么？（5 分）

考核知识点：物资出入库

难易度：中

标准答案：

（1）对仓库寄存物资，在系统内通过转为自有库存方式完成出库过账。物资公司（中心）根据领料单，核对名称、规格、数量等信息，完成出库发料。

（2）定期生成寄存物资耗用清单，按月度与供应商办理结算。

Jb0001332048　供应商寄存物资的入库流程是什么？（5 分）

考核知识点：物资出入库

难易度：中

标准答案：

（1）物资公司（中心）根据供应商寄存物资清单，核对到货物资种类、品名、数量、外观等，组织开展验收，办理交接手续。

（2）供应商寄存物资入库后应分区存放，对不同供应商寄存物资应现场标识区分。

Jb0001332049　跨省物资调配的方式具体有哪些？（5分）

考核知识点：物资出入库

难易度：中

标准答案：

（1）跨省物资调配可采取划转或销售两种方式。采用划转方式调配的，由公司统一组织按批次开展，划转双方应为公司所属各级全资单位。

（2）采用销售方式的，由调出、调入方协商一致后直接实施。调出单位根据评估价确定销售价格，调出、调入双方协商签订销售合同，依据合同开展后续工作。

Jb0001331050　应急物资管理是什么？其原则是什么？（5分）

考核知识点：应急物资管理原则

难易度：易

标准答案：

（1）应急物资管理是指为满足应急物资需求而进行的物资供应组织、计划、协调与控制。

（2）应急物资管理遵循“集中管理、统一调拨、平时服务、灾时应急、采储结合、节约高效”的原则。

第六章　物资仓储作业员高级工技能操作

Jc0001361001　安全工器具中安全帽、绝缘手套、绝缘操作杆等器具的使用和检查。（100 分）
考核知识点：安全工器具管理
难易度：易

技能等级评价专业技能考核操作工作任务书

一、任务名称
安全工器具中安全帽、绝缘手套、绝缘操作杆等器具的使用和检查。
二、适用工种
物资仓储作业员高级工。
三、具体任务
完成安全工器具中安全帽、绝缘手套、绝缘操作杆等器具的使用和检查。
四、工作规范及要求
（1）熟悉《国家电网公司电力安全工作规程（配电部分）》相关技能。
（2）掌握国家电网公司安全工器具使用及维护相关技能。
五、考核及时间要求
（1）本考核操作时间为 30 分钟，时间到停止考评。
（2）按照技能操作正确记录标识结果。

技能等级评价专业技能考核操作评分标准

工种	物资仓储作业员				评价等级	高级工
项目模块	安全管理—仓储作业安全			编号	Jc0001361001	
单位		准考证号			姓名	
考试时限	30 分钟	题型	综合操作题（笔试）		题分	100 分
成绩		考评员		考评组长		日期	
试题正文	安全工器具中安全帽、绝缘手套、绝缘操作杆等器具的使用和检查					
需要说明的问题和要求	单人操作					

序号	项目名称	质量要求	满分	扣分标准	扣分原因	得分
1	安全帽	（1）使用前，应检查帽壳、帽衬、帽箍、顶衬、下颚带等附件完好无损。 （2）使用时，应将下颚带系好，防止工作中前倾后仰或其他原因造成滑落	30	少填写或错误一项重点内容扣 5 分，扣完为止		
2	绝缘手套	（1）应柔软、接缝少、紧密牢固，长度应超衣袖。 （2）使用前应检查无粘连破损，气密性检查不合格者不得使用	30	少填写或错误一项重点内容扣 10 分，扣完为止		

续表

序号	项目名称	质量要求	满分	扣分标准	扣分原因	得分
3	绝缘操作杆、验电器和测量杆	（1）允许使用电压应与设备电压等级相符。 （2）使用时，作业人员的手不得越过护环或手持部分的界限。人体应与带电设备保持安全距离，并注意防止绝缘杆被人体或设备短接，以保持有效的绝缘长度。 （3）雨天在户外操作电气设备时，操作杆的绝缘部分应有防雨罩。 （4）使用带绝缘子的操作杆	40	少填写或错误一项重点内容扣5分，扣完为止		
合计			100			

Jc0001341002　仓库消防水带的正确使用操作流程。（100分）

考核知识点：消防水带操作

难易度：易

技能等级评价专业技能考核操作工作任务书

一、任务名称

仓库消防水带的正确使用操作流程。

二、适用工种

物资仓储作业员高级工。

三、具体任务

在指定的现场完成仓库消防水带的正确使用操作流程。

四、工作规范及要求

（1）按消防作业指导书的要求实施消防水带的使用操作流程。

（2）在规定的时间要求完成仓库消防水带的使用操作流程。

五、考核及时间要求

（1）本考核操作时间为30分钟，时间到停止考评。

（2）操作过程中，如果操作员出现无法继续操作的情况，可向考评员申请终止该项操作，该项操作项目不得分，但不影响其他项目。

（3）按照技能操作记录单的操作要求进行操作，正确记录操作结果。

技能等级评价专业技能考核操作评分标准

工种	物资仓储作业员					评价等级	高级工
项目模块	安全管理—仓储消防安全				编号	Jc0001341002	
单位		准考证号				姓名	
考试时限	30分钟	题型	单项操作题			题分	100分
成绩		考评员		考评组长		日期	
试题正文	仓库消防水带的正确使用操作流程						
需要说明的问题和要求	（1）单人操作。 （2）按消防指导作业书要求操作						

续表

序号	项目名称	质量要求	满分	扣分标准	扣分原因	得分
1	消防水带的操作流程规范要求					
1.1	打开防火栓门，取出水龙带，水枪	按消防指导作业书要求操作	20	少操作一项扣10分；操作错误一项扣5分；扣完为止		
1.2	检查水带及接头是否良好	按消防指导作业书要求操作	10	少操作一项扣10分；操作错误一项扣5分；扣完为止		
1.3	向火场方向铺设水带，避免扭折	按消防指导作业书要求操作	10	少操作一项扣10分；操作错误一项扣5分；扣完为止		
1.4	将水带靠近消火栓与消火栓连接，将连接扣准确插入滑槽	按消防指导作业书要求操作	10	少操作一项扣10分；操作错误一项扣5分；扣完为止		
1.5	将水带另一端与水枪连接	按消防指导作业书要求操作	10	少操作一项扣10分；操作错误一项扣5分；扣完为止		
1.6	紧握水枪，对准火场	按消防指导作业书要求操作	10	少操作一项扣10分；操作错误一项扣5分；扣完为止		
1.7	缓缓打开消火栓阀门至最大，对准火场根部进行灭火	按消防指导作业书要求操作	10	少操作一项扣10分；操作错误一项扣5分；扣完为止		
2	现场清理					
2.1	恢复操作现场	按消防指导作业书要求操作，操作完成后，恢复操作现场原状	20	少操作一项扣10分；操作错误一项扣5分；扣完为止		
合计			100			

Jc0001341003　实物代保管工厂下物资出库及冲销（ERP）线上操作。（100分）

考核知识点：物资出入库

难易度：易

技能等级评价专业技能考核操作工作任务书

一、任务名称

实物代保管工厂下物资出库及冲销（ERP）线上操作。

二、适用工种

物资仓储作业员高级工。

三、具体任务

完成实物代保管工厂下物资出库及冲销（ERP）线上操作。

四、工作规范及要求

（1）按国家电网公司仓储物资 ERP 操作要求完成操作。

（2）在规定的时间要求完成实物代保管工厂下物出库及冲销（ERP）线上操作流程。

五、考核及时间要求

（1）本考核操作时间为 30 分钟，时间到停止考评。

（2）操作过程中，如果操作员出现无法继续操作的情况，可向考评员申请终止该项操作，该项操作项目不得分，但不影响其他项目。

（3）按照技能操作记录单的操作要求进行操作，正确记录操作结果。

技能等级评价专业技能考核操作评分标准

工种	物资仓储作业员					评价等级	高级工
项目模块	专业知识—仓储业务管理				编号	Jc0001341003	
单位			准考证号			姓名	
考试时限	30 分钟		题型	单项操作题		题分	100 分
成绩		考评员		考评组长		日期	
试题正文	实物代保管工厂下物资出库及冲销（ERP）线上操作						
需要说明的问题和要求	（1）单人操作。 （2）按 ERP 操作要求完成						

序号	项目名称	质量要求	满分	扣分标准	扣分原因	得分
1	完成实物代保管工厂下物资出库及冲销（ERP）线上操作流程					
1.1	填写事务代码（MBIA）	按国家电网公司仓储物资 ERP 操作要求完成操作	10	少操作一项扣 10 分； 操作错误一项扣 5 分； 扣完为止		
1.2	回车进入显示、发货初始界面，填写移动类型	按国家电网公司仓储物资 ERP 操作要求完成操作	10	少操作一项扣 10 分； 操作错误一项扣 5 分； 扣完为止		
1.3	回车进入显示、发货初始界面，填写工厂代码	填写工厂代码	10	少操作一项扣 10 分； 操作错误一项扣 5 分； 扣完为止		
1.4	回车进入维护界面，填写总账科目	填写总账科目	10	少操作一项扣 10 分； 操作错误一项扣 5 分； 扣完为止		
1.5	回车进入维护界面，填写总账科目	填写总账科目	10	少操作一项扣 10 分； 操作错误一项扣 5 分； 扣完为止		
1.6	回车进入维护界面，填写利润中心	填写利润中心	10	少操作一项扣 10 分； 操作错误一项扣 5 分； 扣完为止		
2	填写相关物料信息					
2.1	物料编码	填写物料编码	10	少操作一项扣 10 分； 操作错误一项扣 5 分； 扣完为止		
2.2	数量	输入数量	5	少操作一项扣 10 分； 操作错误一项扣 5 分； 扣完为止		
2.3	库位	输入库位号	5	少操作一项扣 10 分； 操作错误一项扣 5 分； 扣完为止		
2.4	批次号	输入批次号	10	少操作一项扣 10 分； 操作错误一项扣 5 分； 扣完为止		
2.5	工厂代码	输入工厂代码	10	少操作一项扣 10 分； 操作错误一项扣 5 分； 扣完为止		
合计			100			

Jc0001341004　物资验收入库流程（线下操作）。（100分）

考核知识点：物资出入库

难易度：易

技能等级评价专业技能考核操作工作任务书

一、任务名称

物资验收入库流程（线下操作）。

二、适用工种

物资仓储作业员高级工。

三、具体任务

完成物资验收入库流程。

四、工作规范及要求

（1）严格执行国家电网公司通用制度要求。

（2）按规定要求物资验收入库操作流程。

五、考核及时间要求

（1）本考核操作时间为30分钟，时间到停止考评。

（2）操作过程中，如果操作员出现无法继续操作的情况，可向考评员申请终止该项操作，该项操作项目不得分，但不影响其他项目。

（3）按照技能操作记录单的操作要求进行操作，正确记录操作结果。

技能等级评价专业技能考核操作评分标准

工种	物资仓储作业员					评价等级	高级工
项目模块	专业知识—仓储业务管理				编号	Jc0001341004	
单位			准考证号			姓名	
考试时限	30分钟		题型	单项操作题		题分	100分
成绩		考评员		考评组长		日期	
试题正文	物资验收入库流程（线下操作）						
需要说明的问题和要求	（1）单人操作。 （2）操作时应注意安全，按照标准化作业指导书的技术安全说明做好安全措施						

序号	项目名称	质量要求	满分	扣分标准	扣分原因	得分
1	按仓储作业书指导意见实时操作					
1.1	做好验收前的准备工作	按仓储作业书指导意见，组织相关部门共同参加	10	少操作一项扣10分； 操作错误一项扣5分； 扣完为止		
1.2	做好验收现场安全措施	在物资验收指定现场，设立必要安全措施	10	少操作一项扣10分； 操作错误一项扣5分； 扣完为止		
2	按仓储作业书指导意见实时验收					
2.1	物资外观检查	检查包装是否牢固、标志标签是否齐全	20	少操作一项扣10分； 操作错误一项扣5分； 扣完为止		
2.2	到货物资分类	物资分类是否清晰	10	少操作一项扣10分； 操作错误一项扣5分； 扣完为止		

续表

序号	项目名称	质量要求	满分	扣分标准	扣分原因	得分
2.3	到货物资数量	核对采购物资与到货物资数量	20	少操作一项扣 10 分； 操作错误一项扣 5 分； 扣完为止		
2.4	资料核对	核对采购订单与供应商发货单是否相符	20	少操作一项扣 10 分； 操作错误一项扣 5 分； 扣完为止		
2.5	验收现场的恢复	操作结束后清理现场杂物，并将工器具归位摆放整齐	10	现场留有杂物或工器具未归位扣 10 分		
合计			100			

Jc0001341005 MIGO—转储物资出库。（100 分）

考核知识点：物资出入库

难易度：易

技能等级评价专业技能考核操作工作任务书

一、任务名称

MIGO—转储物资出库。

二、适用工种

物资仓储作业员高级工。

三、具体任务

完成 MIGO—转储物资出库（ERP）线上操作流程。

四、工作规范及要求

（1）熟悉操作系统路径：库存管理—物资收货—无采购订单入库。

（2）按国家电网公司仓储物资 ERP 操作要求，在规定的时间内完成 MIGO—转储物资出库（ERP）线上操作流程。

五、考核及时间要求

（1）本考核操作时间为 30 分钟，时间到停止考评。

（2）操作过程中，如果操作员出现无法继续操作的情况，可向考评员申请终止该项操作，该项操作项目不得分，但不影响其他项目。

（3）按照技能操作记录单的操作要求进行操作，正确记录操作结果。

技能等级评价专业技能考核操作评分标准

<table>
<tr><td>工种</td><td colspan="5">物资仓储作业员</td><td>评价等级</td><td>高级工</td></tr>
<tr><td>项目模块</td><td colspan="4">专业知识—仓储业务管理</td><td>编号</td><td colspan="2">Jc0001341005</td></tr>
<tr><td>单位</td><td colspan="2"></td><td>准考证号</td><td colspan="2"></td><td>姓名</td><td></td></tr>
<tr><td>考试时限</td><td>30 分钟</td><td>题型</td><td colspan="3">单项操作题</td><td>题分</td><td>100 分</td></tr>
<tr><td>成绩</td><td></td><td>考评员</td><td></td><td>考评组长</td><td></td><td>日期</td><td></td></tr>
<tr><td>试题正文</td><td colspan="7">MIGO—转储物资出库</td></tr>
<tr><td>需要说明的问题和要求</td><td colspan="7">（1）单人操作。
（2）按 ERP 操作要求完成</td></tr>
</table>

续表

序号	项目名称	质量要求	满分	扣分标准	扣分原因	得分
1	MIGO—转储物资出库，（ERP）线上操作指令					
1.1	在系统初始界面输入事务代码 ME29N	按国家电网公司仓储物资 ERP 操作要求完成操作步骤	10	少操作一项扣 10 分； 操作错误一项扣 5 分； 扣完为止		
1.2	点击“回车”键，进入采购订单审批界面	按国家电网公司仓储物资 ERP 操作要求完成操作步骤	10	少操作一项扣 10 分； 操作错误一项扣 5 分； 扣完为止		
1.3	选择采购订单号	在提供的菜单中选择	20	少操作一项扣 10 分； 操作错误一项扣 5 分； 扣完为止		
1.4	输入供货工厂代码	输入转储物资工厂代码	20	少操作一项扣 10 分； 操作错误一项扣 5 分； 扣完为止		
1.5	输入一般工厂代码	输入转储物资一般工厂代码	20	少操作一项扣 10 分； 操作错误一项扣 5 分； 扣完为止		
1.6	点击 ，审批采购订单	按国家电网公司仓储物资 ERP 操作要求完成操作步骤	10	少操作一项扣 10 分； 操作错误一项扣 5 分； 扣完为止		
1.7	点击保存按钮，完成操作流程	完成操作流程	10	少操作一项扣 10 分； 操作错误一项扣 5 分； 扣完为止		
	合计		100			

Jc0001341006　ME21N　物资转储采购订单的创建。（100 分）

考核知识点：物资出入库

难易度：易

技能等级评价专业技能考核操作工作任务书

一、任务名称

ME21N—物资转储采购订单的创建。

二、适用工种

物资仓储作业员高级工。

三、具体任务

完成 ME21N—物资转储采购订单的创建。

四、工作规范及要求

（1）熟悉操作系统路径：库存管理—物资收货—无采购订单入库。

（2）按国家电网公司仓储物资 ERP 操作要求，在规定的时间内完成 ME21N—物资转储采购订单的创建（ERP）线上操作流程。

五、考核及时间要求

（1）本考核操作时间为 30 分钟，时间到停止考评。

（2）操作过程中，如果操作员出现无法继续操作的情况，可向考评员申请终止该项操作，该项操作项目不得分，但不影响其他项目。

（3）按照技能操作记录单的操作要求进行操作，正确记录操作结果。

技能等级评价专业技能考核操作评分标准

<table>
<tr><td>工种</td><td colspan="5">物资仓储作业员</td><td>评价等级</td><td>高级工</td></tr>
<tr><td>项目模块</td><td colspan="4">专业知识—仓储业务管理</td><td>编号</td><td colspan="2">Jc0001341006</td></tr>
<tr><td>单位</td><td colspan="2"></td><td>准考证号</td><td colspan="2"></td><td>姓名</td><td></td></tr>
<tr><td>考试时限</td><td colspan="2">30 分钟</td><td>题型</td><td colspan="2">单项操作题</td><td>题分</td><td>100 分</td></tr>
<tr><td>成绩</td><td></td><td>考评员</td><td></td><td>考评组长</td><td></td><td>日期</td><td></td></tr>
<tr><td>试题正文</td><td colspan="7">ME21N—物资转储采购订单的创建</td></tr>
<tr><td>需要说明的问题和要求</td><td colspan="7">（1）单人操作。
（2）按 ERP 操作要求完成</td></tr>
</table>

序号	项目名称	质量要求	满分	扣分标准	扣分原因	得分
1	ME21N—物资转储采购订单的创建（ERP）线上操作指令					
1.1	在系统初始界面输入事务代码 ME21	输入事务代码	10	少操作一项扣 10 分； 操作错误一项扣 5 分； 扣完为止		
1.2	回车，进入创建采购订单初始界面	按 ERP 操作要求完成	10	少操作一项扣 10 分； 操作错误一项扣 5 分； 扣完为止		
1.3	选择供货工厂	选择供货工厂代码	10	少操作一项扣 10 分； 操作错误一项扣 5 分； 扣完为止		
1.4	选择一般工厂	选择一般工厂代码	10	少操作一项扣 10 分； 操作错误一项扣 5 分； 扣完为止		
1.5	输入物料编码	完成物料编码的输入	10	少操作一项扣 10 分； 操作错误一项扣 5 分； 扣完为止		
1.6	编写短文本	文字描述转储采购订单的内容	20	少操作一项扣 10 分； 操作错误一项扣 5 分； 扣完为止		
1.7	填入数量、交货期	按转储采购订单的内容填入	10	少操作一项扣 10 分； 操作错误一项扣 5 分； 扣完为止		
1.8	转入评估类型	按要求转入评估类型	10	少操作一项扣 10 分； 操作错误一项扣 5 分； 扣完为止		
1.9	点击保存按钮，弹出对话框	完成操作	10	少操作一项扣 10 分； 操作错误一项扣 5 分； 扣完为止		
合计			100			

Jc0001341007　库存管理→打印入库单、出库单、调拨单 ERP 线上操作。（100 分）

考核知识点：物资出入库

难易度：易

技能等级评价专业技能考核操作工作任务书

一、任务名称

库存管理→打印入库单、出库单、调拨单 ERP 线上操作。

二、适用工种

物资仓储作业员高级工。

三、具体任务

ZMM29002—打印物资出库、冲销凭证。

四、工作规范及要求

（1）熟悉操作系统路径：库存管理→打印入库单、出库单、调拨单。

（2）按国家电网公司仓储物资 ERP 操作要求，在规定的时间内完成 ZMM29002—打印物资出库、冲销凭证（ERP）线上操作流程。

五、考核及时间要求

（1）本考核操作时间为 30 分钟，时间到停止考评。

（2）操作过程中，如果操作员出现无法继续操作的情况，可向考评员申请终止该项操作，该项操作项目不得分，但不影响其他项目。

（3）按照技能操作记录单的操作要求进行操作，正确记录操作结果。

技能等级评价专业技能考核操作评分标准

工种	物资仓储作业员				评价等级	高级工
项目模块	专业知识—仓储业务管理			编号	Jc0001341007	
单位		准考证号			姓名	
考试时限	30 分钟	题型	单项操作题		题分	100 分
成绩		考评员	考评组长		日期	
试题正文	库存管理→打印入库单、出库单、调拨单 ERP 线上操作					
需要说明的问题和要求	（1）单人操作。 （2）按 ERP 操作要求完成					

序号	项目名称	质量要求	满分	扣分标准	扣分原因	得分
1	打印入库单、出库单、调拨单（ERP）线上操作指令					
1.1	操作事项在系统初始界面输入事务代码 MB1C	按 ERP 操作手册要求完成	20	少操作一项扣 10 分； 操作错误一项扣 5 分； 扣完为止		
2	具体操作流程					
2.1	输入移动类型	依据物资出库、调拨单内容输入移动类型	20	少操作一项扣 10 分； 操作错误一项扣 5 分； 扣完为止		
2.2	输入工厂编号	依据物资出库、调拨单内容输入工厂编号	10	少操作一项扣 10 分； 操作错误一项扣 5 分； 扣完为止		
2.3	回车，进入维护界面	按 ERP 操作手册要求完成	10	少操作一项扣 10 分； 操作错误一项扣 5 分； 扣完为止		

续表

序号	项目名称	质量要求	满分	扣分标准	扣分原因	得分
2.4	填写总账科目	依据相关信息填写总账科目	20	少操作一项扣 10 分； 操作错误一项扣 5 分； 扣完为止		
2.5	填写利润中心	依据相关信息填写利润中心	20	少操作一项扣 10 分； 操作错误一项扣 5 分； 扣完为止		
合计			100			

Jc0001342008　仓储区仓库的定置管理（线下操作）。（100 分）

考核知识点：仓储标准化管理

难易度：中

技能等级评价专业技能考核操作工作任务书

一、任务名称

仓储区仓库的定置管理（线下操作）。

二、适用工种

物资仓储作业员高级工。

三、具体任务

（1）操作现场，实施安全措施。

（2）在指定的现场完成一次仓储区仓库的定置管理。

四、工作规范及要求

（1）严格执行国家电网公司通用制度要求。

（2）按规定要求完成一次仓储区仓库的定置管理。

五、考核及时间要求

（1）本考核操作时间为 60 分钟，时间到停止考评。

（2）操作过程中，如果操作员出现无法继续操作的情况，可向考评员申请终止该项操作，该项操作项目不得分，但不影响其他项目。

（3）按照技能操作记录单的操作要求进行操作，正确记录操作结果。

技能等级评价专业技能考核操作评分标准

工种	物资仓储作业员					评价等级	高级工
项目模块	专业知识—仓储业务管理				编号	Jc0001342008	
单位			准考证号			姓名	
考试时限	60 分钟	题型	单项操作题			题分	100 分
成绩		考评员		考评组长		日期	
试题正文	仓储区仓库的定置管理（线下操作）						
需要说明的问题和要求	（1）单人操作。 （2）操作时应注意安全，按照标准化作业指导书的技术安全说明做好安全措施						

序号	项目名称	质量要求	满分	扣分标准	扣分原因	得分
1	安全文明生产	佩戴安全帽；穿全棉工作服；穿绝缘鞋；操作时戴线手套	10	有一项未按要求进行扣 2 分，扣完为止		

续表

序号	项目名称	质量要求	满分	扣分标准	扣分原因	得分
2	仓储区的定置					
2.1	室内货架区	使用货架进行物资存储的区域	10	未完成一项扣 10 分； 发生错误一项扣 5 分； 扣完为止		
2.2	室内堆放区	仓库室内地面用于堆放物资的区域，主要用于储存各类体积、质量较大，不适用于货架存储的物资	20	未完成一项扣 7 分； 发生错误一项扣 4 分； 扣完为止		
2.3	室外料棚区	室外有棚架的存储区域，主要用于储存各类体积较大；重量较重；储备条件要求不高的物资	20	未完成一项扣 7 分； 发生错误一项扣 4 分； 扣完为止		
2.4	室外露天区	室外露天存储区域，主要用于储存各类体积较大；重量较重；储备条件要求较低的物资	20	未完成一项扣 7 分； 发生错误一项扣 4 分； 扣完为止		
3	现场恢复	操作结束后：清理现场杂物；将工器具归位摆放整齐	20	有一项未按要求进行扣 10 分，扣完为止		
合计			100			

Jc0001342009 《国家电网公司实物库存管理办法》中退役资产保管入库业务内容。（100 分）

考核知识点：退役资产管理

难易度：中

技能等级评价专业技能考核操作工作任务书

一、任务名称

《国家电网公司实物库存管理办法》中退役资产保管入库业务内容。

二、适用工种

物资仓储作业员高级工。

三、具体任务

简述《国家电网公司实物库存管理办法》中退役资产保管入库业务包括的内容。

四、工作规范及要求

（1）熟悉《国家电网公司实物库存管理办法》。

（2）掌握国家电网公司物资入库作业相关专业技能。

五、考核及时间要求

（1）本考核操作时间为 30 分钟，时间到停止考评。

（2）按照技能操作正确记录标识结果。

技能等级评价专业技能考核操作评分标准

<table>
<tr><td>工种</td><td colspan="5">物资仓储作业员</td><td>评价等级</td><td>高级工</td></tr>
<tr><td>项目模块</td><td colspan="4">专业知识—废旧物资管理</td><td colspan="2">编号</td><td>Jc0001342009</td></tr>
<tr><td>单位</td><td colspan="3"></td><td>准考证号</td><td></td><td>姓名</td><td></td></tr>
<tr><td>考试时限</td><td colspan="2">30 分钟</td><td>题型</td><td colspan="2">单项操作题（笔答）</td><td>题分</td><td>100 分</td></tr>
<tr><td>成绩</td><td></td><td>考评员</td><td></td><td>考评组长</td><td></td><td>日期</td><td></td></tr>
<tr><td>试题正文</td><td colspan="7">《国家电网公司实物库存管理办法》中退役资产保管入库业务内容</td></tr>
</table>

续表

需要说明的问题和要求	单人操作					
序号	项目名称	质量要求	满分	扣分标准	扣分原因	得分
1	技术鉴定	退役资产在办理保管入库手续前，实物资产管理部门组织开展技术鉴定	10	少填写或错误一项重点内容扣5分，扣完为止		
2	鉴定为可用	鉴定为可用资产由原实物资产使用管理部门（单位）编制可用退役资产保管申请表，明确资产名称、数量等	30	少填写或错误一项重点内容扣10分，扣完为止		
3	退役物资入库	物资公司（中心）依据审批后的拟退役资产技术鉴定单及保管申请，核对实物的品名、规格、数量及相关资料办理入库。入库后退役资产与库存物资分别存放，设立明显标志；可用退役资产原则上应在720天内完成利库或者调配使用，超期无法利用的，可采取销售或上一级单位实施无偿划转方式解决	40	少填写或错误一项重点内容扣5分，扣完为止		
4	鉴定为不可用	退役资产由原实物资产使用部门办理退役资产的报废手续后，填写废旧物资移交单与物资公司（中心）办理交接，进行网上竞价处置	20	少填写或错误一项重点内容扣5分，扣完为止		
合计			100			

Jc0001342010　物资盘点的方法及注意事项（线下操作）。（100分）

考核知识点：物资盘点

难易度：中

技能等级评价专业技能考核操作工作任务书

一、任务名称

物资盘点的方法及注意事项（线下操作）。

二、适用工种

物资仓储作业员高级工。

三、具体任务

（1）操作现场，实施安全措施。

（2）在指定的现场对物资盘点的方法及注意事项进行考查。

四、工作规范及要求

（1）严格执行国家电网公司通用制度要求。

（2）按规定要求完成物资盘点的方法及注意事项这项工作。

五、考核及时间要求

（1）本考核操作时间为60分钟，时间到停止考评。

（2）操作过程中，如果操作员出现无法继续操作的情况，可向考评员申请终止该项操作，该项操作项目不得分，但不影响其他项目。

（3）按照技能操作记录单的操作要求进行操作，正确记录操作结果。

技能等级评价专业技能考核操作评分标准

<table>
<tr><td>工种</td><td colspan="5">物资仓储作业员</td><td>评价等级</td><td>高级工</td></tr>
<tr><td>项目模块</td><td colspan="4">专业知识—仓储业务管理</td><td>编号</td><td colspan="2">Jc0001342010</td></tr>
<tr><td>单位</td><td colspan="2"></td><td>准考证号</td><td colspan="2"></td><td>姓名</td><td></td></tr>
<tr><td>考试时限</td><td colspan="2">60 分钟</td><td>题型</td><td colspan="2">单项操作题</td><td>题分</td><td>100 分</td></tr>
<tr><td>成绩</td><td></td><td>考评员</td><td></td><td>考评组长</td><td></td><td>日期</td><td></td></tr>
<tr><td>试题正文</td><td colspan="7">物资盘点的方法及注意事项（线下操作）</td></tr>
<tr><td>需要说明的问题和要求</td><td colspan="7">（1）单人操作。
（2）操作时应注意安全，按照标准化作业指导书的技术安全说明做好安全措施。
（3）盘点方法及注意事项</td></tr>
</table>

序号	项目名称	质量要求	满分	扣分标准	扣分原因	得分
1	安全文明生产	佩戴安全帽；穿全棉工作服；穿绝缘鞋；操作时戴线手套；打开柜门前需先验电	20	有一项未按要求进行扣 5 分，扣完为止		
2	物资盘点的方法及注意事项					
2.1	物资盘点的方法 1	按仓库盘点管理制度要求： （1）物资的盘点由仓库的业务主管进行监督。 （2）稽核专责、仓库保管员共同组织完成	10	未完成一项扣 5 分； 发生错误一项扣 2 分； 扣完为止		
2.2	物资盘点的方法 2	盘点采用实盘实点方式，禁止目测数量、估计数量	10	未完成工作扣 10 分； 目测、估计数量发生一次扣 5 分； 发生错误一项扣 2 分； 扣完为止		
2.3	物资盘点的注意事项 1	（1）盘点时注意物资的摆放。 （2）盘点后需要对物资进行整。 （3）保持原来的或合理的摆放顺序	20	未完成一项扣 7 分； 发生错误一项扣 2 分； 扣完为止		
2.4	物资盘点的注意事项 2	物资全部盘点完毕按要求做相应记录	10	未完成一项扣 10 分； 发生错误一项扣 2 分； 扣完为止		
2.5	物资盘点的注意事项 3	盘点过程中严禁： （1）弄虚作假，虚报数据。 （2）盘点粗心大意导致漏盘、少盘、多盘。 （3）书写数据潦草、错误，丢失盘点表。 （4）随意换岗	20	未完成一项扣 5 分； 发生错误一项扣 2 分； 扣完为止		
3	现场恢复	操作结束后清理现场杂物，并将工器具归位摆放整齐	10	现场留有杂物或工器具未归位扣 10 分		
合计			100			

Jc0001342011　现场不具备交货条件的采购入库物资管理（线下操作）。（100 分）

考核知识点： 物资出入库

难易度： 中

技能等级评价专业技能考核操作工作任务书

一、任务名称

现场不具备交货条件的采购入库物资管理（线下操作）。

二、适用工种

物资仓储作业员高级工。

三、具体任务

（1）操作现场，实施安全措施。

（2）在指定的现场对现场不具备交货条件的采购入库物资进行处理。

四、工作规范及要求

（1）严格执行国家电网公司通用制度要求。

（2）按规定要求完成现场不具备交货条件的采购入库物资管理。

五、考核及时间要求

（1）本考核操作时间为 40 分钟，时间到停止考评。

（2）操作过程中，如果操作员出现无法继续操作的情况，可向考评员申请终止该项操作，该项操作项目不得分，但不影响其他项目。

（3）按照技能操作记录单的操作要求进行操作，正确记录操作结果。

技能等级评价专业技能考核操作评分标准

工种	物资仓储作业员				评价等级	高级工
项目模块	专业知识—仓储业务管理			编号	Jc0001342011	
单位		准考证号			姓名	
考试时限	40 分钟	题型	单项操作题		题分	100 分
成绩		考评员		考评组长		日期
试题正文	现场不具备交货条件的采购入库物资管理（线下操作）					
需要说明的问题和要求	（1）单人操作。 （2）操作时应注意安全，按照标准化作业指导书的技术安全说明做好安全措施					
序号	项目名称	质量要求	满分	扣分标准	扣分原因	得分
1	安全文明生产	佩戴安全帽；穿全棉工作服；穿绝缘鞋；操作时戴线手套；打开柜门前需先验电	20	有一项未按要求进行扣 5 分，扣完为止		
2	仓库暂存的项目物资的采购入库					
2.1	正确操作 1	在物资公司（中心）办理入库手续	10	未完成一项扣 10 分； 发生错误一项扣 3 分； 扣完为止		
2.2	正确操作 2	将入库信息提供到相关项目建设管理部门	20	未完成一项扣 20 分； 发生错误一项扣 10 分； 扣完为止		
2.3	正确操作 3	项目物资： （1）在仓库暂存。 （2）时间原则上不得超过 360 天	20	未完成一项扣 10 分； 发生错误一项扣 5 分； 扣完为止		
2.4	正确操作 4	项目暂存物资的二次运输、装卸等费用按照“谁暂存，谁负责”原则承担	20	未完成一项扣 4 分； 发生错误一项扣 2 分； 扣完为止		
3	现场恢复	操作结束后清理现场杂物，并将工器具归位摆放整齐	10	现场留有杂物或工器具未归位扣 10 分		
合计			100			

Jc0001353012　安全工器具中绝缘隔板和绝缘罩及脚扣和登高板的使用和检查。（100 分）

考核知识点：安全工器具

难易度：难

技能等级评价专业技能考核操作工作任务书

一、任务名称

安全工器具中绝缘隔板和绝缘罩及脚扣和登高板的使用和检查。

二、适用工种

物资仓储作业员高级工。

三、具体任务

完成安全工器具中绝缘隔板和绝缘罩及脚扣和登高板的使用和检查。

四、工作规范及要求

（1）熟悉《国家电网公司电力安全工作规程（配电部分）》相关技能。

（2）掌握国家电网公司安全工器具使用及维护相关技能。

五、考核及时间要求

（1）本考核操作时间为30分钟，时间到停止考评。

（2）按照技能操作正确记录标识结果。

技能等级评价专业技能考核操作评分标准

工种	物资仓储作业员				评价等级	高级工
项目模块	安全管理—仓储作业安全			编号	Jc0001353012	
单位		准考证号			姓名	
考试时限	30分钟	题型	多项操作题		题分	100分
成绩		考评员		考评组长	日期	
试题正文	安全工器具中绝缘隔板和绝缘罩及脚扣和登高板的使用和检查					
需要说明的问题和要求	单人操作					
序号	项目名称	质量要求	满分	扣分标准	扣分原因	得分
1	绝缘隔板、绝缘罩					
1.1	使用条件	绝缘隔板和绝缘罩只允许在35kV及以下电压的电气设备上使用，并应有足够的绝缘和机械强度	20	少填写或错误一项重点内容扣10分，扣完为止		
1.2	各类电压等价使用要求	用于10kV电压等级时，绝缘隔板的厚度不得小于3mm，用于35kV电压等级不得小于4mm	20	少填写或错误一项重点内容扣10分，扣完为止		
1.3	带电情况下使用要求	现场带电安放绝缘隔板及绝缘罩，应戴绝缘手套、使用绝缘操作杆，必要时可用绝缘绳索将其固定	20	少填写或错误一项重点内容扣10分，扣完为止		
2	脚扣、登高板					
2.1	禁止使用情况	禁止使用金属部分变形和绳（带）损伤的脚扣和登高板	20	少填写或错误一项重点内容扣10分，扣完为止		
2.2	特殊情况使用条件	特殊天气使用脚扣和登高板，应采取防滑措施	20	少填写或错误一项重点内容扣10分，扣完为止		
	合计		100			

Jc0001343013 废旧物资回收商与客户对应关系维护。（100分）

考核知识点： 回收商管理

难易度： 难

技能等级评价专业技能考核操作工作任务书

一、任务名称

废旧物资回收商与客户对应关系维护。

二、适用工种

物资仓储作业员高级工。

三、具体任务

完成废旧物资回收商与客户对应关系维护（ERP）操作流程。

四、工作规范及要求

（1）回收商客户主数据信息从MDM传到ERP系统后，进行回收商编码与客户主数据对应关系维护。

（2）在规定的时间内完成废旧物资回收商与客户对应关系维护（ERP）操作流程。

五、考核及时间要求

（1）本考核操作时间为60分钟，时间到停止考评。

（2）操作过程中，如果操作员出现无法继续操作的情况，可向考评员申请终止该项操作，该项操作项目不得分，但不影响其他项目。

（3）按照技能操作记录单的操作要求进行操作，正确记录操作结果。

技能等级评价专业技能考核操作评分标准

工种	物资仓储作业员					评价等级	高级工
项目模块	专业知识—废旧物资管理				编号	Jc0001343013	
单位			准考证号			姓名	
考试时限	60分钟		题型	单项操作题		题分	100分
成绩		考评员		考评组长		日期	
试题正文	废旧物资回收商与客户对应关系维护						
需要说明的问题和要求	（1）单人操作。 （2）按ERP操作要求完成						

序号	项目名称	质量要求	满分	扣分标准	扣分原因	得分
1	废旧物资回收商与客户对应关系维护（ERP）操作指令					
1.1	登陆SAP系统后输入事物代码“ZMM29247”	完成事物代码“ZMM29247”输入	10	少操作一项扣10分； 操作错误一项扣5分； 扣完为止		
1.2	输入完毕后单击选择“废旧物资回收商与客户对应关系维护”界面	选择“废旧物资回收商与客户对应关系维护”界面	10	少操作一项扣10分； 操作错误一项扣5分； 扣完为止		
1.3	废旧物资回收商与客户对应关系维护	维护回收商与客户对应关系	10	少操作一项扣10分； 操作错误一项扣5分； 扣完为止		
2	具体操作流程					
2.1	点击按钮，进入维护界面	进入维护界面	10	少操作一项扣10分； 操作错误一项扣5分； 扣完为止		

续表

序号	项目名称	质量要求	满分	扣分标准	扣分原因	得分
2.2	总览回收商信息	审核回收商信息	10	少操作一项扣 10 分； 操作错误一项扣 5 分； 扣完为止		
2.3	点击“新条目”，维护数据	点击“新条目”，维护数据	10			
2.4	回收商编码	审核回收商编码	10	少操作一项扣 10 分； 操作错误一项扣 5 分； 扣完为止		
2.5	客户代码	审核回收商代码	10	少操作一项扣 10 分； 操作错误一项扣 5 分； 扣完为止		
2.6	客户维护名称	维护客户名称	10	少操作一项扣 10 分； 操作错误一项扣 5 分； 扣完为止		
2.7	点击 按钮，数据保存成功	完成操作流程	10	少操作一项扣 10 分； 操作错误一项扣 5 分； 扣完为止		
合计			100			

Jc0001343014　工程结余物资退库业务办理（线下操作）。（100 分）

考核知识点：工程结余物资管理

难易度：难

技能等级评价专业技能考核操作工作任务书

一、任务名称

工程结余物资退库业务办理（线下操作）。

二、适用工种

物资仓储作业员高级工。

三、具体任务

（1）操作现场，实施安全措施。

（2）在指定的现场对工程结余物资退库业务办理。

四、工作规范及要求

（1）严格执行国家电网公司通用制度要求。

（2）按规定要求完成工程结余物资退库业务办理。

五、考核及时间要求

（1）本考核操作时间为 60 分钟，时间到停止考评。

（2）操作过程中，如果操作员出现无法继续操作的情况，可向考评员申请终止该项操作，该项操作项目不得分，但不影响其他项目。

（3）按照技能操作记录单的操作要求进行操作，正确记录操作结果。

技能等级评价专业技能考核操作评分标准

<table>
<tr><td>工种</td><td colspan="5">物资仓储作业员</td><td>评价等级</td><td colspan="2">高级工</td></tr>
<tr><td>项目模块</td><td colspan="4">专业知识—仓储业务管理</td><td>编号</td><td colspan="3">Jc0001343014</td></tr>
<tr><td>单位</td><td colspan="3"></td><td>准考证号</td><td></td><td>姓名</td><td colspan="2"></td></tr>
<tr><td>考试时限</td><td colspan="2">60 分钟</td><td>题型</td><td colspan="2">单项操作题</td><td>题分</td><td colspan="2">100 分</td></tr>
<tr><td>成绩</td><td></td><td>考评员</td><td></td><td>考评组长</td><td></td><td>日期</td><td colspan="2"></td></tr>
<tr><td>试题正文</td><td colspan="8">工程结余物资退库业务办理（线下操作）</td></tr>
<tr><td>需要说明的问题和要求</td><td colspan="8">（1）单人操作。
（2）操作时应注意安全，按照标准化作业指导书的技术安全说明做好安全措施</td></tr>
</table>

序号	项目名称	质量要求	满分	扣分标准	扣分原因	得分
1	安全文明生产	佩戴安全帽；穿全棉工作服；穿绝缘鞋；操作时戴线手套	10	有一项未按要求进行扣 2 分，扣完为止		
2	工程结余物资退库业务办理					
2.1	业务办理 1	竣工后，项目建设管理部门组织开展工程结余物资的技术鉴定： （1）鉴定可用物资，应满足规定技术条件。 （2）审核是否满足可利库原则	10	未完成一项扣 5 分； 发生错误一项扣 3 分； 扣完为止		
2.2	业务办理 2	（1）材料类物资不满足上述退库标准，有利用价值的，移交运行单位作运维材料。 （2）无利用价值的，填报在建工程废弃物资处置申请表。 （3）在工程中作为边角废料进行报废处理	15	未完成一项扣 5 分； 发生错误一项扣 3 分； 扣完为止		
2.3	业务办理 3	（1）项目建设管理单位编制工程结余物资退库申请表，明确退库物料、退库数量、鉴定情况等信息。 （2）经本项目建设管理部门审核后，将结余物资退回仓库。 （3）退回省物资公司仓库的物资，技术鉴定结果须报省公司专业管理部门审核。 （4）必要时，可以重新组织进行技术鉴定或质量检测。 （5）所发生的技术鉴定费用由项目建设管理单位承担	25	未完成一项扣 5 分； 发生错误一项扣 3 分； 扣完为止		
2.4	业务办理 4	物资公司（中心）接收退库物资时： （1）依据审批后的技术鉴定报告及退库申请。 （2）核对物资的品名、规格、数量及相关资料。 （3）验收无误后办理结余物资退库	15	未完成一项扣 5 分； 发生错误一项扣 3 分； 扣完为止		
2.5	业务办理 5	（1）鉴定不可用的项目结余物资，由项目建设管理部门办理结余物资的报废手续后，填写废旧物资移交单。 （2）办理完报废手续的结余物资与物资公司（中心）办理交接。 （3）进行网上竞价处置	15	未完成一项扣 5 分； 发生错误一项扣 3 分； 扣完为止		
3	现场恢复	操作结束后清理现场杂物，并将工器具归位摆放整齐	10	现场留有杂物或工器具未归位扣 10 分		
合计			100			

Jc0001343015　确定货物的入库验收抽检比例（线下操作）。（100 分）

考核知识点：验收抽检比例

难易度：难

技能等级评价专业技能考核操作工作任务书

一、任务名称

确定货物的入库验收抽检比例（线下操作）。

二、适用工种

物资仓储作业员高级工。

三、具体任务

（1）操作现场，实施安全措施。

（2）在指定的现场完成确定货物的入库验收抽检比例。

四、工作规范及要求

（1）严格执行国家电网公司通用制度要求。

（2）按规定要求完成确定货物的入库验收抽检比例。

五、考核及时间要求

（1）本考核操作时间为60分钟，时间到停止考评。

（2）操作过程中，如果操作员出现无法继续操作的情况，可向考评员申请终止该项操作，该项操作项目不得分，但不影响其他项目。

（3）按照技能操作记录单的操作要求进行操作，正确记录操作结果。

技能等级评价专业技能考核操作评分标准

工种	物资仓储作业员				评价等级	高级工
项目模块	专业知识—质量管理			编号	Jc0001343015	
单位		准考证号			姓名	
考试时限	60分钟	题型	单项操作题		题分	100分
成绩	考评员		考评组长		日期	
试题正文	确定货物的入库验收抽检比例（线下操作）					
需要说明的问题和要求	（1）单人操作。 （2）操作时应注意安全，按照标准化作业指导书的技术安全说明做好安全措施					

序号	项目名称	质量要求	满分	扣分标准	扣分原因	得分
1	安全文明生产	佩戴安全帽；穿全棉工作服；穿绝缘鞋；操作时戴线手套	8	有一项未按要求进行扣2分，扣完为止		
2	质量检验					
2.1	金属材料检验	质量检验： （1）带包装的金属材料，抽验5%～10%。 （2）无包装的金属材料全部目测查验	10	少一项扣5分； 发生错误一项扣5分； 扣完为止		
2.2	机电设备检验	质量检验： （1）10台以内的机电设备，验收率为100%。 （2）100台以内验收不少于10%	10	少一项扣5分； 发生错误一项扣5分； 扣完为止		
2.3	运输设备检验	质量检验： （1）运输设备100%查验。 （2）起重设备100%查验	10	少查验一项扣5分； 发生错误一项扣5分； 扣完为止		
2.4	仪器仪表检验	质量检验：仪器仪表外观质量缺陷查验率为100%	5	回答不出或发生错误扣5分		
2.5	易变质货物检验	质量检验： （1）易于发霉、变质、受潮、变色、污染、虫蛀、机械性损伤的货物。 （2）抽验率为5%～10%	10	少查验一种形态扣1分； 发生错误一项扣5分； 扣完为止		

续表

序号	项目名称	质量要求	满分	扣分标准	扣分原因	得分
2.6	外包装有缺陷的货物检验	质量检验：外包装有质量缺陷的货物检验率为 100%	5	回答不出或发生错误扣 5 分		
2.7	质量、信誉较好厂家的产品检验	质量检验：对于供货稳定，质量、信誉较好的厂家产品，特大批量货物可以通过抽查进行检验	5	回答不出或发生错误扣 5 分		
2.8	进口货物检验	质量检验：进口货物原则上采取 100%检验	5	回答不出或发生错误扣 5 分		
2.9	钢材检验	数量检验： （1）定尺钢材检尺率为 10%～20%。 （2）非定尺钢材检尺率为 100%	10	少一项扣 5 分； 发生错误一项扣 5 分； 扣完为止		
2.10	贵重金属材料检验	数量检验：贵重金属材料 100%过净重	5	回答不出或发生错误扣 5 分		
2.11	化工产品检验	数量检验：有标量或者标准定量的化工产品，按标量计算，核定总质量	5	回答不出或发生错误扣 5 分		
2.12	规格整齐货物的检验	数量检验： （1）同一包装、大批量、规格整齐的货物，或包装严密、符合国家标准且有合格证的货物，可以采取抽查的方式验量。 （2）抽查率为 10%～20%	10	少一项扣 5 分； 发生错误一项扣 5 分； 扣完为止		
3	现场恢复	操作结束后清理现场杂物，并将工器具归位摆放整齐	2	现场留有杂物或工器具未归位扣 2 分		
合计			100			

第四部分
技　师

第七章　物资仓储作业员技师技能笔答

Jb0001233001　省公司物资部是本单位应急物资工作的归口管理部门，其主要职责是什么？（5分）

考核知识点： 工作职责

难易度： 难

标准答案：

（1）负责本单位应急物资管理体系建设，组织开展应急物资采购、储备、供应、调配等工作。

（2）负责组织实施应急物资实物储备和应急储备仓库管理；承担国网应急储备仓库日常管理工作。

（3）负责制定本单位应急物资保障预案，组织开展应急演练。

（4）负责组织开展省内应急物资采购和调配工作，协调应急物资供应重大问题；配合实施跨省应急物资调配。

（5）组织开展本单位应急物资保障工作的总结与评估。

（6）负责本单位应急物资管理工作的指导、监督、检查和考核。

Jb0001233002　省物资公司在省公司物资部业务管理下，承担省域应急物资管理的具体实施工作，其主要职责是什么？（5分）

考核知识点： 工作职责

难易度： 难

标准答案：

（1）负责省级直管应急物资储备库物资采购、补库、出入库等业务实施工作，建立物资检查、保养、周转等机制；指导、监督总部、省级应急实物储备仓库日常管理。

（2）依托省级供应链运营中心，发布应急物资保障预警信息，具体实施应急物资跨地市调配、省内应急物资采购、合同签订与结算、应急物资运输配送等工作。

（3）负责跟踪、反馈应急响应全过程信息。

（4）根据总部、省公司安排，组织开展应急物资保障演练与应急物资保障人员培训。

（5）负责支撑省公司物资部开展应急物资管理体系、机制建设及相关工作，开展应急物资保障工作的总结评估。

Jb0001233003　地（市）公司物资部是本单位应急物资储备、配送的具体实施单位，其主要职责是什么？（5分）

考核知识点： 工作职责

难易度： 难

标准答案：

（1）负责本单位应急物资管理体系建设，组织开展应急物资储备、供应、调配等工作。

（2）负责省级应急实物储备物资的催交催运和到货验收等工作；配合开展应急物资跨地市调配。

（3）负责所辖范围内应急物资储备、供应、调配、仓库日常管理等具体实施工作；建立实物储备物资检查、保养、周转等机制。

（4）根据物资保障预警信息，做好应急物资保障准备工作；跟踪、反馈应急物资响应过程信息。

（5）根据总部、省公司安排，开展应急物资保障演练与应急人员培训工作。

（6）负责本单位应急物资管理工作的指导、监督、检查和考核；完成应急物资保障工作的总结与评估。

Jb0001232004　运力资源是指什么？（5分）

考核知识点：运力资源定义

难易度：中

标准答案：

运力资源是指框架协议运输商、社会物流企业及物资供应商，应急状态下能够提供运输配送服务的应急物资运力资源。加强与物流承运商合作，依托电力物流服务平台，搭建运力资源池，确保灾时运输网络畅通。

Jb0001231005　仓储设备设施运行维护记录包括什么？（5分）

考核知识点：设备设施管理

难易度：易

标准答案：

仓储设备设施运行维护记录包括度量衡设备年检证明，行车、吊车、叉车等起重设备起升装置的年检证明，车辆年检证明，消防设施的维护保养记录等。

Jb0001232006　什么是基础型专业仓？（5分）

考核知识点：专业仓建设

难易度：中

标准答案：

配置基本的仓储设备设施，具备地面硬化、标识标牌等基础条件，允许使用单位灵活调整仓内区域，仓内允许按专业实物属性分区存放。应用专业仓信息管理系统，可以满足日常基本的出入仓、借用、归还、盘点等业务需求，记录库存领用和实物耗用信息。

Jb0001232007　什么是加强型专业仓？（5分）

考核知识点：专业仓建设

难易度：中

标准答案：

配置较完善的仓储设备设施，具备耐磨地坪、区域划线、标识标牌等条件，根据实际需求选配存储、搬运的设备设施。应用专业仓信息管理系统、二维码、移动作业终端技术，实现仓储作业移动办理，实物远程现场验收，符合相关专业部门个性化实物专业管理需求。

Jb0001232008　什么是智能型专业仓？（5分）

考核知识点：专业仓建设

难易度：中

标准答案：

配置智能化的仓储设备设施，具备高标准耐磨地坪、区域划线、标识标牌条件，根据实际需求选配智能（人脸、指纹、刷卡）识别设备、智能工器具柜（相关专业）、自动存储搬运的设备设施等。

具备无人值守功能的专业仓，可采用蓝牙、NFC、RFID 等智能技术建设无人值守专业仓，实现仓库领料自动化。

Jb0001232009 专业仓建设方案技术标准涵盖哪些？（5 分）

考核知识点：专业仓建设

难易度：中

标准答案：

建筑、消防、照明、供配电、电气、库房等相关国家标准，可参照《国家电网公司仓库建设（改造）标准》《国家电网公司物资仓库标准化建设指导意见》《国家电网公司仓库运营管理规范》等相关文件进行管理，应遵循按标准、按程序进行专业仓规划、建设。

Jb0001231010 借用物资库的作用是什么？（5 分）

考核知识点：ERP 物资模块

难易度：易

标准答案：

借用物资库用于管理实物已借出或领用未记账的物资。

Jb0001231011 中转虚拟库的作用是什么？（5 分）

考核知识点：ERP 物资模块

难易度：易

标准答案：

中转虚拟库用于在物资中转或者物资调拨时，需要在系统中进行暂时性记录，并且中转和调拨过程中时不会进入已经注册的实体仓库。

Jb0001231012 非项目直发虚拟库的作用是什么？（5 分）

考核知识点：ERP 物资模块

难易度：易

标准答案：

非项目直发虚拟库用于从供应商直接送货到现场的非项目物资，或用于供应商直接送货到非实体仓库，经过短暂存放后，迅速发至最终需求单位。

Jb0001231013 应急物资虚拟库的作用是什么？（5 分）

考核知识点：ERP 物资模块

难易度：易

标准答案：

应急物资虚拟库用于由省公司统一出资、集中管理的应急物资。为便于在 ERP 系统直观地体现应急物资所存放的实体仓库，可以在库存地点描述输入实体仓库的名称并加上“应急”字样。

Jb0001231014 废旧物资拆旧现场虚拟库的作用是什么？（5 分）

考核知识点：ERP 物资模块

难易度：易

标准答案：

废旧物资拆旧现场虚拟库用于不进实体库存放，经过竞拍之后直接现场销售发货的废旧物资的收发存管理。

Jb0001231015　供应商代保管库的作用是什么？（5分）

考核知识点：ERP 物资模块

难易度：易

标准答案：

供应商代保管库用于管理暂时存放在供应商处已付款物资，适用于 110kV 以上变压器、GIS、断路器、电抗器等大型设备及铁塔等项目物资。

Jb0001231016　仓库注册管理原则是什么？（5分）

考核知识点：仓储标准化管理

难易度：易

标准答案：

仓库注册管理遵循“统一注册、统一编码、统一命名、统一管理”的原则。

Jb0001231017　仓库注册信息包括哪些？（5分）

考核知识点：仓储标准化管理

难易度：易

标准答案：

仓库注册信息包括库存地点编码、仓库名称、仓库地址、总占地面积、使用面积、仓库资产属性、所属单位、管理部门、仓库建成时间等。

Jb0001231018　国网储备仓库的命名规则是什么？（5分）

考核知识点：仓储标准化管理

难易度：易

标准答案：

国网储备仓库命名规则：国网+地（市）名+应急物资储备仓库。

Jb0001231019　省中心库的命名规则是什么？（5分）

考核知识点：仓储标准化管理

难易度：易

标准答案：

省中心库命名规则：省公司名称（简称）+地区+中心库。

Jb0001231020　地（市）周转库的命名规则是什么？（5分）

考核知识点：仓储标准化管理

难易度：易

标准答案：

地（市）周转库命名规则：直辖市公司名称或地（市）公司名称（简称）+地区/地址名+仓库。

Jb0001231021 专业仓储点的命名规则是什么？（5分）

考核知识点：仓储标准化管理

难易度：易

标准答案：

专业仓储点：按照归属直属单位或供电所进行分别命名。直属单位仓储点命名规则：直属单位名称（简称）+地区/地址名+仓储点。供电所仓储点命名规则：地（市）公司或县（市）公司名称（简称）+地区名+仓储点。

Jb0001231022 县仓储点的命名规则是什么？（5分）

考核知识点：仓储标准化管理

难易度：易

标准答案：

县仓储点命名规则：县（市）公司名称+地址名+仓库。

Jb0001231023 库存物资的存放要求是什么？（5分）

考核知识点：物资存放要求

难易度：易

标准答案：

库存物资存放应分类、分堆、分组和分剁，留出必要的防火间距。易燃易爆物资必须分间、分库储存，并在醒目处标明储存物品的名称、性质和灭火方法。

Jb0001232024 物资身份码是什么？有什么作用？（5分）

考核知识点：物资身份码定义

难易度：中

标准答案：

物资身份码是单体物资的唯一身份标识，辅助进行现场和仓储物资的收发货操作。主要用于重要程度高、占用资金大，需要进行信息追溯的物资。通过ERP系统，识别物资身份码信息，可查询具体物资采购订单、供应商等信息，实现物资的溯源管理。

Jb0001231025 项目暂存物资的定义是什么？（5分）

考核知识点：ERP物资模块

难易度：易

标准答案：

暂存在仓库中用于工程项目上的物资。记录实际项目WBS编号，特殊库存类型标识为“Q”，库存状态为“非限制使用”。

Jb0001231026 生产运维物资的定义是什么？（5分）

考核知识点：ERP物资模块

难易度：易

标准答案：

存放仓库中用于生产运维的物资。特殊库存类型标识为空，库存状态为“非限制使用”。

Jb0001231027　供应商寄售物资的定义是什么？（5分）

考核知识点：ERP 物资模块

难易度：易

标准答案：

仓库中存放所有权属于供应商的物资，待物资使用后与供应商进行结算。特殊库存类型标识为“K”。

Jb0001231028　项目退料物资的定义是什么？（5分）

考核知识点：ERP 物资模块

难易度：易

标准答案：

项目单位/部门退回，扣减项目成本的物资。特殊库存标识为“Q”，库存状态为“非限制使用”，记录对应项目 WBS 编码。

Jb0001232029　专业仓信息化建设条件是什么？（5分）

考核知识点：专业仓建设

难易度：中

标准答案：

具备条件的单位，实现入仓货位智能分配，库存可视化管理，在仓实物数据分析，问题预警监测；应用 WCS 仓储设备控制系统调度自动化物流设备，实现实物装卸、搬运自动化；采用人脸识别、智能感知等先进技术，应用智能化设备进行实物资源管控。

Jb0001232030　计划管理包括哪些内容？（5分）

考核知识点：计划管理内容

难易度：中

标准答案：

组织研究制定公司物资管理的战略目标、发展规划，确定物资和服务的采购范围、采购实施模式、采购方式、采购组织形式、采购批次，需求计划预测管理、采购计划管理，统计分析和计划考评等内容。

Jb0001232031　计划管理原则是什么？（5分）

考核知识点：计划管理原则

难易度：中

标准答案：

“统一、集中、全面、刚性”原则，执行统一标准、统一申报平台，按照两级集中采购目录清单实施全面计划管理，加强计划准确性、时效性考核，确保精益高效。

Jb0001233032　公司集中采购目录清单包括两级集中采购的范围是什么？（5分）

考核知识点：两级采购范围

难易度：难

标准答案：

（1）一级集中采购目录清单内的物资和服务原则上由总部组织实施，或授权下一级单位实施。

（2）二级集中采购目录清单内的物资和服务由省公司、直属单位组织实施，或授权下一级单位实施。

Jb0001231033 物资采购标准的原则是什么？（5分）

考核知识点：物资采购原则

难易度：易

标准答案：

“统一分类编码、统一型号种类、统一技术参数、统一技术规范、统一技术接口”的“五统一”原则，统一组织编制、修订和发布，各级单位遵照执行，实现电网物资通用互换，提高采购效率和效益。

Jb0001232034 物资数据管理包括什么？（5分）

考核知识点：五E一中心

难易度：中

标准答案：

在物资管理过程中，通过“五E一中心”一体化供应链平台内存储和管理的数据。数据管理包括数据需求、数据资产、数据质量、数据安全、数据共享、数据应用、数据监控和工作评价管理。

Jb0001231035 库存物资出库分为哪些类型？（5分）

考核知识点：物资出入库

难易度：易

标准答案：

物资领料出库、调配物资出库、供应商寄存物资出库、退役资产出库、废旧物资出库等。

Jb0001233036 退役资产拆除后需要做哪些工作？（5分）

考核知识点：退役资产管理

难易度：难

标准答案：

（1）项目管理单位（部门）组织实物使用保管单位（部门）、监理单位、施工单位依据拟拆除计划，扫描实物“ID”、盘点验收实拆情况，对应拆、实拆、实交量进行确认，对存在的差异，由施工单位说明原因，确认后形成退役资产拆除计划执行情况表。

（2）由于施工单位原因导致不能足额回收的，由施工单位依据合同赔偿损失。

Jb0001233037 库存物资的报废流程是什么？（5分）

考核知识点：物资报废流程

难易度：难

标准答案：

（1）物资公司（中心）每年定时组织专业管理部门、项目管理部门、财务部门等，对库存物资进行技术鉴定。符合报废条件的，在技术鉴定书中明确和确认。

（2）物资部门提出库存物资报废申请，提交专业管理部门和财务部门审批。

（3）审批通过后，物资公司（中心）办理报废手续，在ERP系统打印报废物资出库单，并办理废旧物资入库。

（4）物资保管员根据物资报废出库单和废旧物资入库单，将实物转移到废旧物资区。物资报废出库单由物资部门和财务部门存档。

Jb0001233038　专业仓信息化建设必备条件有哪些？（5 分）

考核知识点：专业仓建设

难易度：难

标准答案：

具备实物收发货和库存管理功能，满足实物入仓、出仓、盘点等仓储基本作业需求，系统需具备业务数据统计功能。应符合共享性、安全性、可扩充性、兼容性和统一性要求。功能模块可扩展未来业务需求，各业务模块数据应互联互通、实时共享。系统需具备数据统计、分析、定额自动预警功能，支撑业务开展。

Jb0001233039　专业仓信息化建设可选条件有哪些？（5 分）

考核知识点：专业仓建设

难易度：难

标准答案：

具备条件的单位，实现入仓货位智能分配，库存可视化管理，在仓实物数据分析，问题预警监测；应用 WCS 仓储设备控制系统调度自动化物流设备，实现实物装卸、搬运自动化；采用人脸识别、智能感知等先进技术，应用智能化设备进行实物资源管控。

Jb0001233040　退役资产出库流程是什么？（5 分）

考核知识点：物资出入库

难易度：难

标准答案：

（1）物资公司（中心）定期将在库存保管的资产台账信息反馈各实物资产管理部门。

（2）实物资产管理部门负责退役资产利库调配，协调和制订利用计划。

（3）物资公司（中心）根据利用计划，与需求部门（单位）办理可用退役资产交接。

（4）可用退役资产的相关配件和资料（含在库代保管时的试验报告等），于交接时一并移交。

Jb0001232041　实体库中实物代保管工厂管理的物资类型包括哪些？（5 分）

考核知识点：ERP 物资模块

难易度：中

标准答案：

ERP 外其他单位代保管物资、系统已出库实物未领用（可利库）、系统已出库实物未领用（不可利库）、项目退料（不冲销成本且物资可用）、废旧物资、代保管可用退役资产。

Jb0001233042　单位代码、地市代码、区县代码、专业仓类型代码有哪些？（5 分）

考核知识点：专业仓建设

难易度：难

标准答案：

A—生产仓，B—营销仓，C—安监仓，D—调控仓，E—后勤仓，F—基建仓。长度各 1 位，由用户选择管理部门、仓库所属地市/区县自动带出；后两位代码由各单位自定义，支持“00～99”数字格式。直辖市公司：后三位代码由各单位自定义，支持“000～999”数字格式。

Jb0001232043 专业仓库房建筑地面宜采用什么地面，有哪些条件？（5分）

考核知识点：专业仓建设

难易度：中

标准答案：

采用硬化地面，具备条件的专业仓可以采用耐磨地坪。地坪承载需满足实物存放的安全性要求；重型实物存储应存储在一楼，其他实物可存储于二楼以上。电动搬运车充电区地面应在仓内地面要求基础上，再做防酸防碱环氧处理。

Jb0001232044 专业仓消防设施有哪些条件？（5分）

考核知识点：专业仓建设

难易度：中

标准答案：

根据国家消防有关规定和公司消防安全要求，基本型专业仓应配备满足基本消防规定的灭火器。加强型、智能型在基础型专业仓的基础上可选配消防桶、消防锹、消防栓、消防水池及其他消防用品、自动报警、自动灭火系统。

Jb0001231045 专业仓安防设施有哪些条件？（5分）

考核知识点：专业仓建设

难易度：易

标准答案：

应在公安机关的指导下，根据实际需要安装视频采集等公共安全技术防范设施，具备条件的专业仓可选配红外报警装置、电子围栏系统与远程公安监管系统联网。

Jb0001231046 专业仓满足各专业特殊的专业要求有什么？（5分）

考核知识点：专业仓建设

难易度：易

标准答案：

各专业仓要满足各专业特殊的专业要求，按需配置（营销：表计类实物应具备防潮、防尘、防震条件。调控：根据二次系统设备备品备件的特性，满足温湿度要求）。

Jb0001233047 概述仓储设备设施的管理要求。（5分）

考核知识点：设备设施管理

难易度：难

标准答案：

（1）仓储设备设施要按名称、数量、规格型号、试验周期建立台账，做到账、物相符；台账由设备设施保管员负责保管，定期集中归档。

（2）仓储设备应设专人操作和保管，主要装卸、搬运装备应随机配置设备使用说明书。

（3）仓储设备要严格按设备使用说明书要求进行使用，装卸、搬运装备中的行车、叉车、升降车、搬运车等设备要制定相应的操作规程。

（4）行车、吊车、叉车必须由持有效证件人员操作，其他人不得随意动用。起吊工具使用前需仔细检查，确保装卸工作安全。

（5）仓储设备设施应定期检查、维修，确保使用状态良好。特种装备（度量衡设备、起重设备等）要定期检测，检测后应有检测部门出具合格证，不得超周期使用。

（6）仓储设备设施运行维护记录包括度量衡设备年检证明，行车、吊车、叉车等起重设备起升装置的年检证明，车辆年检证明，消防设施的维护保养记录等。

Jb0001231048　仓库库区要做到哪些方面？（5分）

考核知识点：仓储标准化管理

难易度：易

标准答案：

规划、绿化合理，院落平整、美观。仓库内要保持清洁卫生，各种标志清晰醒目，货位通道畅通。库区及料场不堆放杂物，货架及物资摆放有序。

Jb0001231049　中心库、周转库以及仓储点室内货架的标准是什么？（5分）

考核知识点：仓储标准化管理

难易度：易

标准答案：

中心库、周转库横梁式货架和悬臂式货架为主，线缆类物资可采用线缆盘储存货架。仓储点室内货架以搁板式货架为主，零星散件物资采用周转箱保管。

Jb0001231050　仓储作业人员在办理实物入库前，要先完成什么工作？（5分）

考核知识点：物资出入库

难易度：易

标准答案：

仓储作业人员在办理实物入库前，要先完成实物初步验收，并接收入库作业人员提供的货物交接单，并对交接单上的信息进行查验后，才能办理实物入库操作。

Jb0001233051　在系统中进行物资入库操作时，应注意避免出现哪些问题？（5分）

考核知识点：ERP 物资模块

难易度：难

标准答案：

一是要在系统操作前检测仓位；二是输入正确的事务代码；三是选择正确的移动类型和库存地点；四是选择正确的采购订单号并核对物料编码和数量；五是在入库操作完成并生成入库凭证后，打印入库单。

Jb0001232052　物资入库前，仓储管理人员应在开始作业前做哪些操作？（5分）

考核知识点：作业安全交底

难易度：中

标准答案：

在仓储作业场景下，仓储管理人员应在作业等候区向系统操作人员、入库操作人员、出库操作人员、叉车手人员宣读工作任务及任务分配，并进行安全交底。

Jb0001232053　物资交接验收时应查验哪些内容？（5 分）

考核知识点：物资出入库

难易度：中

标准答案：

清点物资数量，检查外观、附件及产品相关资料，对于外观破损、型号不相符的物资，拒绝收货，告知供应商（仓储管理裁判扮演）该物资无法入库；对于实送数量小于货物交接单数量的，以实送数量为准接收入库，同时在货物交接单上标注清楚实送数量；对于实送数量大于货物交接单数量的，按照单据上数量接收入库，多余物资退回给供应商（不合格、多余物资退回供应商）。

Jb0001232054　物资上架前确认仓位时重点关注哪些环节？（5 分）

考核知识点：物资出入库

难易度：中

标准答案：

入库作业人员与系统操作人员确定上架仓位信息，领取货物交接单、入库单，回到作业等候区，将待上架物资的种类、数量、仓位信息告知叉车操作人员。需“五五码放”的物资，入库作业人员手工将该类物资“五五码放”至托盘上。

Jb0001232055　物资准备上架，叉车启动前需做哪些准备工作？（5 分）

考核知识点：叉车作业

难易度：中

标准答案：

叉车操作人员进入仓储装备区，绕车对叉车门架和前后轮胎进行检查。以巡视的方式检查门架是否正常；用脚轻踢叉车四轮，检查轮胎气压是否符合要求；登车后，目视仪表当前状态是否归零。每项内容检查后，口述该项检查完毕。

Jb0001231056　按照分级标准，专业仓分为哪几个等级？（5 分）

考核知识点：专业仓建设

难易度：易

标准答案：

（1）基础型专业仓。

（2）加强型专业仓。

（3）智能型专业仓。

Jb0001232057　基础型专业仓应具备哪些条件？（5 分）

考核知识点：专业仓建设

难易度：中

标准答案：

配置基本的仓储设备设施，具备地面硬化、标识标牌等基础条件，允许使用单位灵活调整仓内区域，仓内允许按专业实物属性分区存放。应用专业仓信息管理系统，可以满足日常基本的出入仓、借用、归还、盘点等业务需求，记录库存领用和实物耗用信息。

Jb0001232058　加强型专业仓应具备哪些条件？（5分）

考核知识点：专业仓建设

难易度：中

标准答案：

配置较完善的仓储设备设施，具备耐磨地坪、区域划线、标识标牌等条件，根据实际需求选配存储、搬运的设备设施。应用专业仓信息管理系统、二维码、移动作业终端技术，实现仓储作业移动办理，实物远程现场验收，符合相关专业部门个性化实物专业管理需求。

Jb0001232059　智能型专业仓应具备哪些条件？（5分）

考核知识点：专业仓建设

难易度：中

标准答案：

配置智能化的仓储设备设施，具备高标准耐磨地坪、区域划线、标识标牌条件，根据实际需求选配智能（人脸、指纹、刷卡）识别设备、智能工器具柜（相关专业）、自动存储搬运的设备设施等。具备无人值守功能的专业仓，可采用蓝牙、NFC、RFID 等智能技术建设无人值守专业仓，实现仓库领料自动化。

Jb0001232060　专业仓注册的原则是什么？在哪个平台注册？（5分）

考核知识点：专业仓建设

难易度：中

标准答案：

专业仓注册管理遵循“统一编码、统一命名、统一管理”原则，各专业管理部门统一规划建设专业仓，在公司 MDM 平台统一注册。

Jb0001232061　专业仓注册由哪个部门审批？由哪个部门确认？（5分）

考核知识点：专业仓建设

难易度：中

标准答案：

专业仓注册由省公司各专业部门审批，由物资部门审核确认。

Jb0001233062　专业仓注册时的编码规则是什么？（5分）

考核知识点：专业仓建设

难易度：难

标准答案：

专业仓编码规则为单位代码＋地市代码＋区县代码＋专业仓类型＋自定义代码（注：直辖市公司为单位代码＋区县代码＋专业仓类型＋自定义代码）。

Jb0001232063　专业仓的命名规则是什么？请举例说明。（5分）

考核知识点：专业仓建设

难易度：中

标准答案：

命名规则为省公司＋单位简称＋班组站所名称＋专业（生产、营销、安监、调控、后勤、基建等）。

例如：国网山东电力临沂供电公司变电检修室生产仓、国网安徽电力合肥供电公司刘桥供电所生产仓、国网安徽电力合肥供电公司变电检修后勤仓。

Jb0001232064 同一地点是否可以注册不同的专业仓？（5分）

考核知识点：专业仓建设

难易度：中

标准答案：

原则上同一地点可注册多个不同专业的专业仓，但同一个专业仓原则上不可覆盖多个地点。

Jb0001232065 专业仓标准化建设包括哪些内容？（5分）

考核知识点：专业仓建设

难易度：中

标准答案：

专业仓标准化建设包括库房建筑要求、功能区域划分、其他配套要求、标识标牌设置、设备设施配置、信息化建设等六大方面。

Jb0001232066 专业仓可包含哪些区域？（5分）

考核知识点：专业仓建设

难易度：中

标准答案：

专业仓可包括室内堆放区和货架区，面积较大的专业仓可根据需要设置室外料棚区和室外露天区。

Jb0001232067 专业仓按功能划分区域如何划分？（5分）

考核知识点：专业仓建设

难易度：中

标准答案：

专业仓功能区域划分。一般可以划分为存储区（室内货架区、室内堆放区）、装卸区、装备区。各专业仓因地制宜开展区域划分，相应区域可做合并设置。

Jb0001232068 专业仓应设置哪些消防设施？（5分）

考核知识点：专业仓建设

难易度：中

标准答案：

根据国家消防有关规定和公司消防安全要求，基本型专业仓应配备满足基本消防规定的灭火器。加强型、智能型在基础型专业仓的基础上可选配消防桶、消防锹、消防栓、消防水池及其他消防用品、自动报警、自动灭火系统。

Jb0001232069 专业仓应设置哪些安防设施？（5分）

考核知识点：专业仓建设

难易度：中

标准答案：

应在公安机关的指导下，根据实际需要安装视频采集等公共安全技术防范设施，具备条件的专业仓可选配红外报警装置、电子围栏系统与远程公安监管系统联网。

Jb0001232070　专业仓标识牌设置应遵循哪些原则？（5分）

考核知识点：专业仓建设

难易度：中

标准答案：

专业仓标识标牌设置遵循“按需配置、统一规范、防范风险”原则。

Jb0001233071　专业仓标识牌包括哪些？（5分）

考核知识点：专业仓建设

难易度：难

标准答案：

专业仓标识标牌配置包括：专业仓铭牌、内部定置图、区域标识牌、警示标识、货架编码牌、管理制度及流程展示牌、安全消防设施标识、区域隔离带（地面区域标线）。

Jb0001232072　专业仓可配置哪些辅助工器具？（5分）

考核知识点：专业仓建设

难易度：中

标准答案：

专业仓可配置必要的存储设备设施、装卸搬运设备、计量设备及剪线工具等辅助工器具，满足专业仓管理需要。

Jb0001231073　专业仓信息系统应与什么系统信息贯通？（5分）

考核知识点：专业仓建设

难易度：易

标准答案：

专业仓信息管理系统实现与省级和总部两级供应链运营中心（简称ESC）信息贯通。

Jb0001232074　专业仓信息化建设必备条件是什么？（5分）

考核知识点：专业仓建设

难易度：中

标准答案：

具备实物收发货和库存管理功能，满足实物入仓、出仓、盘点等仓储基本作业需求，系统需具备业务数据统计功能。应符合共享性、安全性、可扩充性、兼容性和统一性要求。功能模块可扩展未来业务需求，各业务模块数据应互联互通、实时共享。系统需具备数据统计、分析、定额自动预警功能，支撑业务开展。

Jb0001232075　专业仓信息化建设可选条件是什么？（5分）

考核知识点：专业仓建设

难易度：中

标准答案：

具备条件的单位，实现入仓货位智能分配，库存可视化管理，在仓实物数据分析，问题预警监测；应用 WCS 仓储设备控制系统调度自动化物流设备，实现实物装卸、搬运自动化；采用人脸识别、智能感知等先进技术，应用智能化设备进行实物资源管控。

Jb0001232076 叉车作业“七不准”是什么？（5 分）

考核知识点：叉车作业

难易度：中

标准答案：

（1）不准将货物升高做长距离行驶（高度大于 500mm）。

（2）不准用货叉挑翻货盘和利用制动惯性溜放的方法卸货。

（3）不准直接铲运危险品。

（4）不准用单货叉作业。

（5）不准利用惯性装卸货物。

（6）不准用货叉带人作业，货叉举起后货叉下严禁站人和进行维修工作。

（7）不准用叉车去拖其他车，如确实需要叉车牵引，则需经过安全主任同意。

Jb0001232077 叉车作业时遇到意外时如何处理？（5 分）

考核知识点：叉车作业

难易度：中

标准答案：

（1）紧急俯身到方向盘上或操作手柄，并抓紧方向盘或操作手柄。

（2）身体靠在叉车倾倒方向的反面。

（3）注意防止损伤头部或胸部，叉车翻车时千万不能跳车。

Jb0001232078 叉车作业车辆停车有何要求？（5 分）

考核知识点：叉车作业

难易度：中

标准答案：

（1）尽量避免停在斜坡上，如不可避免，则应取其他可靠物件塞住车轮拉紧手刹并熄火。停放时应将货叉降到最底位置，拉紧后刹车，切断电路，并不能停放在纵坡大于 5%的路段上。

（2）不能将叉车停在紧急通道、出入口、消防设施旁。

（3）叉车暂时不使用时应关掉电源，拉刹车。

Jb0001232079 叉车作业车辆充电有何要求？（5 分）

考核知识点：叉车作业

难易度：中

标准答案：

（1）使用充电器时，要选用与叉车配套的充电器，要轻拿轻放。

（2）充完电后，应先关掉电源，再拉出充电器插头，并将充电器挂好，严禁随意放在地上。

Jb0001232080　国家电网公司加强实物资源管理的工作目标是什么？（5分）

考核知识点：实物资源管理目标

难易度：中

标准答案：

（1）构建实物资源协同管理体系。

（2）实现实物资源合理高效调配。

（3）提升仓储配送服务支撑能力。

（4）提高实物规范化管理水平。

Jb0001232081　构建实物资源协同管理体系的内容是什么？（5分）

考核知识点：实物资源管理体系

难易度：中

标准答案：

发挥物资专业管理优势，形成物资部门管“库”，专业部门管“仓”，项目部门管“现场”，职责清晰、分工明确、资源共享的跨专业协同机制，构建“库、仓、现场”全量实物资源协同管理体系。

Jb0001232082　实现实物资源合理高效调配的内容是什么？（5分）

考核知识点：实物资源调配内容

难易度：中

标准答案：

推进实物资源“线上”管控，依托供应链运营中心，搭建跨专业实物“数字资源池”，实现信息共享、资源共享。健全逐级平衡利库和跨行政区域调配机制，加快实物库存周转，库存周转率不低于4次/年。

Jb0001232083　提升仓储配送服务支撑能力的内容是什么？（5分）

考核知识点：“检储配”业务

难易度：中

标准答案：

完善以省中心库、市周转库、县终端库为支撑的物资仓储配送体系，推进“检储配”一体化建设，推行入库物资“集中检测、合格入库、统一配送”，确保物资质量，实现3个工作日内配送到位。加强“平战结合”的仓储配送体系建设，平时服务运维、灾时保障供应。

Jb0001232084　提高实物规范化管理水平的内容是什么？（5分）

考核知识点：实物规范化管理

难易度：中

标准答案：

应用仓储管理系统（WMS）及物联网技术，推进实物ID在各场景应用，实现物资出入库、结余盘点等作业自动化、智能化与电子化，确保各级实物管理账实相符、账物一致，推动“库”“仓”“现场”实物管理同质同效。

Jb0001233085　实物资源管理中完善协同共管的运作机制的内容是什么？（5分）

考核知识点：实物规范化管理

难易度：难

标准答案：

（1）完善实物库存管理机制。
（2）完善实物信息共享机制。
（3）完善平衡利库机制。
（4）完善协调会商机制。

Jb0001233086 实物资源管理中完善仓储配送体系的内容是什么？（5分）

考核知识点：“检储配”业务

难易度：难

标准答案：

（1）优化物资库网络布局。
（2）明晰管理职责及物资库定位。
（3）开展“检储配”一体化建设。
（4）开展物资配送业务。
（5）提高仓库智能化水平。
（6）加强仓库安全管理。

Jb0001233087 实物资源管理中加强应急物资体系建设的内容是什么？（5分）

考核知识点：实物资源管理体系

难易度：难

标准答案：

（1）加强应急物资储备体系建设。
（2）加强两级供应链运营中心建设。
（3）加强应急物资业务在线应用。

Jb0001233088 实物资源管理中规范物资库实物管理的内容是什么？（5分）

考核知识点：实物管理内容

难易度：难

标准答案：

（1）确保账面与实物相符一致。
（2）规范借用物资管理。
（3）加快在库退役资产周转。

Jb0001233089 实物资源管理中规范专业仓实物管理的内容是什么？（5分）

考核知识点：实物管理内容

难易度：难

标准答案：

（1）统筹规划建设专业仓实物体系。
（2）明晰职责分工及专业仓定位。
（3）制定专业仓标准规范并组织改造。

Jb0001233090　实物资源管理中规范现场实物管理的内容是什么？（5分）

考核知识点：实物管理内容

难易度：难

标准答案：

（1）规范现场收货管理。

（2）规范结余物资管理。

（3）做好现场废旧物资回收及报废。

Jb0001233091　实物资源管理中加大实物利库力度的内容是什么？（5分）

考核知识点：实物管理内容

难易度：难

标准答案：

（1）项目前期推动利库工作开展。

（2）严把采购需求计划申报。

（3）加大跨区域实物调配力度。

Jb0001232092　应急物资保障信息报送程序是什么？（5分）

考核知识点：信息报送

难易度：中

标准答案：

（1）首报（2h 内）。

（2）续报（6h 内）。

（3）专报（每日 16:00）。

Jb0001232093　应急物资保障首报信息包括哪些内容？（5分）

考核知识点：信息报送

难易度：中

标准答案：

首报信息主要包括事件基本情况、发生时间、灾害情况、影响范围等内容，首报信息拟报送国网物资部负责人，加强审核把关，原则上要求在灾害发生 2h 内完成首报工作。

Jb0001232094　应急物资保障续报信息包括哪些内容？（5分）

考核知识点：信息报送

难易度：中

标准答案：

续报信息主要包括电网初步受损、物资需求、保障准备、处置进展等内容。原则上要求 6h 内完成首报续报工作，后续持续多轮更新首次续报信息。

Jb0001232095　应急物资保障专报信息包括哪些内容？（5分）

考核知识点：信息报送

难易度：中

标准答案：

专报内容包含总体保障情况、电网受损及恢复情况、物资需求及调拨情况（至少包含物资库、专业仓出库物资金额，协议库存供应金额、省内跨市调拨物资金额及应急采购情况），每日持续更新信息，直至响应解除。专报视情况报公司领导及总部有关部门。

Jb0001232096　应急物资保障总结评估工作如何开展？（5 分）

考核知识点：信息报送

难易度：中

标准答案：

重点评估保障准备、相应启动、需求提报、资源调配、应急指挥等情况，指出存在的短板及薄弱点，明确有关补强措施，优化供应链运营平台建设，提升应急状态保障能力。总结评估报告原则上应在响应解除两周内，经本部门主要负责人审核后，通过供应链运营平台报送，平台统一存档。

Jb0001232097　应急物资保障预警办理工作如何开展？（5 分）

考核知识点：信息报送

难易度：中

标准答案：

收到预警的单位原则上在 3h 内在供应链运营平台（ESC）上完成回复，并根据预警情况组织做好库存梳理、运输准备、启动值班等准备工作。总部 ESC 根据灾害情况，在 ESC 启动有关省公司值班工作后，各单位应按要求在线报送值班表。

Jb0001231098　描述储管理中，有哪几种 ERP 系统仓种库存类型？（5 分）

考核知识点：ERP 物资模块

难易度：易

标准答案：

非限制使用的库存、质检的库存、冻结的库存。

Jb0001231099　一个预留号包含哪些信息？（5 分）

考核知识点：ERP 物资模块

难易度：易

标准答案：

移动类型、工厂、需求日期、物料、数量、利润中心。

Jb0001231100　在发货操作中，哪些信息是必输的？（5 分）

考核知识点：ERP 物资模块

难易度：易

标准答案：

物料、发货数量、库存地点、记账日期。

Jb0001232101　描述查询本单位一般工厂下的实体库中的项目物资库存的步骤。（5 分）

考核知识点：ERP 物资模块

难易度：中

标准答案：

（1）输入事物代码 MB52。

（2）输入本单位一般工厂编码，输入 Y 开头的实体库编码。

（3）在选择：特殊库存功能这个，“还选特殊库存”为已勾选状态。

（4）点击执行，显示的库存中，特殊标识都为 Q，即为查询正确。

（5）将查询结果导出或截图保存。

Jb0001231102 描述根据项目物资库存查询结果，选择其中一个物料，创建移动类型为 221 的预留的步骤。（5 分）

考核知识点：ERP 物资模块

难易度：易

标准答案：

（1）输入事物代码 MB21。

（2）输入移动类型 221，输入本单位工厂，回车。

（3）输入 WBS 元素、利润中心、物料、数量，回车。

（4）在详细信息选择框，确认“需求日期”，填写“文本”，回车。

（5）点击保存按钮，生成预留单号，记录预留号。

Jb0001233103 查询本单位实体库未完成的转储请求，举例说明转储申请的装运类型对应的上下架类型，选择未完成的上架转储申请创建转储单。（5 分）

考核知识点：ERP 物资模块

难易度：难

标准答案：

（1）输入事物代码 zmm29226。

（2）输入本单位实体库仓库编码，点击执行。

（3）在查询中选择未完成的转储申请，如果装运类型为 A，则为上架；如果装运类型为 E，则为下架。

（4）输入实物代码 LT04。

（5）输入仓库号及转储申请，回车。

（6）点击“货盘化”。

（7）点击“前台入库”，在目的地输入仓储类型、目的地仓位，回车。

（8）点击保存，记录转储单编号。

Jb0001233104 描述本单位实体库下，创建室内堆放区第五排第一列第一层的仓位，存储区为通用存储区。（5 分）

考核知识点：ERP 物资模块

难易度：难

标准答案：

（1）输入事物代码 LS01N。

（2）在创建仓位界面，输入本单位实体库仓库编码，仓储类型输入“F01”，仓位输入“F01－090101”，存储区填写“999”，填写完成后点击保存。

（3）记录新建的仓位编码。

Jb0001233105　描述查询本单位 WM 库存明细，并选择特殊库存标识为空的物资，将其转移到其他仓位的步骤。（5 分）

考核知识点：ERP 物资模块

难易度：难

标准答案：

（1）输入事物代码 LT01。

（2）填写本单位仓库号，移动类型“999”、物料编码、申请数量、工厂及库存地点、批次，回车。

（3）在“移动数据”页签下，填写原物资所在仓储类型及仓位；在“目的地”页签下，填写新的目的地仓位；回车。

（4）记录转储单编号。

Jb0001231106　仓储业务管理包含哪些内容？（5 分）

考核知识点：仓储业务管理内容

难易度：易

标准答案：

仓储业务管理包括仓库网络规划、仓库注册、设备设施、消防安全、仓储信息、物资入库、出库、盘点、存储、报废等管理工作。

Jb0001231107　仓储管理中的 IM 模块是什么？（5 分）

考核知识点：ERP 物资模块

难易度：易

标准答案：

是指库存管理，属于 SAP 子模块，在收货、发货等作业时，同步实现财务记账。

Jb0001231108　仓储管理中的 WM 模块是什么？（5 分）

考核知识点：ERP 物资模块

难易度：易

标准答案：

是指仓库管理，属于 SAP 子模块，提供仓位、仓库上下架、盘点、扫描等仓库精细化管理等功能。

Jb0001231109　仓库注册管理遵循的原则是什么？（5 分）

考核知识点：仓储标准化管理

难易度：易

标准答案：

仓库注册管理遵循“统一注册、统一编码、统一命名、统一管理”的原则。

Jb0001231110　仓库注册信息包括哪些？（5 分）

考核知识点：仓储标准化管理

难易度：易

标准答案：

仓库注册信息包括库存地点编码、仓库名称、仓库地址、总占地面积、使用面积、仓库资产属性、所属单位、管理部门、仓库建成时间等。

Jb0001232111　地（市）周转库命名规则是什么？请举例说明。（5分）

考核知识点：仓储标准化管理

难易度：中

标准答案：

直辖市公司名称或地（市）公司名称（简称）+地区/地址名+仓库。如国网嘉兴供电公司云海仓库。

Jb0001231112　ERP系统中仓储编码包括哪些？（5分）

考核知识点：ERP物资模块

难易度：易

标准答案：

包括库存地点编码、仓库主数据编码和物资条形码。

Jb0001231113　项目直发虚拟库的作用是什么？（5分）

考核知识点：ERP物资模块

难易度：易

标准答案：

用于从供应商直送现场物资的系统收发货管理。

Jb0001231114　供应商代保管库的作用是什么？（5分）

考核知识点：ERP物资模块

难易度：易

标准答案：

用于管理暂时存放在供应商处已付款的物资。适用于110kV以上变压器、GIS、断路器、电抗器等大型设备及铁塔等项目物资。

Jb0001231115　借用物资库的作用是什么？（5分）

考核知识点：ERP物资模块

难易度：易

标准答案：

用于管理实物已借出或领用未记账的物资。

Jb0001231116　中转虚拟库的作用是什么？（5分）

考核知识点：ERP物资模块

难易度：易

标准答案：

用于在物资中转或者物资调拨时，需要在系统中进行暂时性记录，并且中转和调拨过程中时不会进入已经注册的实体仓库。

Jb0001231117　非项目直发虚拟库的作用是什么？（5分）

考核知识点：ERP物资模块

难易度：易

标准答案：

用于从供应商直接送货到现场的非项目物资，或用于供应商直接送货到非实体仓库，经过短暂存放后，迅速发至最终需求单位。

Jb0001231118 应急物资虚拟库的作用是什么？（5分）

考核知识点：ERP 物资模块

难易度：易

标准答案：

用于由省公司统一出资、集中管理的应急物资。为便于在 ERP 系统直观地体现应急物资所存放的实体仓库，可以在库存地点描述输入实体仓库的名称并加上“应急”字样。

Jb0001231119 物资条形码包括哪些？（5分）

考核知识点：ERP 物资模块

难易度：易

标准答案：

包括物料码、物资身份码、废旧物资编码。

Jb0001231120 实体库中一般工厂管理的物资类型包括哪些内容？（5分）

考核知识点：ERP 物资模块

难易度：易

标准答案：

项目暂存物资、生产运维物资、供应商寄售物资、项目退料（冲销成本）和委外加工物资。

Jb0001231121 供应链运营平台主要包括哪些功能？（5分）

考核知识点：供应链运营规范

难易度：易

标准答案：

（1）运营分析决策。

（2）风险监控预警。

（3）资源优化配置。

（4）应急调配指挥。

（5）数据资产应用。

Jb0001231122 “全链业务贯通”三大智慧业务链是什么？（5分）

考核知识点：供应链运营规范

难易度：易

标准答案：

（1）智能采购。

（2）数字物流。

（3）全景质控。

Jb0001232123　关于推进现代智慧供应链运营工作的运营机制包含什么？（5分）

考核知识点：供应链运营规范

难易度：中

标准答案：

（1）优化提升机制。

（2）协同运作机制。

（3）协调会商机制。

（4）跟踪督办机制。

Jb0001233124　当应急物资储备资源、应急物资资源紧急采购方式均无法满足应急需求时，需要省公司应如何做？（5分）

考核知识点：供应链创新与实践

难易度：难

标准答案：

需要省公司供应链运营中心将应急物资需求报国网物资有限公司供应链运营中心，由其在公司层面统筹各省公司实物储备物资资源、协议储备物资和动态应急物资，通过运营中心精确查找匹配，形成跨区调拨方案，以满足应急物资保障需求。

Jb0001231125　完善应急物资保障体系，应完成应急部分哪五大阶段功能建设？（5分）

考核知识点：供应链创新与实践

难易度：易

标准答案：

日常准备、监测预警、应急响应、物资保障、后期处置五大阶段。

Jb0001231126　应急物资资源主要包括什么？（5分）

考核知识点：应急物资资源分类

难易度：易

标准答案：

包括物力资源和运力资源。

Jb0001231127　库存物资遵循“保质可用”的原则，定期检查，及时组织检验，保证库存物资质量完好，随时可用。物资公司（中心）负责对库存物资如何进行管理？（5分）

考核知识点：库存物资管理

难易度：易

标准答案：

（1）巡视检查。

（2）维护保养。

（3）整理和清洁。

Jb0001232128　实物库存入库分为哪几类？（5分）

考核知识点：库存物资管理

难易度：中

标准答案：
（1）采购物资入库。
（2）工程结余物资退库。
（3）废旧物资入库。
（4）供应商寄存物资入库。

Jb0001232129 深化现代智慧供应链在应急物资管理中的应用，如何依托“5E 一中心”实现应急物资保障？（5 分）

考核知识点：应急物资保障
难易度：中
标准答案：
依托“5E 一中心”实现应急物资需求提报、采购、调配、结算等工作在线实施，全量资源统筹调配，为应急物资保障提供技术支撑。

Jb0001232130 仓储标准化管理工作包括哪些内容？（5 分）

考核知识点：仓储标准化管理
难易度：中
标准答案：
（1）仓储网格规划。
（2）编码命名规范。
（3）仓储在线注册。
（4）物资包装标准化。

Jb0001232131 项目物资结余后，如何办理结余物资退库业务？（5 分）

考核知识点：工程结余物资管理
难易度：中
标准答案：
项目建设管理单位编制工程结余物资退库申请表，需明确退库物料、退库梳理、鉴定情况等信息后，经本项目建设管理部门审核后，将结余物资退回仓库。

Jb0001232132 废旧物资计划在线编制包含哪些内容？（5 分）

考核知识点：供应链创新与实践
难易度：中
标准答案：
（1）在线移交入库办理。
（2）处置申请提交。
（3）处置计划编制。
（4）处置计划汇总。

Jb0001231133 报废物资分为哪几类？（5 分）

考核知识点：供应链创新与实践
难易度：易

标准答案：

有处置价值、无处置价值和特殊类报废物资三类。

Jb0001232134　仓储全景化监控包括哪几个方面？（5分）

考核知识点：供应链创新与实践

难易度：中

标准答案：

（1）统筹全量库存资源监控。

（2）仓储视频监控。

（3）仓库电子看板监控。

Jb0001232135　物资盘点的主要内容是什么？（5分）

考核知识点：供应链创新与实践

难易度：中

标准答案：

（1）数量检查，清点账面和实物梳理是否一致。

（2）查看整包、装箱物资是否有拆包、启封情况，如有拆包，需仔细核对包内物资是否有短缺。

（3）物资质量检查，查明库存物资的质量状况，有无锈蚀、霉变、潮解、虫蛀等情况，必要时进行技术检验。

（4）检查有无超质保期或长期积压物资，并记录反馈物资部门处理。

Jb0001232136　物资盘点方式及形式是什么？（5分）

考核知识点：供应链创新与实践

难易度：中

标准答案：

物资盘点采取月度盘点和季度盘点相结合的方式。运用动态盘点、循环盘点、重点盘点、全面盘点等形式对储存保管的物资进行清查。

Jb0001232137　什么是供应商寄存？（5分）

考核知识点：供应链创新与实践

难易度：中

标准答案：

供应商寄存是指在协议库存物资采购方式下，选择自愿参与寄存业务的供应商，将所有权归属供应商的物资先存放在公司实体仓库内，待货物领取后与供应商进行定期结算，完成物权转移的一种供应方式。

Jb0001232138　物资智能配送实现了哪些创新点？（5分）

考核知识点：供应链创新与实践

难易度：中

标准答案：

（1）配送资源多样化。

（2）配送作业移动化。

(3)配送计划智能制定。
(4)配送过程可视化监控。
(5)物资及包装数字化标记。
(6)配送打包装车成套化。
(7)配送费用结算电子化。

Jb0001232139 什么是报废物资网上竞价?(5分)

考核知识点:供应链创新与实践

难易度:中

标准答案:

废旧物资网上竞价是各单位组织有意向购买报废物资的回收商通过电子商务平台对报废物资的收购进行报价,以正向竞价的竞争方式确定交易价格的买卖行为。

Jb0001232140 报废物资网上竞价过程是如何管理的?(5分)

考核知识点:供应链创新与实践

难易度:中

标准答案:

(1)报废物资处置前需成立竞价委员会,由物资部门、实物资产管理部门、财务部门及监督人员组成。主要负责管理竞价过程、处置竞价过程中的突发事件、编制竞价结果报告、对竞价过程进行监督。

(2)竞价过程全程公开。报废物资网上竞价以出价最高且不低于低价为成交原则。

(3)系统对报废物资竞价过程实时监控,对竞价过程中出现的异常主动提醒,确保竞价过程有序、合法合规。

Jb0001232141 报废物资网上竞价的优势有哪些?(5分)

考核知识点:供应链创新与实践

难易度:中

标准答案:

(1)竞价组织方便、效率高。
(2)代理机构成本显著降低。
(3)回收商成本下降。
(4)溢价率上升。
(5)有效防范廉洁风险。
(6)规避回收商围串标风险。

Jb0001232142 全量数字化资源平台的优势有哪些?(5分)

考核知识点:供应链创新与实践

难易度:中

标准答案:

融合汇聚全量库存资源、产能资源、仓储设备设施资源、运力资源、质量检测资源等,实现信息共享、全网全省可视、精准支撑供应需求。

Jb0001232143　实物资源调配工作流程是什么？（5分）

考核知识点：供应链创新与实践

难易度：中

标准答案：

（1）调拨需求在线提报。

（2）调拨方案只能推荐。

（3）调拨方案高效执行。

（4）调拨结果及时报备。

Jb0001232144　实物资源调配工作中调拨需求如何在线提报？（5分）

考核知识点：供应链创新与实践

难易度：中

标准答案：

地市公司物资部积极响应需求单位物资需求计划，通过本单位平衡利库或协议采购等方式满足物资需求；无法满足时，通过运营中心向省物资公司供应链运营中心在线提报物资调拨申请；若本省无法满足物资调拨申请，由省物资公司供应链运营中心在线提报跨省调拨申请。

Jb0001232145　供应链应急指挥体系是怎样的？（5分）

考核知识点：供应链创新与实践

难易度：中

标准答案：

（1）应急组织管理。

（2）应急预案管理。

（3）预警信息管理。

（4）应急事件管理。

（5）应急物资管理。

（6）应急综合查询。

（7）应急演练及值班。

Jb0001231146　供应链应急指挥体系中应急综合查询包含哪些内容？（5分）

考核知识点：供应链创新与实践

难易度：易

标准答案：

（1）天气信息查询。

（2）物资库存查询。

（3）物资调拨查询。

Jb0001233147　供应链应急指挥体系中应急业务如何在线协同的？（5分）

考核知识点：供应链创新与实践

难易度：难

标准答案：

（1）应急物资需求提报审核。

（2）应急物资需求匹配。
（3）应急物资调拨方案制定。
（4）应急物资紧急采购。
（5）应急物资配送及跟踪。
（6）配送物资到货交接。
（7）应急闭环管理。

Jb0001231148 现代智慧型仓库应具有哪些特征？（5分）
考核知识点：供应链创新与实践
难易度：易
标准答案：
（1）智能决策。
（2）智能协同。
（3）智能作业。
（4）智能防护。

Jb0001232149 国家电网公司仓储网络规划是什么？（5分）
考核知识点：供应链创新与实践
难易度：中
标准答案：
以国网储备库为主体、省公司中心库为核心、地市公司周转库为分支、县公司和专业支撑机构仓储点为补充、专业仓和检储配中心协同发展的仓储网络体系。

Jb0001231150 搭建跨专业信息共享平台的原则是什么？（5分）
考核知识点：供应链创新与实践
难易度：易
标准答案：
实用性、先进性、可靠性、环保性、经济性。

Jb0001232151 仓储资源供需对接的含义是什么？（5分）
考核知识点：供应链创新与实践
难易度：中
标准答案：
是指仓储服务供需双方通过 ELP 获取信息以完成供需对接的服务。仓储服务供方在 ELP 发布可用仓储资源信息（仓库简介、地理位置、时间、联系方式等），仓储服务需方通过 ELP 搜索、查询可用仓储资源信息。

第八章　物资仓储作业员技师技能操作

Jc0001242001　报废物资网上竞价过程描述。（100 分）

考核知识点：报废物资竞价管理

难易度：中

技能等级评价专业技能考核操作工作任务书

一、任务名称

报废物资网上竞价过程描述。

二、适用工种

物资仓储作业员技师。

三、具体任务

简述报废物资网上竞价过程。

四、工作规范及要求

按现代智慧供应链创新与实践要求执行。

五、考核及时间要求

（1）本考核操作时间为 30 分钟，时间到停止考评。

（2）操作过程中，如果操作员出现无法继续操作的情况，可向考评员申请终止该项操作，该项操作项目不得分，但不影响其他项目。

（3）按照技能操作记录单的操作要求进行操作，正确记录操作结果。

技能等级评价专业技能考核操作评分标准

工种	物资仓储作业员					评价等级	技师
项目模块	专业知识—废旧物资管理			编号		Jc0001242001	
单位		准考证号				姓名	
考试时限	30 分钟	题型		单项操作		题分	100 分
成绩		考评员		考评组长		日期	
试题正文	报废物资网上竞价过程描述						
需要说明的问题和要求	单人操作						

序号	项目名称	质量要求	满分	扣分标准	扣分原因	得分
1	成立竞价委员会	报废物资处置前需成立竞价委员会，由物资部门、实物资产管理部门、财务部门级监督人员组成。主要负责管理竞价过程、处置竞价过程中的突发事件、编制竞价结果报告、对竞价过程进行监督	30	少填写一项扣 10 分； 填写错误一项扣 5 分； 扣完为止		
2	竞价过程全程公开	报废物资网上竞价以出价最高且不低于低价为成交原则	40	少填写一项扣 10 分； 填写错误一项扣 5 分； 扣完为止		

续表

序号	项目名称	质量要求	满分	扣分标准	扣分原因	得分
3	竞价过程实时监控	系统对报废物资竞价过程实时监控，对竞价过程中出现的异常主动提醒，确保竞价过程有序、合法合规	30	少填写一项扣 10 分； 填写错误一项扣 5 分； 扣完为止		
合计			100			

Jc0001242002 口述物资智能配送创新点。(100 分)

考核知识点：物资智能配送

难易度：中

技能等级评价专业技能考核操作工作任务书

一、任务名称

口述物资智能配送创新点。

二、适用工种

物资仓储作业员技师。

三、具体任务

口述物资智能配送的创新点。

四、工作规范及要求

按现代智慧供应链创新与实践要求执行。

五、考核及时间要求

本考核操作时间为 30 分钟，时间到停止考评。

技能等级评价专业技能考核操作评分标准

<table>
<tr><td>工种</td><td colspan="5">物资仓储作业员</td><td>评价等级</td><td>技师</td></tr>
<tr><td>项目模块</td><td colspan="4">专业知识—物资配送管理</td><td>编号</td><td colspan="2">Jc0001242002</td></tr>
<tr><td>单位</td><td colspan="3"></td><td>准考证号</td><td></td><td>姓名</td><td></td></tr>
<tr><td>考试时限</td><td colspan="2">30 分钟</td><td>题型</td><td colspan="2">单项操作</td><td>题分</td><td>100 分</td></tr>
<tr><td>成绩</td><td></td><td>考评员</td><td></td><td>考评组长</td><td></td><td>日期</td><td></td></tr>
<tr><td>试题正文</td><td colspan="7">口述物资智能配送创新点</td></tr>
<tr><td>需要说明的问题和要求</td><td colspan="7">单人操作</td></tr>
</table>

序号	项目名称	质量要求	满分	扣分标准	扣分原因	得分
1	配送资源多样化	无	15	少填写一项扣 15 分； 填写错误一项扣 10 分； 扣完为止		
2	配送作业移动化	无	15	少填写一项扣 15 分； 填写错误一项扣 10 分； 扣完为止		
3	配送计划智能制定	无	15	少填写一项扣 15 分； 填写错误一项扣 10 分； 扣完为止		
4	配送过程可视化监控	无	15	少填写一项扣 15 分； 填写错误一项扣 10 分； 扣完为止		

续表

序号	项目名称	质量要求	满分	扣分标准	扣分原因	得分
5	物资及包装数字化标记	无	15	少填写一项扣15分； 填写错误一项扣10分； 扣完为止		
6	配送打包装车成套化	无	15	少填写一项扣15分； 填写错误一项扣10分； 扣完为止		
7	配送费用结算电子化	无	10	少填写一项扣15分； 填写错误一项扣10分； 扣完为止		
合计			100			

Jc0001242003　物资盘点的主要内容。（100分）

考核知识点：物资盘点

难易度：中

技能等级评价专业技能考核操作工作任务书

一、任务名称

物资盘点的主要内容。

二、适用工种

物资仓储作业员技师。

三、具体任务

口述物资盘点的主要内容。

四、工作规范及要求

按现代智慧供应链创新与实践要求执行。

五、考核及时间要求

本考核操作时间为30分钟，时间到停止考评。

技能等级评价专业技能考核操作评分标准

工种	物资仓储作业员				评价等级	技师
项目模块	专业知识—仓储业务管理			编号	Jc0001242003	
单位		准考证号			姓名	
考试时限	30分钟	题型	单项操作		题分	100分
成绩		考评员		考评组长	日期	
试题正文	物资盘点的主要内容					
需要说明的问题和要求	单人操作					

序号	项目名称	质量要求	满分	扣分标准	扣分原因	得分
1	数量检查	清点账面和实物梳理是否一致	25	少填写一项扣25分； 填写错误一项扣15分； 扣完为止		
2	包装检查	查看整包、装箱物资是否有拆包、启封情况，如有拆包，需仔细核对包内物资是否有短缺	25	少填写一项扣25分； 填写错误一项扣15分； 扣完为止		
3	物资质量检查	查明库存物资的质量状况，有无锈蚀、霉变、潮解、虫蛀等情况，必要时进行技术检验	25	少填写一项扣25分； 填写错误一项扣15分； 扣完为止		

续表

序号	项目名称	质量要求	满分	扣分标准	扣分原因	得分
4	物资积压检查	检查有无超质保期或长期积压物资，并记录反馈物资部门处理	25	少填写一项扣 25 分； 填写错误一项扣 15 分； 扣完为止		
合计			100			

Jc0001242004 口述废旧物资计划在线编制的主要内容。（100 分）

考核知识点：废旧物资处置流程

难易度：中

技能等级评价专业技能考核操作工作任务书

一、任务名称

口述废旧物资计划在线编制的主要内容。

二、适用工种

物资仓储作业员技师。

三、具体任务

简述如何在线编制废旧物资计划。

四、工作规范及要求

按现代智慧供应链创新与实践要求执行。

五、考核及时间要求

本考核操作时间为 30 分钟，时间到停止考评。

技能等级评价专业技能考核操作评分标准

工种	物资仓储作业员				评价等级	技师
项目模块	专业知识—废旧物资管理			编号	Jc0001242004	
单位		准考证号			姓名	
考试时限	30 分钟	题型	单项操作		题分	100 分
成绩		考评员		考评组长	日期	
试题正文	口述废旧物资计划在线编制的主要内容					
需要说明的问题和要求	单人操作					

序号	项目名称	质量要求	满分	扣分标准	扣分原因	得分
1	在线移交入库办理	移交手续齐全	25	少填写一项扣 25 分； 填写错误一项扣 15 分； 扣完为止		
2	处置申请提交	无	25	少填写一项扣 25 分； 填写错误一项扣 15 分； 扣完为止		
3	处置计划编制	编制计划内容完整	25	少填写一项扣 25 分； 填写错误一项扣 15 分； 扣完为止		
4	处置计划汇总	内容数据准确	25	少填写一项扣 25 分； 填写错误一项扣 15 分； 扣完为止		
合计			100			

Jc0001242005　口述仓储标准化管理工作内容。（100 分）

考核知识点：仓储标准化管理

难易度：中

技能等级评价专业技能考核操作工作任务书

一、任务名称

口述仓储标准化管理工作内容。

二、适用工种

物资仓储作业员技师。

三、具体任务

简述如何进行仓储标准化管理工作。

四、工作规范及要求

按照《国家电网公司实物库存管理办法》要求执行。

五、考核及时间要求

本考核操作时间为 30 分钟，时间到停止考评。

技能等级评价专业技能考核操作评分标准

<table>
<tr><td>工种</td><td colspan="6">物资仓储作业员</td><td>评价等级</td><td colspan="2">技师</td></tr>
<tr><td>项目模块</td><td colspan="5">专业知识—仓储业务管理</td><td>编号</td><td colspan="3">Jc0001242005</td></tr>
<tr><td>单位</td><td colspan="3"></td><td>准考证号</td><td colspan="2"></td><td>姓名</td><td colspan="2"></td></tr>
<tr><td>考试时限</td><td colspan="2">30 分钟</td><td>题型</td><td colspan="3">单项操作</td><td>题分</td><td colspan="2">100 分</td></tr>
<tr><td>成绩</td><td></td><td>考评员</td><td></td><td>考评组长</td><td colspan="2"></td><td>日期</td><td colspan="2"></td></tr>
<tr><td>试题正文</td><td colspan="9">口述仓储标准化管理工作内容</td></tr>
<tr><td>需要说明的问题和要求</td><td colspan="9">单人操作</td></tr>
<tr><td>序号</td><td>项目名称</td><td colspan="2">质量要求</td><td>满分</td><td colspan="3">扣分标准</td><td>扣分原因</td><td>得分</td></tr>
<tr><td>1</td><td>仓储网格规划</td><td colspan="2">按照《国家电网公司仓储体系优化方案》及《国家电网公司标准化建设要求》执行</td><td>25</td><td colspan="3">少填写一项扣 25 分；
填写错误一项扣 15 分；
扣完为止</td><td></td><td></td></tr>
<tr><td>2</td><td>编码命名规范</td><td colspan="2">按照《国家电网公司仓储体系优化方案》及《国家电网公司标准化建设要求》执行</td><td>25</td><td colspan="3">少填写一项扣 25 分；
填写错误一项扣 15 分；
扣完为止</td><td></td><td></td></tr>
<tr><td>3</td><td>仓库在线注册</td><td colspan="2">按照《国家电网公司仓储体系优化方案》及《国家电网公司标准化建设要求》执行</td><td>25</td><td colspan="3">少填写一项扣 25 分；
填写错误一项扣 15 分；
扣完为止</td><td></td><td></td></tr>
<tr><td>4</td><td>物资包装标准化</td><td colspan="2">按照《国家电网公司仓储体系优化方案》及《国家电网公司标准化建设要求》执行</td><td>25</td><td colspan="3">少填写一项扣 25 分；
填写错误一项扣 15 分；
扣完为止</td><td></td><td></td></tr>
<tr><td colspan="2">合计</td><td colspan="2"></td><td>100</td><td colspan="3"></td><td></td><td></td></tr>
</table>

Jc0001242006　口述当应急物资储备资源、应急物资资源紧急采购方式均无法满足应急需求时，省公司的应对措施。（100 分）

考核知识点：应急物资保障

难易度： 中

技能等级评价专业技能考核操作工作任务书

一、任务名称

口述当应急物资储备资源、应急物资资源紧急采购方式均无法满足应急需求时，省公司的应对措施。

二、适用工种

物资仓储作业员技师。

三、具体任务

简述当应急物资储备资源、应急物资资源紧急采购方式均无法满足应急需求时，省公司的应对措施。

四、工作规范及要求

按现代智慧供应链创新与实践要求执行。

五、考核及时间要求

本考核操作时间为 30 分钟，时间到停止考评。

技能等级评价专业技能考核操作评分标准

工种	物资仓储作业员				评价等级	技师
项目模块	专业知识—应急物资管理			编号	Jc0001242006	
单位		准考证号			姓名	
考试时限	30 分钟	题型	单项操作		题分	100 分
成绩		考评员		考评组长	日期	
试题正文	口述当应急物资储备资源、应急物资资源紧急采购方式均无法满足应急需求时，省公司的应对措施					
需要说明的问题和要求	单人操作					

序号	项目名称	质量要求	满分	扣分标准	扣分原因	得分
1	应急物资需求提报	需求省公司供应链运营中心将应急物资需求报国网物资有限公司供应链运营中心	35	少填写一项扣 35 分； 填写错误一项扣 25 分； 扣完为止		
2	统筹实物资源	由其在公司层面统筹各省公司实物储备物资资源、协议储备物资和动态应急物资	35	少填写一项扣 35 分； 填写错误一项扣 25 分； 扣完为止		
3	需求匹配	通过运营中心精确查找匹配，形成跨区调拨方案，以满足应急物资保障需求	30	少填写一项扣 30 分； 填写错误一项扣 20 分； 扣完为止		
合计			100			

Jc0001242007　口述查询本单位 WM 库存明细，并选择特殊库存标识为空的物资，将其转移到其他仓位的步骤。（100 分）

考核知识点： ERP 物资模块

难易度： 中

技能等级评价专业技能考核操作工作任务书

一、任务名称

口述查询本单位 WM 库存明细，并选择特殊库存标识为空的物资，将其转移到其他仓位的步骤。

二、适用工种

物资仓储作业员技师。

三、具体任务

简述查询本单位 WM 库存明细，并选择特殊库存标识为空的物资，将其转移到其他仓位的步骤。

四、工作规范及要求

按现 ERP 系统规范要求执行。

五、考核及时间要求

本考核操作时间为 30 分钟，时间到停止考评。

技能等级评价专业技能考核操作评分标准

工种	物资仓储作业员					评价等级	技师
项目模块	信息化应用—ERP 系统应用				编号	Jc0001242007	
单位			准考证号			姓名	
考试时限	30 分钟		题型		单项操作	题分	100 分
成绩		考评员		考评组长		日期	
试题正文	口述查询本单位 WM 库存明细，并选择特殊库存标识为空的物资，将其转移到其他仓位的步骤						
需要说明的问题和要求	单人操作						

序号	项目名称	质量要求	满分	扣分标准	扣分原因	得分
1	输入事物代码 LT01	事务代码输入正确	25	少填写一项扣 25 分； 填写错误一项扣 15 分； 扣完为止		
2	填写关键信息	填写本单位仓库号，移动类型“999”、物料编码、申请数量、工厂及库存地点、批次，回车	25	少填写一项扣 25 分； 填写错误一项扣 15 分； 扣完为止		
3	填写仓位等信息	在“移动数据”页签下，填写原物资所在仓储类型及仓位；在“目的地”页签下，填写新的目的地仓位；回车	25	少填写一项扣 25 分； 填写错误一项扣 15 分； 扣完为止		
4	记录转储单编号	转储单编号记录正确	25	少填写一项扣 25 分； 填写错误一项扣 15 分； 扣完为止		
合计			100			

Jc0001242008　口述创建室内堆放区第五排第一列第一层的仓位，存储区为通用存储区的步骤。（100 分）

考核知识点： ERP 物资模块

难易度： 中

技能等级评价专业技能考核操作工作任务书

一、任务名称

口述创建室内堆放区第五排第一列第一层的仓位，存储区为通用存储区的步骤。

二、适用工种

物资仓储作业员技师。

三、具体任务

简述创建室内堆放区第五排第一列第一层的仓位，存储区为通用存储区的步骤。

四、工作规范及要求

按现 ERP 系统规范要求执行。

五、考核及时间要求

本考核操作时间为 30 分钟，时间到停止考评。

技能等级评价专业技能考核操作评分标准

工种	物资仓储作业员					评价等级	技师
项目模块	信息化应用—ERP 系统应用				编号	Jc0001242008	
单位			准考证号			姓名	
考试时限	30 分钟		题型	单项操作		题分	100 分
成绩		考评员		考评组长		日期	
试题正文	口述创建室内堆放区第五排第一列第一层的仓位，存储区为通用存储区的步骤						
需要说明的问题和要求	单人操作						

序号	项目名称	质量要求	满分	扣分标准	扣分原因	得分
1	输入事物代码 LS01	事务代码输入正确	25	少填写一项扣 25 分； 填写错误一项扣 15 分； 扣完为止		
2	填写关键信息	在创建仓位界面，输入本单位实体库仓库编码，仓储类型输入“F01”，仓位输入“F01-090101”，存储区填写“999”；填写完成点击保存	50	少填写一项扣 25 分； 填写错误一项扣 15 分； 扣完为止		
3	记录转储单编号	转储单编号记录正确	25	少填写一项扣 25 分； 填写错误一项扣 15 分； 扣完为止		
合计			100			

Jc0001242009 口述根据项目物资库存查询结果，选择其中一个物料，创建移动类型为 221 的预留的步骤。（100 分）

考核知识点： ERP 物资模块

难易度： 中

技能等级评价专业技能考核操作工作任务书

一、任务名称

口述根据项目物资库存查询结果，选择其中一个物料，创建移动类型为221的预留的步骤。

二、适用工种

物资仓储作业员技师。

三、具体任务

简述创建预留的步骤。

四、工作规范及要求

按现ERP系统规范要求执行。

五、考核及时间要求

本考核操作时间为30分钟，时间到停止考评。

技能等级评价专业技能考核操作评分标准

<table>
<tr><td>工种</td><td colspan="5">物资仓储作业员</td><td>评价等级</td><td colspan="2">技师</td></tr>
<tr><td>项目模块</td><td colspan="4">信息化应用—ERP系统应用</td><td>编号</td><td colspan="3">Jc0001242009</td></tr>
<tr><td>单位</td><td colspan="2"></td><td>准考证号</td><td colspan="2"></td><td>姓名</td><td colspan="2"></td></tr>
<tr><td>考试时限</td><td>30分钟</td><td>题型</td><td colspan="3">单项操作</td><td>题分</td><td colspan="2">100分</td></tr>
<tr><td>成绩</td><td>考评员</td><td></td><td>考评组长</td><td colspan="2"></td><td>日期</td><td colspan="2"></td></tr>
<tr><td>试题正文</td><td colspan="8">口述根据项目物资库存查询结果，选择其中一个物料，创建移动类型为221的预留的步骤</td></tr>
<tr><td>需要说明的问题和要求</td><td colspan="8">单人操作</td></tr>
<tr><td>序号</td><td>项目名称</td><td colspan="3">质量要求</td><td>满分</td><td>扣分标准</td><td>扣分原因</td><td>得分</td></tr>
<tr><td>1</td><td>输入事物代码MB21</td><td colspan="3">事务代码输入正确</td><td>20</td><td>少填写一项扣20分；
填写错误一项扣10分；
扣完为止</td><td></td><td></td></tr>
<tr><td>2</td><td>输入移动类型</td><td colspan="3">输入移动类型 221，输入本单位工厂，回车</td><td>20</td><td>少填写一项扣20分；
填写错误一项扣10分；
扣完为止</td><td></td><td></td></tr>
<tr><td>3</td><td>输入WBS元素等信息</td><td colspan="3">输入WBS元素、利润中心、物料、数量，回车</td><td>20</td><td>少填写一项扣20分；
填写错误一项扣10分；
扣完为止</td><td></td><td></td></tr>
<tr><td>4</td><td>填写相关信息</td><td colspan="3">在详细信息选择框，确认“需求日期”，填写“文本”，回车</td><td>20</td><td>少填写一项扣20分；
填写错误一项扣10分；
扣完为止</td><td></td><td></td></tr>
<tr><td>5</td><td>记录预留号</td><td colspan="3">点击保存按钮，生成预留单号，记录预留号</td><td>20</td><td>少填写一项扣20分；
填写错误一项扣10分；
扣完为止</td><td></td><td></td></tr>
<tr><td colspan="2">合计</td><td colspan="3"></td><td>100</td><td></td><td></td><td></td></tr>
</table>

Jc0001242010　简述库存物资平衡利库流程。(100分)

考核知识点：平衡利库

难易度：中

技能等级评价专业技能考核操作工作任务书

一、任务名称

简述库存物资平衡利库流程。

二、适用工种

物资仓储作业员技师。

三、具体任务

完成库存物资平衡利库。

四、工作规范及要求

（1）按《国家电网有限公司实物资源管理办法》要求执行。

五、考核及时间要求

（1）本考核操作时间为 30 分钟，时间到停止考评。

（2）操作过程中，如果操作员出现无法继续操作的情况，可向考评员申请终止该项操作，该项操作项目不得分，但不影响其他项目。

（3）按照技能操作记录单的操作要求进行操作，正确记录操作结果。

技能等级评价专业技能考核操作评分标准

<table>
<tr><td>工种</td><td colspan="4">物资仓储作业员</td><td>评价等级</td><td colspan="2">技师</td></tr>
<tr><td>项目模块</td><td colspan="3">专业知识—实物库存管理</td><td>编号</td><td colspan="3">Jc0001242010</td></tr>
<tr><td>单位</td><td colspan="2"></td><td>准考证号</td><td colspan="2"></td><td>姓名</td><td></td></tr>
<tr><td>考试时限</td><td>30 分钟</td><td>题型</td><td colspan="2">单项操作</td><td>题分</td><td colspan="2">100 分</td></tr>
<tr><td>成绩</td><td></td><td>考评员</td><td></td><td>考评组长</td><td></td><td>日期</td><td></td></tr>
<tr><td>试题正文</td><td colspan="7">简述库存物资平衡利库流程</td></tr>
<tr><td>需要说明的问题和要求</td><td colspan="7">单人操作</td></tr>
<tr><td>序号</td><td>项目名称</td><td>质量要求</td><td>满分</td><td colspan="2">扣分标准</td><td>扣分原因</td><td>得分</td></tr>
<tr><td>1</td><td>县公司平衡利库</td><td>县公司物资供应分中心收集本单位物资需求，与库存物资匹配后形成库存物资利用计划，并组织实施，本单位无法满足的上报市公司采购需求</td><td>25</td><td colspan="2">少填写一项扣 10 分；
填写错误一项扣 5 分；
扣完为止</td><td></td><td></td></tr>
<tr><td>2</td><td>地市公司平衡利库</td><td>地市物资部（物资供应中心）收集本地市物资需求，与库存物资匹配后形成库存物资利用计划，并组织实施；本地市无法满足需求时，在全省可调配库存物资清单中进行匹配，若满足需要，形成跨地市调配申请，报省级供应链运营中心审核；若不满足需要，形成物资采购需求上报省公司</td><td>25</td><td colspan="2">少填写一项扣 10 分；
填写错误一项扣 5 分；
扣完为止</td><td></td><td></td></tr>
<tr><td>3</td><td>省物资公司平衡利库</td><td>省物资公司收集汇总各地市公司物资采购需求和跨地市调配申请，在全省可调配库存物资清单中进行匹配和复核。若满足需要，汇总形成本省库存物资利用计划。不满足需要的，执行物资采购流程</td><td>25</td><td colspan="2">少填写一项扣 10 分；
填写错误一项扣 5 分；
扣完为止</td><td></td><td></td></tr>
<tr><td>4</td><td>省公司平衡利库</td><td>省物资部审核本省库存物资利用计划，审核同意后由省物资公司线上下达调配通知单，组织实施物资调配</td><td>25</td><td colspan="2">少填写一项扣 10 分；
填写错误一项扣 5 分；
扣完为止</td><td></td><td></td></tr>
<tr><td colspan="2">合计</td><td></td><td>100</td><td colspan="2"></td><td></td><td></td></tr>
</table>

Jc0001242011　专业仓应设置的安防设施。（100 分）

考核知识点：专业仓建设

难易度：中

技能等级评价专业技能考核操作工作任务书

一、任务名称

专业仓应设置的安防设施。

二、适用工种

物资仓储作业员技师。

三、具体任务

口述专业仓安防设施设置。

四、工作规范及要求

掌握专业仓安防设施设置。

五、考核及时间要求

本考核操作时间为 30 分钟，时间到停止考评。

技能等级评价专业技能考核操作评分标准

工种	物资仓储作业员				评价等级	技师	
项目模块	专业知识—专业仓管理			编号	Jc0001242011		
单位		准考证号			姓名		
考试时限	30 分钟	题型	单项操作		题分	100 分	
成绩		考评员		考评组长		日期	
试题正文	专业仓应设置的安防设施						
需要说明的问题和要求	单人操作						
序号	项目名称	质量要求	满分	扣分标准	扣分原因	得分	
1	视频采集设施	应在公安机关的指导下，根据实际需要安装视频采集等公共安全技术防范设施	50	操作不正确或不规范扣 50 分			
2	红外报警装置、电子围栏系统	具备条件的专业仓可选配红外报警装置、电子围栏系统与远程公安监管系统联网	50	操作不正确或不规范扣 50 分			
合计			100				

Jc0001242012　为本单位实体库仓位 F01-010101 创建盘点凭证。（100 分）

考核知识点：ERP 物资模块

难易度：中

技能等级评价专业技能考核操作工作任务书

一、任务名称

为本单位实体库仓位 F01-010101 创建盘点凭证。

二、适用工种

物资仓储作业员技师。

三、具体任务

完成实体库仓位 F01–010101 盘点凭证创建。

四、工作规范及要求

掌握 ERP 系统仓位盘点凭证创建。

五、考核及时间要求

（1）本考核操作时间为 30 分钟，时间到停止考评。

（2）操作过程中，如果操作员出现无法继续操作的情况，可向考评员申请终止该项操作，该项操作项目不得分，但不影响其他项目。

（3）按照技能操作记录单的操作要求进行操作，正确记录操作结果。

技能等级评价专业技能考核操作评分标准

工种	物资仓储作业员				评价等级	技师
项目模块	信息化应用—ERP 系统应用			编号	Jc0001242012	
单位		准考证号			姓名	
考试时限	30 分钟	题型	单项操作		题分	100 分
成绩		考评员		考评组长		日期	
试题正文	为本单位实体库仓位 F01–010101 创建盘点凭证					
需要说明的问题和要求	单人操作					

序号	项目名称	质量要求	满分	扣分标准	扣分原因	得分
1	输入事务代码	输入事物代码 LI01N	25	操作不正确或不规范扣 25 分		
2	输入仓库号	仓库号输入本单位实体编码，仓储类型填 F01，回车	25	操作不正确或不规范扣 25 分		
3	输入仓位	在“创建系统库存记录”界面，输入仓位：F01–010101	25	操作不正确或不规范扣 25 分		
4	激活盘点凭证	点击激活，系统生成盘点凭证后，记录盘点凭证号	25	操作不正确或不规范扣 25 分		
合计			100			

Jc0001241013 打印本单位出库单、转储单。（100 分）

考核知识点： ERP 物资模块

难易度： 易

技能等级评价专业技能考核操作工作任务书

一、任务名称

打印本单位出库单、转储单。

二、适用工种

物资仓储作业员技师。

三、具体任务

完成本单位出库单、转出单打印。

四、工作规范及要求

掌握 ERP 系统相关单据打印。

五、考核及时间要求

（1）本考核操作时间为 30 分钟，时间到停止考评，包括操作现场清理。

（2）操作过程中，如果操作员出现无法继续操作的情况，可向考评员申请终止该项操作，该项操作项目不得分，但不影响其他项目。

（3）按照技能操作记录单的操作要求进行操作，正确记录操作结果。

技能等级评价专业技能考核操作评分标准

工种	物资仓储作业员					评价等级	技师
项目模块	信息化应用—ERP 系统应用				编号	Jc0001241013	
单位			准考证号			姓名	
考试时限	30 分钟		题型	单项操作		题分	100 分
成绩		考评员		考评组长		日期	
试题正文	打印本单位出库单、转储单						
需要说明的问题和要求	单人操作						

序号	项目名称	质量要求	满分	扣分标准	扣分原因	得分
1	输入事务代码	输入事物代码 ZMM29002	25	操作不正确或不规范扣 25 分		
2	选择单据类型	选择“物资出库单”或“物资转储单”	25	操作不正确或不规范扣 25 分		
3	输入相关信息	输入本单位工厂，出库或转储时间	25	操作不正确或不规范扣 25 分		
4	打印单据	点击执行，勾选需打印的凭证，选择打印格式打印	25	操作不正确或不规范扣 25 分		
	合计		100			

Jc0001242014　完成一次项目物资退回到原材料的物资调拨。（100 分）

考核知识点：ERP 物资模块

难易度：中

技能等级评价专业技能考核操作工作任务书

一、任务名称

完成一次项目物资退回到原材料的物资调拨。

二、适用工种

物资仓储作业员技师。

三、具体任务

完成项目物资退回到原材料的物资调拨。

四、工作规范及要求

掌握 ERP 系统物资调拨流程。

五、考核及时间要求

（1）本考核操作时间为 30 分钟，时间到停止考评，包括操作现场清理。

（2）操作过程中，如果操作员出现无法继续操作的情况，可向考评员申请终止该项操作，该项操作项目不得分，但不影响其他项目。

（3）按照技能操作记录单的操作要求进行操作，正确记录操作结果。

技能等级评价专业技能考核操作评分标准

<table>
<tr><td>工种</td><td colspan="5">物资仓储作业员</td><td>评价等级</td><td>技师</td></tr>
<tr><td>项目模块</td><td colspan="4">信息化应用—ERP 系统应用</td><td>编号</td><td colspan="2">Jc0001242014</td></tr>
<tr><td>单位</td><td colspan="2"></td><td>准考证号</td><td colspan="2"></td><td>姓名</td><td></td></tr>
<tr><td>考试时限</td><td>30 分钟</td><td>题型</td><td colspan="3">单项操作</td><td>题分</td><td>100 分</td></tr>
<tr><td>成绩</td><td></td><td>考评员</td><td></td><td>考评组长</td><td></td><td>日期</td><td></td></tr>
<tr><td>试题正文</td><td colspan="7">完成一次项目物资退回到原材料的物资调拨</td></tr>
<tr><td>需要说明的问题和要求</td><td colspan="7">单人操作</td></tr>
<tr><td>序号</td><td>项目名称</td><td>质量要求</td><td>满分</td><td colspan="2">扣分标准</td><td>扣分原因</td><td>得分</td></tr>
<tr><td>1</td><td>输入事务代码</td><td>输入事物代码：MB1B</td><td>20</td><td colspan="2">操作不正确或不规范扣 20 分</td><td></td><td></td></tr>
<tr><td>2</td><td>填写抬头文本等</td><td>输入“凭证抬头文本”“移动类型：Y12”“特殊库存：Q”、工厂填写本单位一般工厂、库存地点填写项目物资所在库存地点，回车</td><td>20</td><td colspan="2">操作不正确或不规范扣 20 分</td><td></td><td></td></tr>
<tr><td>3</td><td>填写 WBS 元素等</td><td>填写 WBS 元素、物料、数量、批次，回车</td><td>20</td><td colspan="2">操作不正确或不规范扣 20 分</td><td></td><td></td></tr>
<tr><td>4</td><td>填写必填项</td><td>填写必填项：文本，回车</td><td>20</td><td colspan="2">操作不正确或不规范扣 20 分</td><td></td><td></td></tr>
<tr><td>5</td><td>保存</td><td>保存，生成转移凭证</td><td>20</td><td colspan="2">操作不正确或不规范扣 20 分</td><td></td><td></td></tr>
<tr><td colspan="2">合计</td><td></td><td>100</td><td colspan="2"></td><td></td><td></td></tr>
</table>

Jc0001242015 专业仓信息化建设的必备条件。（100 分）

考核知识点：专业仓建设

难易度：中

技能等级评价专业技能考核操作工作任务书

一、任务名称

专业仓信息化建设的必备条件。

二、适用工种

物资仓储作业员技师。

三、具体任务

列出专业仓信息化建设必备条件。

四、工作规范及要求

掌握国家电网有限公司专业仓建设标准。

五、考核及时间要求

（1）本考核操作时间为20分钟，时间到停止考评，包括操作现场清理。

（2）操作过程中，如果操作员出现无法继续操作的情况，可向考评员申请终止该项操作，该项操作项目不得分，但不影响其他项目。

（3）按照技能操作记录单的操作要求进行操作，正确记录操作结果。

技能等级评价专业技能考核操作评分标准

工种	物资仓储作业员					评价等级	技师
项目模块	专业知识一专业仓管理				编号	Jc0001242015	
单位			准考证号			姓名	
考试时限	20分钟	题型		单项操作		题分	100分
成绩		考评员		考评组长		日期	
试题正文	专业仓信息化建设的必备条件						
需要说明的问题和要求	单人操作						

序号	项目名称	质量要求	满分	扣分标准	扣分原因	得分
1	基本要求	具备实物收发货和库存管理功能，满足实物入仓、出仓、盘点等仓储基本作业需求	25	少填写一项扣10分；填写错误一项扣5分；扣完为止		
2	其他要求	系统需具备业务数据统计功能	25	少填写一项扣10分；填写错误一项扣5分；扣完为止		
3	扩展要求	应符合共享性、安全性、可扩充性、兼容性和统一性要求				
3.1	业务扩展要求	功能模块可扩展未来业务需求，各业务模块数据应互联互通、实时共享	25	少填写一项扣10分；填写错误一项扣5分；扣完为止		
3.2	数据统计要求	系统需具备数据统计、分析、定额自动预警功能，支撑业务开展	25	少填写一项扣10分；填写错误一项扣5分；扣完为止		
合计			100			

Jc0001242016　叉车作业“七不准”含义。(100分)

考核知识点：叉车作业

难易度：中

技能等级评价专业技能考核操作工作任务书

一、任务名称

叉车作业“七不准”含义。

二、适用工种

物资仓储作业员技师。

三、具体任务

列出叉车作业“七不准”。

四、工作规范及要求

掌握叉车作业“七不准”规定。

五、考核及时间要求

（1）本考核操作时间为30分钟，时间到停止考评，包括操作现场清理。

（2）操作过程中，如果操作员出现无法继续操作的情况，可向考评员申请终止该项操作，该项操作项目不得分，但不影响其他项目。

（3）按照技能操作记录单的操作要求进行操作，正确记录操作结果。

技能等级评价专业技能考核操作评分标准

工种	物资仓储作业员				评价等级	技师
项目模块	安全管理—仓储作业安全			编号	Jc0001242016	
单位		准考证号			姓名	
考试时限	30分钟	题型	单项操作		题分	100分
成绩		考评员		考评组长		日期
试题正文	叉车作业“七不准”含义					
需要说明的问题和要求	单人操作					

序号	项目名称	质量要求	满分	扣分标准	扣分原因	得分
1	第一不准	不准将货物升高做长距离行驶（高度大于500mm）	15	少操作一项扣15分； 操作不正确一项扣10分； 扣完为止		
2	第二不准	不准用货叉挑翻货盘和利用制动惯性溜放的方法卸货	15	少操作一项扣15分； 操作不正确一项扣10分； 扣完为止		
3	第三不准	不准直接铲运危险品	15	少操作一项扣15分； 操作不正确一项扣10分； 扣完为止		
4	第四不准	不准用单货叉作业	15	少操作一项扣15分； 操作不正确一项扣10分； 扣完为止		
5	第五不准	不准利用惯性装卸货物	10	少操作一项扣10分； 操作错误一项扣10分； 扣完为止		
6	第六不准	不准用货叉带人作业，货叉举起后货叉下严禁站人和进行维修工作	10	少操作一项扣10分； 操作错误一项扣10分； 扣完为止		
7	第七不准	不准用叉车去拖其他车，如确实需要叉车牵引，则需经过安全主任同意	20	少操作一项扣10分； 操作错误一项扣10分； 扣完为止		
合计			100			

Jc0001242017　应急物资保障信息的报送程序。（100 分）

考核知识点：信息报送

难易度：中

技能等级评价专业技能考核操作工作任务书

一、任务名称

应急物资保障信息的报送程序。

二、适用工种

物资仓储作业员技师。

三、具体任务

完成应急物资保障信息报送。

四、工作规范及要求

掌握应急物资保障信息报送相关内容。

五、考核及时间要求

本考核操作时间为 30 分钟，时间到停止考评。

技能等级评价专业技能考核操作评分标准

工种	物资仓储作业员				评价等级	技师
项目模块	专业知识—应急物资管理			编号	Jc0001242017	
单位		准考证号			姓名	
考试时限	30 分钟	题型	单项操作		题分	100 分
成绩	考评员		考评组长		日期	
试题正文	应急物资保障信息的报送程序					
需要说明的问题和要求	单人操作					

序号	项目名称	质量要求	满分	扣分标准	扣分原因	得分
1	首报	首报（2h 内）	30	操作不正确或不规范扣 30 分		
2	续报	续报（6h 内）	30	操作不正确或不规范扣 30 分		
3	专报	专报（每日 16:00）	40	操作不正确或不规范扣 40 分		
合计			100			

Jc0001242018　应急物资保障首报信息的内容。（100 分）

考核知识点：信息报送

难易度：中

技能等级评价专业技能考核操作工作任务书

一、任务名称

应急物资保障首报信息的内容。

二、适用工种

物资仓储作业员技师。

三、具体任务

列出应急物资保障首报信息相关内容。

四、工作规范及要求

掌握应急物资保障信息报送相关内容。

五、考核及时间要求

（1）本考核操作时间为20分钟，时间到停止考评，包括操作现场清理。

（2）操作过程中，如果操作员出现无法继续操作的情况，可向考评员申请终止该项操作，该项操作项目不得分，但不影响其他项目。

（3）按照技能操作记录单的操作要求进行操作，正确记录操作结果。

技能等级评价专业技能考核操作评分标准

工种	物资仓储作业员					评价等级	技师	
项目模块	专业知识—应急物资管理				编号	Jc0001242018		
单位			准考证号			姓名		
考试时限	20分钟		题型	单项操作		题分	100分	
成绩		考评员		考评组长		日期		
试题正文	应急物资保障首报信息的内容							
需要说明的问题和要求	单人操作							
序号	项目名称	质量要求		满分	扣分标准		扣分原因	得分
1	主要内容	首报信息主要包括事件基本情况、发生时间、灾害情况、影响范围等内容		40	操作不正确或不规范扣40分			
2	基本要求	首报信息拟报送国网物资部负责人，加强审核把关		40	操作不正确或不规范扣40分			
3	时间要求	原则上要求在灾害发生2h内完成首报工作		20	操作不正确或不规范扣20分			
合计				100				

Jc0001241019 口述仓储管理中，在ERP系统中的库存类型。(100分)

考核知识点：ERP物资模块

难易度：易

技能等级评价专业技能考核操作工作任务书

一、任务名称

口述仓储管理中，在ERP系统中的库存类型。

二、适用工种

物资仓储作业员技师。

三、具体任务

列出ERP系统中具体的库存类型。

四、工作规范及要求

掌握 ERP 系统中库存类型。

五、考核及时间要求

本考核操作时间为 30 分钟，时间到停止考评。

技能等级评价专业技能考核操作评分标准

工种	物资仓储作业员				评价等级	技师
项目模块	信息化应用—ERP 系统应用			编号	Jc0001241019	
单位		准考证号			姓名	
考试时限	30 分钟	题型	单项操作		题分	100 分
成绩		考评员		考评组长	日期	
试题正文	口述仓储管理中，在 ERP 系统中的库存类型					
需要说明的问题和要求	单人操作					

序号	项目名称	质量要求	满分	扣分标准	扣分原因	得分
1	第一种	非限制使用的库存	35	操作不正确或不规范扣 35 分		
2	第二种	质检的库存	35	操作不正确或不规范扣 35 分		
3	第三种	冻结的库存	30	操作不正确或不规范扣 30 分		
合计			100			

Jc0001241020　在发货操作中，必输的信息。（100 分）

考核知识点：ERP 物资模块

难易度：易

技能等级评价专业技能考核操作工作任务书

一、任务名称

在发货操作中，必输的信息。

二、适用工种

物资仓储作业员技师。

三、具体任务

列出 ERP 系统发货操作中必输的信息。

四、工作规范及要求

掌握 ERP 系统发货操作相关流程。

五、考核及时间要求

（1）本考核操作时间为 30 分钟，时间到停止考评，包括操作现场清理。

（2）操作过程中，如果操作员出现无法继续操作的情况，可向考评员申请终止该项操作，该项操作项目不得分，但不影响其他项目。

（3）按照技能操作记录单的操作要求进行操作，正确记录操作结果。

技能等级评价专业技能考核操作评分标准

<table>
<tr><td>工种</td><td colspan="5">物资仓储作业员</td><td>评价等级</td><td>技师</td></tr>
<tr><td>项目模块</td><td colspan="4">信息化应用—ERP 系统应用</td><td>编号</td><td colspan="2">Jc0001241020</td></tr>
<tr><td>单位</td><td colspan="2"></td><td>准考证号</td><td colspan="2"></td><td>姓名</td><td></td></tr>
<tr><td>考试时限</td><td colspan="2">30 分钟</td><td>题型</td><td colspan="2">单项操作</td><td>题分</td><td>100 分</td></tr>
<tr><td>成绩</td><td></td><td>考评员</td><td></td><td>考评组长</td><td></td><td>日期</td><td></td></tr>
<tr><td>试题正文</td><td colspan="7">在发货操作中，必输的信息</td></tr>
<tr><td>需要说明的问题和要求</td><td colspan="7">单人操作</td></tr>
</table>

<table>
<tr><td>序号</td><td>项目名称</td><td>质量要求</td><td>满分</td><td>扣分标准</td><td>扣分原因</td><td>得分</td></tr>
<tr><td>1</td><td>信息一</td><td>物料</td><td>25</td><td>操作不正确或不规范扣 25 分</td><td></td><td></td></tr>
<tr><td>2</td><td>信息二</td><td>发货数量</td><td>25</td><td>操作不正确或不规范扣 25 分</td><td></td><td></td></tr>
<tr><td>3</td><td>信息三</td><td>库存地点</td><td>25</td><td>操作不正确或不规范扣 25 分</td><td></td><td></td></tr>
<tr><td>4</td><td>信息四</td><td>记账日期</td><td>25</td><td>操作不正确或不规范扣 25 分</td><td></td><td></td></tr>
<tr><td colspan="2">合计</td><td></td><td>100</td><td></td><td></td><td></td></tr>
</table>

Jc0001241021 仓储业务管理包含的内容。(100 分)

考核知识点： 仓储业务管理内容

难易度： 易

技能等级评价专业技能考核操作工作任务书

一、任务名称

仓储业务管理包含的内容。

二、适用工种

物资仓储作业员技师。

三、具体任务

列出仓储业务管理工作具体内容。

四、工作规范及要求

掌握仓储业务管理工作相关内容。

五、考核及时间要求

(1) 本考核操作时间为 30 分钟，时间到停止考评，包括操作现场清理。

(2) 操作过程中，如果操作员出现无法继续操作的情况，可向考评员申请终止该项操作，该项操作项目不得分，但不影响其他项目。

(3) 按照技能操作记录单的操作要求进行操作，正确记录操作结果。

技能等级评价专业技能考核操作评分标准

<table>
<tr><td>工种</td><td colspan="5">物资仓储作业员</td><td>评价等级</td><td>技师</td></tr>
<tr><td>项目模块</td><td colspan="4">专业知识—仓储业务管理</td><td>编号</td><td colspan="2">Jc0001241021</td></tr>
<tr><td>单位</td><td colspan="2"></td><td>准考证号</td><td colspan="2"></td><td>姓名</td><td></td></tr>
</table>

续表

考试时限	30分钟		题型	单项操作		题分	100分
成绩		考评员		考评组长		日期	
试题正文	仓储业务管理包含的内容						
需要说明的问题和要求	单人操作						

序号	项目名称	质量要求	满分	扣分标准	扣分原因	得分
1	内容一	仓库网络规划	20	操作不正确或不规范扣20分		
2	内容二	仓库注册	20	操作不正确或不规范扣20分		
3	内容三	设备设施	20	操作不正确或不规范扣20分		
4	内容四	消防安全	20	操作不正确或不规范扣20分		
5	内容五	仓储信息	10	操作不正确或不规范扣10分		
6	内容六	物资入库、出库、盘点、存储、报废等	10	操作不正确或不规范扣10分		
合计			100			

第五部分
高级技师

第九章　物资仓储作业员高级技师技能笔答

Jb0001133001　县公司物资供应分中心（仓储配送班组）是本单位应急物资储备、配送的具体实施单位，其主要职责是什么？（5分）

考核知识点：工作职责

难易度：难

标准答案：

（1）负责所辖范围内应急物资储备、供应、调配、仓库日常管理等具体实施工作；建立实物储备物资检查、保养、周转等机制。

（2）根据物资保障预警信息，做好应急物资保障准备工作；跟踪、反馈应急物资响应过程信息。

（3）根据总部、省公司安排，开展应急物资保障演练与应急人员培训工作。

Jb0001133002　各级安监、设备、后勤等专业部门承担着应急物资储备目录及定额制定、储备需求申报及应急物资使用管理等工作，其主要职责是什么？（5分）

考核知识点：工作职责

难易度：难

标准答案：

（1）负责提出应急物资储备需求，组织开展应急实物储备物资到货验收工作。

（2）负责存储于项目单位专业仓的应急实物储备物资管理工作，配合开展应急物资调配。

（3）建立专业仓应急实物储备物资检查、保养、周转等机制。

（4）负责组织收集、汇总应急物资需求，配合开展应急物资寻源与应急采购工作。

（5）负责申请应急储备项目，办理物资领用等相关手续。

Jb0001132003　应急物资资源的分类及具体包括什么？（5分）

考核知识点：应急物资资源分类

难易度：中

标准答案：

应急物资资源主要分为物力资源和运力资源。物力资源包括实物库存资源、协议库存资源、办公用品及非电网零星物资资源、采购合同订单资源、应急物资采购资源等。运力资源包括框架协议运输服务商、社会物流企业及物资供应商的运输资源。

Jb0001133004　应急物资保障工作组组长的职责是什么？（5分）

考核知识点：应急物资保障

难易度：难

标准答案：

研究决定物资资源调配、应急物资采购等应急物资保障重大事项，向应急领导小组呈报物资供应保障情况，根据事态发展适时组建现场物资保障部。

Jb0001131005 应急物资保障工作组副组长的职责是什么？（5分）

考核知识点：应急物资保障

难易度：易

标准答案：

协助组长开展应急物资保障工作，协调各专业解决应急物资保障中遇到的重大问题，统筹协调资源调配、应急采购等保障工作。

Jb0001131006 应急物资保障工作组综合协调组的职责是什么？（5分）

考核知识点：应急物资保障

难易度：易

标准答案：

综合协调组，由物资部、物资公司应急物资保障牵头处室（部室）相关人员组成。落实应急办安排的各项工作，协同物资调配组、应急采购组完成应急物资保障任务，做好应急物资保障信息跟踪反馈，适时开展应急评估总结。

Jb0001131007 应急物资保障工作组物资调配组的职责是什么？（5分）

考核知识点：应急物资保障

难易度：易

标准答案：

物资调配组，由各级供应链运营中心相关人员组成。启动24h值班和日报告机制，跟踪应急保障全过程信息。统筹物资资源，制定并落实物资调配方案；匹配协议库存合同，下达应急采购供货单，催交催运应急采购物资，完成应急物资保障任务。

Jb0001131008 应急物资保障工作组物资应急采购组的职责是什么？（5分）

考核知识点：应急物资保障

难易度：易

标准答案：

由物资部、物资公司计划、招标采购处室（部室）相关人员组成。根据应急物资需求，组织开展应急物资采购工作。

Jb0001131009 协议库存资源是什么？（5分）

考核知识点：应急物资保障

难易度：易

标准答案：

协议库存资源是指应用协议库存合同采购结果，应急状态下调用供应商库存或安排紧急生产的应急物资保障资源。

Jb0001131010 办公用品及非电网物资资源是指什么？（5分）

考核知识点：应急物资保障

难易度：易

标准答案：

办公用品及非电网物资资源是指应用寻源采购结果，应急状态下在选购专区选购的防护用品、零星物资等应急物资保障资源。

Jb0001132011　采购合同订单资源是什么？（5分）

考核知识点：应急物资保障

难易度：中

标准答案：

采购合同订单资源是指满足供货需要的在执行物资采购合同，应急状态下开展跨项目采购订单调配的应急物资保障资源。

Jb0001132012　应急物资采购是指什么？（5分）

考核知识点：应急物资保障

难易度：中

标准答案：

应急物资采购是指当实物库存、协议库存、选购专区、采购合同订单等方式均无法满足应急抢修物资供应时采取应急采购方式。应急采购由灾害地区所在地省公司组织开展。总部采购目录范围内物资应急采购后，报总部备案。

Jb0001132013　国网物资公司是公司应急物资工作的归口管理部门，其主要职责是什么？（5分）

考核知识点：工作职责

难易度：中

标准答案：

（1）负责制订公司应急物资管理规章制度和办法。

（2）负责公司应急物资管理体系建设，组织开展应急物资采购、储备供应、调配等工作。

（3）负责收集、跟踪、反馈应急响应全过程信息；收集应急采购备案信息。

（4）负责组织实施国网应急物资储备库物资采购与补库；指导、监督国网应急物资储备仓库日常管理。

Jb0001133014　省公司物资部是本单位应急物资工作的归口管理部门，其主要职责是什么？（5分）

考核知识点：工作职责

难易度：难

标准答案：

（1）负责本单位应急物资管理体系建设，组织开展应急物资采购、储备、供应、调配等工作。

（2）负责组织开展省内应急物资采购和调配工作，协调应急物资供应重大问题；配合实施跨省应急物资调配。

Jb0001133015　库存物资经鉴定（或试验）不满足技术条件或已到保质期限需报废的，应在三个月内办理报废手续，具体流程是什么？（5分）

考核知识点：物资报废流程

难易度：难

标准答案：

（1）物资公司（中心）依据盘点结果，按季度梳理出不满足技术条件或已到保质期的库存物资清单。

（2）物资公司（中心）组织专业管理部门开展库存物资技术鉴定工作。

（3）物资公司（中心）、专业管理部门填写库存物资技术鉴定单。

（4）鉴定不可用的物资，由物资公司（中心）提出库存物资报废申请，履行报废处置流程。

Jb0001133016 公司总部专业管理部门的主要职责是什么？（5分）

考核知识点：工作职责

难易度：难

标准答案：

（1）具有库存储备需求的专业部门负责组织制订本专业储备定额标准，审查、平衡和优化各单位上报的库存物资储备定额。

（2）负责提出本专业退库和库存物资、退役资产鉴定原则和标准，提出退役资产维护、检修和试验原则和标准。

（3）负责组织开展专业分工内的总部资产退库和库存物资、退役资产的技术鉴定，审核专业分工内的待报废物资和资产申请，并办理资产报废手续。

（4）组织开展本专业库存闲置物资跨省需求匹配；组织实施库存闲置物资专业技术鉴定及试验维修工作；组织开展本专业在库退役设备跨省调配工作。

（5）信息通信部负责组织开展物力集约化信息系统仓储配送模块建设，负责组织开展技术支持、应用集成和系统运行维护管理。

Jb0001133017 采购物资入库流程是什么？（5分）

考核知识点：物资出入库

难易度：难

标准答案：

（1）对直接采购入库物资，物资公司（中心）[包括县公司仓储班，均称为物资公司（中心）]根据物资交接单、到货验收单和物资到货验收有关要求，与供应商办理交接和验收，验收合格后办理入库手续。特殊物资或重要设备应组织项目建设管理部门、专业管理部门、监理单位、施工单位、供应商共同进行验收。

（2）对现场不具备交货条件，需要在仓库暂存的项目物资，物资公司（中心）办理完入库手续后，要及时将入库信息提供到相关项目建设管理部门。项目物资在仓库暂存时间原则上不得超过360天。项目暂存物资的二次运输、装卸等费用按照“谁暂存，谁负责”原则承担。

Jb0001133018 项目间直接利库使用的工程结余物资的具体流程是什么？（5分）

考核知识点：工程结余物资管理

难易度：难

标准答案：

（1）项目间直接利库使用的工程结余物资，由项目建设管理部门编制工程结余物资现场利库单，明确利库物资型号、规格、数量、利库项目及时限等，交由项目建设管理单位进行现场利库。

（2）项目建设管理单位依据利库单，将结余物资及技术资料移交至利库项目现场，双方签字确认后将现场移交单据反馈至项目建设管理部门、物资部门。

（3）项目建设管理部门发起退库申请流程及利库项目领用申请，物资部门核对退库申请和领用申请，办理退库及领用手续。

Jb0001133019　在库保管退役资产再利用物资的具体流程是什么？（5分）

考核知识点：退役资产管理

难易度：难

标准答案：

（1）在库保管退役资产再利用，由实物资产管理部门负责利库调配，协调项目管理部门优先在基建、技改等项目中使用。

（2）项目管理部门在满足项目需要的前提下，在项目可研、初步设计阶段，对照可利用库存信息表，优先选用可用退役资产。

Jb0001131020　简述在ERP系统中创建采购申请的事务代码及系统路径。（5分）

考核知识点：ERP物资模块

难易度：易

标准答案：

在ERP系统中创建采购申请的事务代码ME51N，系统路径采购管理→采购申请→创建采购申请。

Jb0001131021　应急物资保障体系包括什么？（5分）

考核知识点：应急物资保障

难易度：易

标准答案：

公司建立总部、省、地（市）三级应急物资保障体系，包括组织保障、资源保障、程序保障和支撑保障。

Jb0001133022　国网物资部（招投标管理中心）是公司应急物资工作的归口管理部门，其主要职责是什么？（5分）

考核知识点：工作职责

难易度：难

标准答案：

（1）负责制订公司应急物资管理规章制度和办法。

（2）负责公司应急物资管理体系建设，组织开展应急物资采购、储备、供应、调配等工作。

（3）负责组织制定公司应急物资跨省调配方案，组织开展跨省应急物资调配；协调应急物资供应重大问题。

（4）负责组织制定公司应急物资保障预案，组织开展应急演练。

（5）负责组织开展公司应急物资保障工作的总结与评估。

（6）负责公司应急物资管理工作的指导、监督、检查和考核。

Jb0001133023　国网物资公司在国网物资部（招投标管理中心）的业务管理下，承担公司应急物资管理的具体实施工作，其主要职责是什么？（5分）

考核知识点：工作职责

难易度：难

标准答案：

（1）负责组织实施国网应急物资储备库物资采购与补库；指导、监督国网应急物资储备仓库日常管理。

（2）依托供应链运营中心，发布应急物资保障预警信息；制定应急物资跨省调配方案，组织实施跨省应急物资调拨与配送。

（3）负责收集、跟踪、反馈应急响应全过程信息；收集应急采购备案信息。

（4）根据总部安排，组织开展应急物资保障演练与应急物资保障人员培训。

（5）负责协助总部开展公司应急物资管理体系建设，开展应急物资保障工作总结与评估。

Jb0001133024　概述跨省物资调配的两种方式。（5分）

考核知识点：物资出入库

难易度：难

标准答案：

（1）采用划转方式调配的，由公司统一组织按批次开展，划转双方应为公司所属各级全资单位。

（2）采用销售方式的，由调出、调入方协商一致后直接实施。调出单位根据评估价确定销售价格，调出、调入双方协商签订销售合同，依据合同开展后续工作。

Jb0001131025　室内堆放区的作用是什么？（5分）

考核知识点：仓储标准化管理

难易度：易

标准答案：

仓库室内地面用于堆放物资的区域，主要用于储存各类体积、质量较大和不适用于货架存储的物资。

Jb0001131026　进入库区作业人员要求是什么？（5分）

考核知识点：仓储标准化管理

难易度：易

标准答案：

必须佩戴安全帽。外单位机动车辆需登记后方可进入库区，并按指定位置停放。严禁携带任何易燃、易爆、有毒有害等危险品进入仓库。

Jb0001132027　调配物资入库流程是什么？（5分）

考核知识点：物资出入库

难易度：中

标准答案：

调入单位物资公司（中心）按照上级调配通知单（划转方式）或销售合同（销售方式），与调出单位办理交接验收，双方在调配物资交接单上签字确认，验收合格后办理入库手续。

Jb0001131028　什么是实物库存？（5分）

考核知识点：实物库存定义

难易度：易

标准答案：

存放在公司各级仓库的储备定额物资、项目暂存物资、工程结余退库物资、供应商寄存物资、废旧物资和退出退役保管资产等。

Jb0001133029　存储类型按什么等因素区分储存设备或区域？（5分）

考核知识点：仓储业务管理业务专业术语的定义

难易度：难

标准答案：

（1）存储类型按空间、货架类型、存储要求等因素区分储存设备或区域，这些设备或区域被定义为一种存储区域或“存储类型”。

（2）如高架货架、平面存储、室外棚架等。

Jb0001133030　概述仓库作业区的具体作用。（5分）

考核知识点：仓储标准化管理

难易度：难

标准答案：

（1）装卸区：用于物资交接、装卸的区域。

（2）入库待检区：用于存放已完成收货交接，尚未通过验收的物资。

（3）收货暂存区：用于存放已通过验收，因各种原因尚未进入货位的物资。

（4）不合格品暂存区：用于存放未通过验收的物资。

（5）出库（配送）理货区：用于按领料或转储需求提前从系统内出库，将物资实物从存储区货位转移到该区域进行整理和暂时存放物资的区域。

（6）仓储装备区：用于停放仓储作业所需设备的区域，主要存放吊车、叉车、堆垛机、液压手推车、平板手推车、托盘、钢丝绳、蓬布等装备。

Jb0001132031　报废物资和再利用物资的定义是什么？（5分）

考核知识点：废旧物资处置流程

难易度：中

标准答案：

（1）报废物资是指完成报废手续办理的固定资产、流动资产、低值易耗品及其他废弃物资等。

（2）再利用物资是指经技术鉴定为可使用的退出物资。

Jb0001132032　废旧物资和再利用物资管理包括哪些流程？（5分）

考核知识点：废旧物资处置流程

难易度：中

标准答案：

（1）废旧物资管理包括计划管理、技术鉴定、拆除回收、报废审批、移交保管、竞价处置、资金回收、实物交接。

（2）再利用物资入库保管、利库调配、账务处理等全过程管理。

Jb0001133033　在废旧物资管理中物资部门负责哪些工作？（5分）

考核知识点：工作职责

难易度：难

标准答案：

（1）负责报废物资处置管理，组织开展报废物资的接收保管、集中处置、网上竞价、合同签订、实物交接、资金回收、回收商管理及资料归档等工作。

（2）负责组织开展库存物资技术鉴定、办理报废手续，组织汇总废旧物资处置计划。

（3）负责协同专业部门对废旧物资管理工作进行指导、监督、检查和考核。

Jb0001133034　在废旧物资管理中设备管理部门负责哪些工作？（5 分）

考核知识点：工作职责

难易度：难

标准答案：

（1）负责组织制定与跟踪管控年度实物资产退役退出计划。

（2）负责组织专业分工内的退役退出实物资产技术鉴定及报废审批工作。

（3）对于涉及实物资产拆除的技改、配电网建设等项目，负责组织开展拆除资产清单编制、拆除费用估算审查、处置意见制定、实物拆除、临时保管及回收移交等工作。

（4）组织开展本专业退出物资技术鉴定、试验维修及跨省调配合等工作。

Jb0001133035　实物使用保管单位（部门）的主要职责是什么？（5 分）

考核知识点：工作职责

难易度：难

标准答案：

（1）负责定期开展实物清点，根据可研安排提出拟退役资产清单和鉴定评估需求，提供拟退役资产基础资料。

（2）负责提出退役资产报废申请，报送实物（资产）管理部门、财务部门办理报废审批手续。

（3）负责配合退役资产拆除、回收、交接的过程管理及监督，参与确认应拆、实拆、实交量。

（4）配合开展退出物资清点与移交，保证移交物资规格型号及数量（重量）账物一致。

（5）配合实物（资产）管理部门开展退役退出实物的技术鉴定；参与报废物资价值评估及报废物资处置活动。

Jb0001133036　未到报废年限但无法再利用、历史遗留确实无法做到账物完全对应的实物资产应该如何处理？（5 分）

考核知识点：物资报废流程

难易度：难

标准答案：

（1）由实物使用保管单位（部门）说明原因，实物（资产）管理部门、财务部门审核确认，开辟资产报废特殊通道，原则上在报废申请发起 12 个月内完成。

（2）对已符合报废条件但因企业经营需要无法当年报废的，应在下一年度中统筹安排，报废办理时限不得超过 24 个月。

Jb0001133037　属于国家规定的秘密载体、磁盘介质载体的特殊性报废物资都有哪些？（5 分）

考核知识点：物资报废流程

难易度：难

标准答案：

属于国家规定的秘密载体、磁盘介质载体的特殊性报废物资。主要包括涉密计算机和涉及公司重要商业秘密的计算机、笔记本电脑、服务器和数码复印机等，以及属于商用密码产品的特殊性报废物资（包含密码机、加密机、加密认证装置等）。

Jb0001132038 国家强制性管理的报废车辆如何处置？（5分）

考核知识点：物资报废流程

难易度：中

标准答案：

由实物管理部门组织实物使用保管单位（部门）按照《报废汽车回收管理办法》《机动车强制报废标准规定》，依据当地车辆报废有关规定进行处置。

Jb0001132039 退出物资应建立盘活利用常态机制，加快库存周转，避免形成库存积压。原则上入库后24个月内完成利库出库，超过24个月仍无法利用的，可采取对内对外销售或上一级单位实施无偿划转方式解决。再利用方式包括哪些？（5分）

考核知识点：平衡利库

难易度：中

标准答案：

（1）本单位内部调配。

（2）上一级单位组织不同单位间资产（实物）划转。

（3）销售双方达成一致意见后，采取平价或折价销售。

Jb0001133040 退出物资入库如何进行管理？（5分）

考核知识点：物资出入库

难易度：难

标准答案：

（1）退出物资入库后统一纳入库存管理，物资管理单位（部门）及时在ERP系统登记入账，保证账卡物一致，做好日常保管保养工作。

（2）专业管理部门负责库存可再利用资产的修复、试验、维护保养，确保随时可调可用。

（3）经专业检测不具备再利用价值的，及时履行报废手续。

Jb0001133041 退役资产拆除过程中需要做哪些工作？（5分）

考核知识点：退役资产管理

难易度：难

标准答案：

（1）施工单位应严格按照合同约定、拟拆除计划开展现场拆除工作，项目管理部门组织实物使用保管单位（部门）、监理单位进行现场监督。

（2）对于因特殊情况无法做到足额回收的，项目管理单位（部门）组织施工单位做好现场取证工作，出具有关说明。

Jb0001131042 实物资源是指什么？（5分）

考核知识点：实物资源定义

难易度：易

标准答案：

实物资源是指存放在公司各级物资库、专业仓和项目现场的储备定额物资、项目暂存物资、工程结余物资、供应商寄存物资、零星物资及办公用品、报废物资、退役资产以及供应商库存等。

Jb0001131043 什么是实物资源“一本账”？（5分）

考核知识点： 一本账管理

难易度： 易

标准答案：

公司通过企业管理信息系统，规范物资库库存、专业仓实物管理，准确反映在库、在仓实物资源信息，实现线上、线下信息一致性。

Jb0001131044 什么是专业仓？（5分）

考核知识点： 专业仓定义

难易度： 易

标准答案：

公司各级生产、营销、调控等专业用于暂存已领用、未消耗的零星生产运维、备品备件、项目暂存等物资的场所。

Jb0001131045 什么是工程结余物资？（5分）

考核知识点： 工程结余物资管理

难易度： 易

标准答案：

由于实际用量少于需求量而产生的结余物资，包括因项目规划变更、取消、暂停、设计变化、需求计划不准等原因引起的结余物资。

Jb0001131046 什么是退役资产？（5分）

考核知识点： 退役资产管理

难易度： 易

标准答案：

因自身性能、技术、经济性等原因离开安装位置，退出运行并在库、在仓保管的设备和主要材料。

Jb0001131047 什么是项目暂存物资？（5分）

考核知识点： 实物资源定义

难易度： 易

标准答案：

由于现场不具备收货条件，临时保管在物资库或专业仓中，最终用于工程项目建设的物资。

Jb0001131048 什么是供应商寄存物资？（5分）

考核知识点： 实物资源定义

难易度： 易

标准答案：

依据采购合同约定，由供应商提前将货物存放在物资库中，待需求确定、领用出库后再办理结算的物资。

Jb0001131049　什么是供应商寄存实物？（5分）

考核知识点：实物资源定义

难易度：易

标准答案：

供应商已生产好且试验合格的产成品和关键组部件，存放在供应商仓库，应急情况下可随时调配利用的实物。

Jb0001132050　库存物资平衡利库在哪个阶段开展？（5分）

考核知识点：平衡利库

难易度：中

标准答案：

按照“谁形成库存、谁负责利库”的原则，项目/专业管理部门在项目可研、初步设计阶段，对照可利用库存物资信息，优先选用库存物资或可用退役资产。

Jb0001132051　库存物资平衡利库流程是什么？（5分）

考核知识点：平衡利库

难易度：中

标准答案：

（1）县公司物资供应分中心收集本单位物资需求，与库存物资匹配后形成库存物资利用计划，并组织实施，本单位无法满足上报市公司采购需求。

（2）地市物资部（物资供应中心）收集本地市物资需求，与库存物资匹配后形成库存物资利用计划，并组织实施；本地市无法满足需求时，在全省可调配库存物资清单中进行匹配，若满足需要，形成跨地市调配申请，报省级供应链运营中心审核；若不满足需要，形成物资采购需求上报省公司。

（3）省物资公司收集汇总各地市公司物资采购需求和跨地市调配申请，在全省可调配库存物资清单中进行匹配和复核。若满足需要，汇总形成本省库存物资利用计划。不满足需要的，执行物资采购流程。

（4）省物资部审核本省库存物资利用计划，审核同意后由省物资公司线上下达调配通知单，组织实施物资调配。

Jb0001132052　跨省调配有哪几种方式？（5分）

考核知识点：平衡利库

难易度：中

标准答案：

跨省物资调配可采取划转或销售两种方式。

（1）采取划转方式的，拟调入单位提出调配申请，完成本单位内部审批后，拟调出单位根据协商意见，填写调配确认单，并将双方单据提报至总部供应链运营中心（ESC）。

（2）采用销售方式的，由调出、调入方协商一致后直接实施。调出单位根据评估价确定销售价格，调出、调入双方协商签订销售合同，依据合同开展后续工作。

Jb0001132053　专业仓注册由哪个部门审批？哪个部门确认？（5分）

考核知识点：专业仓建设

难易度：中

标准答案：

专业仓注册由省公司各专业部门审批、物资部门审核确认。

Jb0001133054　专业仓注册时的编码规则是什么？（5分）

考核知识点：专业仓建设

难易度：难

标准答案：

专业仓编码规则为单位代码+地市代码+区县代码+专业仓类型+自定义代码（注：直辖市公司为单位代码+区县代码+专业仓类型+自定义代码）。

Jb0001132055　专业仓的命名规则是什么？请举例说明。（5分）

考核知识点：专业仓建设

难易度：中

标准答案：

命名规则为省公司+单位简称+班组站所名称+专业（生产、营销、安监、调控、后勤、基建等）。

例如：国网山东电力临沂供电公司变电检修室生产仓、国网安徽电力合肥供电公司刘桥供电所生产仓、国网安徽电力合肥供电公司变电检修后勤仓。

Jb0001132056　专业仓物资入仓分为几种类型？（5分）

考核知识点：专业仓作业管理

难易度：中

标准答案：

入仓分为出库待用实物入仓、调配实物入仓、借用归还入仓、装备及工器具类实物入仓、工程结余物资入仓、可用退役资产入仓、待报废实物入仓等。

Jb0001132057　什么是出库待使用实物入仓？（5分）

考核知识点：专业仓作业管理

难易度：中

标准答案：

各级物资库出库待使用的实物，通过自主领用、按需配送等方式配送至专业仓，出库信息自动推送至专业仓管理系统，仓管专责核对品种、规格、数量后，完成实物接收，根据物资库推送信息完成入仓操作。

Jb0001132058　什么是调配实物入仓？（5分）

考核知识点：专业仓作业管理

难易度：中

标准答案：

专业仓存放的实物按需实施调配，同单位、同类型的专业仓间实物调配可直接进行跨仓调配操作，完成实物交接；同单位、不同类型的专业仓间实物调配由各对口专业部门线上确认后实施；跨单位专业仓间实物调配由上级对口专业部门线上审核后实施。调入方仓管专责核对调配实物信息无误后，接收实物并在系统中办理入仓操作。

Jb0001132059　什么是退役资产实物入仓？（5分）

考核知识点：专业仓作业管理

难易度：中

标准答案：

经专业管理部门鉴定为可用的退役资产，可退至物资库或由实物使用保管单位（部门）存放在专业仓中保管，并及时办理信息系统入仓操作。

Jb0001133060　如何实现仓物资遵循“加快消纳”？（5分）

考核知识点：专业仓作业管理

难易度：难

标准答案：

（1）建立专业仓平衡利仓工作机制，对于项目现场物资需求，在物资库平衡利库前，优先通过平衡利仓方式满足需求。

（2）建立在仓物资跨仓、跨区调配工作机制，对于超期存放物资，专业管理部门通过跨仓、跨区调配，加快专业仓物资消纳。

（3）对于在仓项目暂存物资，专业/项目管理部门应加快项目实施，尽快完成物资领用出仓。

（4）建立常态化消纳机制，对于专业仓积压实物，采取调配、转备品备件、盘盈、修复利用等方式，加快消纳和利用。

Jb0001132061　专业仓应设置哪些安防设施？（5分）

考核知识点：专业仓建设

难易度：中

标准答案：

应在公安机关的指导下，根据实际需要安装视频采集等公共安全技术防范设施，具备条件的专业仓可选配红外报警装置、电子围栏系统与远程公安监管系统联网。

Jb0001133062　简述启用WM仓储管理的实体库库存盘点流程。（5分）

考核知识点：ERP物资模块

难易度：难

标准答案：

（1）在创建盘点凭证前，完成所有未清的上下架、记账变更业务。

（2）使用事物代码LI01N创建盘点凭证。

（3）使用事物代码LI02N激活盘点凭证（非必需，如LI01N未激活，则需此步骤）。

（4）使用事物代码LI11N录入盘点结果。

（5）使用事物代码LI20结算WM盘点差异。

（6）使用事物代码LI21结算IM盘点差异（非必需，如盘点结果与实际库存存在差异，则需此步骤）。

Jb0001132063　为本单位实体库仓位F01-010101创建盘点凭证流程是什么？（5分）

考核知识点：ERP物资模块

难易度：中

标准答案：

（1）输入事物代码 LI01N。

（2）仓库号输入本单位实体编码，仓储类型填 F01，回车。

（3）在“创建系统库存记录”界面，输入仓位：F01-010101。

（4）点击激活，系统生成盘点凭证后，记录盘点凭证号。

Jb0001132064　完成一次项目物资退回到原材料的物资调拨？（5 分）

考核知识点：ERP 物资模块

难易度：中

标准答案：

（1）输入事物代码：MB1B。

（2）输入“凭证抬头文本”“移动类型：Y12”“特殊库存：Q”、工厂填写本单位一般工厂、库存地点填写项目物资所在库存地点，回车。

（3）填写 WBS 元素、物料、数量、批次，回车。

（4）填写必填项：文本，回车。

（5）保存，生成转移凭证。

Jb0001131065　简述打印本单位出库单、转储单步骤。（5 分）

考核知识点：ERP 物资模块

难易度：易

标准答案：

（1）输入事物代码 ZMM29002。

（2）选择“物资出库单”或“物资转储单”。

（3）输入本单位工厂，出库或转储时间。

（4）点击执行，勾选需打印的凭证，选择打印格式打印。

Jb0001132066　专业仓信息化建设必备条件是什么？（5 分）

考核知识点：专业仓建设

难易度：中

标准答案：

具备实物收发货和库存管理功能，满足实物入仓、出仓、盘点等仓储基本作业需求，系统需具备业务数据统计功能。应符合共享性、安全性、可扩充性、兼容性和统一性要求。功能模块可扩展未来业务需求，各业务模块数据应互联互通、实时共享。系统需具备数据统计、分析、定额自动预警功能，支撑业务开展。

Jb0001132067　专业仓信息化建设可选条件是什么？（5 分）

考核知识点：专业仓建设

难易度：中

标准答案：

具备条件的单位，实现入仓货位智能分配，库存可视化管理，在仓实物数据分析，问题预警监测；应用 WCS 仓储设备控制系统调度自动化物流设备，实现实物装卸、搬运自动化；采用人脸识别、智能感知等先进技术，应用智能化设备进行实物资源管控。

Jb0001132068　叉车作业“七不准”是什么？（5分）

考核知识点：叉车作业

难易度：中

标准答案：

（1）不准将货物升高做长距离行驶（高度大于500mm）。

（2）不准用货叉挑翻货盘和利用制动惯性溜放的方法卸货。

（3）不准直接铲运危险品。

（4）不准用单货叉作业。

（5）不准利用惯性装卸货物。

（6）不准用货叉带人作业，货叉举起后货叉下严禁站人和进行维修工作。

（7）不准用叉车去拖其他车，如确实需要叉车牵引，则需经过安全主任同意。

Jb0001132069　叉车作业时遇到意外该如何处理？（5分）

考核知识点：叉车作业

难易度：中

标准答案：

（1）紧伏到方向盘上或操作手柄，并抓紧方向盘或操作手柄。

（2）身体靠在叉车倾倒方向的反面。

（3）注意防止损伤头部或胸部，叉车翻车时千万不能跳车。

Jb0001132070　叉车作业车辆停车有何要求？（5分）

考核知识点：叉车作业

难易度：中

标准答案：

（1）尽量避免停在斜坡上，如不可避免，则应取其他可靠物件塞住车轮拉紧手刹并熄火。停放时应将货叉降到最底位置，拉紧后刹车，切断电路，并不能停放在纵坡大于5%的路段上。

（2）不能将叉车停在紧急通道、出入口、消防设施旁。

（3）叉车暂时不使用时应关掉电源，拉刹车。

Jb0001132071　叉车作业车辆充电有何要求？（5分）

考核知识点：叉车作业

难易度：中

标准答案：

（1）使用充电器时，要选用与叉车配套的充电器，要轻拿轻放。

（2）充完电后，应先关掉电源，再拉出充电器插头，并将充电器挂好，严禁随意放在地上。

Jb0001132072　国家电网公司加强实物资源管理的工作目标是什么？（5分）

考核知识点：实物资源管理目标

难易度：中

标准答案：

（1）构建实物资源协同管理体系。

（2）实现实物资源合理高效调配。

（3）提升仓储配送服务支撑能力。
（4）提高实物规范化管理水平。

Jb0001132073　构建实物资源协同管理体系的内容是什么？（5分）
考核知识点：实物资源管理体系
难易度：中
标准答案：
发挥物资专业管理优势，形成物资部门管“库”，专业部门管“仓”，项目部门管“现场”，职责清晰、分工明确、资源共享的跨专业协同机制，构建“库、仓、现场”全量实物资源协同管理体系。

Jb0001132074　实现实物资源合理高效调配的内容是什么？（5分）
考核知识点：实物资源调配内容
难易度：中
标准答案：
推进实物资源“线上”管控，依托供应链运营中心，搭建跨专业实物“数字资源池”，实现信息共享、资源共享。健全逐级平衡利库和跨行政区域调配机制，加快实物库存周转，库存周转率不低于4次/年。

Jb0001132075　提升仓储配送服务支撑能力的内容是什么？（5分）
考核知识点：“检储配”业务
难易度：中
标准答案：
完善以省中心库、市周转库、县终端库为支撑的物资仓储配送体系，推进“检储配”一体化建设，推行入库物资“集中检测、合格入库、统一配送”，确保物资质量，实现3个工作日内配送到位。加强“平战结合”的仓储配送体系建设，平时服务运维、灾时保障供应。

Jb0001132076　提高实物规范化管理水平的内容是什么？（5分）
考核知识点：实物规范化管理
难易度：中
标准答案：
应用仓储管理系统（WMS）及物联网技术，推进实物ID在各场景应用，实现物资出入库、结余盘点等作业自动化、智能化与电子化，确保各级实物管理账实相符、账物一致，推动“库”“仓”“现场”实物管理同质同效。

Jb0001133077　实物资源管理中完善协同共管的运作机制的内容是什么？（5分）
考核知识点：实物规范化管理
难易度：难
标准答案：
（1）完善实物库存管理机制。
（2）完善实物信息共享机制。
（3）完善平衡利库机制。
（4）完善协调会商机制。

Jb0001133078　实物资源管理中完善仓储配送体系的内容是什么？（5分）
考核知识点：“检储配”业务
难易度：难
标准答案：
（1）优化物资库网络布局。
（2）明晰管理职责及物资库定位。
（3）开展“检储配”一体化建设。
（4）开展物资配送业务。
（5）提高仓库智能化水平。
（6）加强仓库安全管理。

Jb0001133079　实物资源管理中加强应急物资体系建设的内容是什么？（5分）
考核知识点：实物资源管理体系
难易度：难
标准答案：
（1）加强应急物资储备体系建设。
（2）加强两级供应链运营中心建设。
（3）加强应急物资业务在线应用。

Jb0001133080　实物资源管理中规范物资库实物管理的内容是什么？（5分）
考核知识点：实物管理内容
难易度：难
标准答案：
（1）确保账实相符一致。
（2）规范借用物资管理。
（3）加快在库退役资产周转。

Jb0001133081　实物资源管理中规范专业仓实物管理的内容是什么？（5分）
考核知识点：实物管理内容
难易度：难
标准答案：
（1）统筹规划建设专业仓实物体系。
（2）明晰职责分工及专业仓定位。
（3）制定专业仓标准规范并组织改造。

Jb0001133082　实物资源管理中规范现场实物管理的内容是什么？（5分）
考核知识点：实物管理内容
难易度：难
标准答案：
（1）规范现场收货管理。
（2）规范结余物资管理。
（3）做好现场废旧物资回收及报废。

Jb0001132083　供应链运营平台中，仓储专业下运营分析决策板块有哪些功能点？（5分）

考核知识点：供应链运营规范

难易度：中

标准答案：

（1）实物库存资源池。

（2）仓库信息查询。

（3）闲置库存资源线上调配总体情况。

（4）库存资源跨省调配一览表。

Jb0001132084　应急物资保障信息报送程序是什么？（5分）

考核知识点：信息报送

难易度：中

标准答案：

（1）首报（2h内）。

（2）续报（6h内）。

（3）专报（每日16:00）。

Jb0001132085　应急物资保障首报信息包括哪些内容？（5分）

考核知识点：信息报送

难易度：中

标准答案：

首报信息主要包括事件基本情况、发生时间、灾害情况、影响范围等内容，首报信息拟报送国网物资部负责人，加强审核把关，原则上要求在灾害发生2h内完成首报工作。

Jb0001132086　应急物资保障续报信息包括哪些内容？（5分）

考核知识点：信息报送

难易度：中

标准答案：

续报信息主要包括电网初步受损、物资需求、保障准备、处置进展等内容。原则上要求6h内完成首报续报工作，后续持续多轮更新首次续报信息。

Jb0001132087　应急物资保障专报信息包括哪些内容？（5分）

考核知识点：信息报送

难易度：中

标准答案：

专报内容包含总体保障情况、电网受损及恢复情况、物资需求及调拨情况（至少包含物资库、专业仓出库物资金额，协议库存供应金额、省内跨市调拨物资金额及应急采购情况），每日持续更新信息，直至响应解除。专报视情况报公司领导及总部有关部门。

Jb0001132088　应急物资保障总结评估工作如何开展？（5分）

考核知识点：信息报送

难易度：中

标准答案：

重点评估保障准备、相应启动、需求提报、资源调配、应急指挥等情况，指出存在的短板及薄弱点，明确有关补强措施，优化供应链运营平台建设，提升应急状态保障能力。总结评估报告原则上应在响应解除两周内，经本部门主要负责人审核后，通过供应链运营平台报送，平台统一存档。

Jb0001132089　应急物资保障预警办理工作如何开展？（5分）

考核知识点：信息报送

难易度：中

标准答案：

收到预警的单位原则上在3h内在供应链运营平台（ESC）上完成回复，并根据预警情况组织做好库存梳理、运输准备、启动值班等准备工作。总部ESC根据灾害情况，在ESC启动有关省公司值班工作后，各单位应按要求在线报送值班表。

Jb0001132090　供应链运营平台中，仓储业务下的风险监控预警中设置了哪几个预警点？（5分）

考核知识点：供应链运营规范

难易度：中

标准答案：

（1）库存物资超期预警。

（2）实物出库信息监控。

（3）实物入库信息监控。

（4）凭证冲销预警。

Jb0001131091　供应链运营平台中，仓储业务下的运营分析决策中，实物资源库存资源池内可以查看哪些信息？（5分）

考核知识点：供应链运营规范

难易度：易

标准答案：

可查看物资库、专业仓的个数、金额及每个库、仓的库存物资明细以及寄售物资库存。

Jb0001131092　在发货操作中，哪些信息是必输的？（5分）

考核知识点：ERP物资模块

难易度：易

标准答案：

物料、发货数量、库存地点、记账日期。

第十章　物资仓储作业员高级技师技能操作

Jc0001143001　简述如何实现在仓物资遵循“加快消纳”。（100 分）

考核知识点： 专业仓作业管理

难易度： 难

技能等级评价专业技能考核操作工作任务书

一、任务名称

简述如何实现在仓物资遵循“加快消纳”。

二、适用工种

物资仓储作业员高级技师。

三、具体任务

完成在仓物资消纳工作。

四、工作规范及要求

按照《国家电网有限公司实物资源管理办法》要求执行。

五、考核及时间要求

（1）本考核操作时间为 30 分钟，时间到停止考评，包括操作现场清理。

（2）操作过程中，如果操作员出现无法继续操作的情况，可向考评员申请终止该项操作，该项操作项目不得分，但不影响其他项目。

（3）按照技能操作记录单的操作要求进行操作，正确记录操作结果。

技能等级评价专业技能考核操作评分标准

工种	物资仓储作业员				评价等级	高级技师
项目模块	专业知识—专业仓管理			编号	Jc0001143001	
单位		准考证号			姓名	
考试时限	30 分钟	题型	单项操作		题分	100 分
成绩		考评员		考评组长	日期	
试题正文	简述如何实现在仓物资遵循“加快消纳”					
需要说明的问题和要求	单人操作					

序号	项目名称	质量要求	满分	扣分标准	扣分原因	得分
1	专业仓平衡利库	建立专业仓平衡利仓工作机制，对于项目现场物资需求，在物资库平衡利库前，优先通过平衡利仓方式满足需求	25	少操作一项扣 10 分； 操作不规范，每项扣 5 分； 扣完为止		
2	建立调配机制	建立在仓物资跨仓、跨区调配工作机制，对于超期存放物资，专业管理部门通过跨仓、跨区调配，加快专业仓物资消纳	25	少操作一项扣 10 分； 操作不规范，每项扣 5 分； 扣完为止		
3	加快项目暂存物资出仓	对于在仓项目暂存物资，专业/项目管理部门应加快项目实施，尽快完成物资领用出仓	25	少操作一项扣 10 分； 操作不规范，每项扣 5 分； 扣完为止		

续表

序号	项目名称	质量要求	满分	扣分标准	扣分原因	得分
4	建立常态化消纳机制	建立常态化消纳机制，对于专业仓积压实物，采取调配、转备品备件、盘盈、修复利用等方式，加快消纳和利用	25	少操作一项扣10分； 操作不规范，每项扣5分； 扣完为止		
合计			100			

Jc0001143002　启用WM仓储管理的实体库库存盘点流程。（100分）

考核知识点： ERP物资模块

难易度： 难

技能等级评价专业技能考核操作工作任务书

一、任务名称

启用WM仓储管理的实体库库存盘点流程。

二、适用工种

物资仓储作业员高级技师。

三、具体任务

完成用WM仓储管理的实体库库存盘点。

四、工作规范及要求

掌握ERP系统物资盘点。

五、考核及时间要求

（1）本考核操作时间为30分钟，时间到停止考评，包括操作现场清理。

（2）操作过程中，如果操作员出现无法继续操作的情况，可向考评员申请终止该项操作，该项操作项目不得分，但不影响其他项目。

（3）按照技能操作记录单的操作要求进行操作，正确记录操作结果。

技能等级评价专业技能考核操作评分标准

工种	物资仓储作业员				评价等级	高级技师
项目模块	信息化应用—ERP系统应用			编号	Jc0001143002	
单位		准考证号			姓名	
考试时限	30分钟	题型	单项操作		题分	100分
成绩		考评员		考评组长	日期	
试题正文	启用WM仓储管理的实体库库存盘点流程					
需要说明的问题和要求	单人操作					
序号	项目名称	质量要求	满分	扣分标准	扣分原因	得分
1	盘点前准备	在创建盘点凭证前，完成所有未清的上下架、记账变更业务	10	操作不正确或不规范扣10分		
2	创建盘点凭证	使用事物代码LI01N创建盘点凭证	20	操作不正确或不规范扣20分		
3	激活盘点凭证	使用事物代码LI02N激活盘点凭证（非必须，如LI01N未激活，则需此步骤）	10	操作不正确或不规范扣10分		

续表

序号	项目名称	质量要求	满分	扣分标准	扣分原因	得分
4	盘点结果录入	使用事物代码 LI11N 录入盘点结果	20	操作不正确或不规范扣 20 分		
5	结算 WM 盘点差异	使用事物代码 LI20 结算 WM 盘点差异	20	操作不正确或不规范扣 20 分		
6	结算 IM 盘点差异	使用事物代码 LI21 结算 IM 盘点差异（非必须，如盘点结果与实际库存存在差异，则需此步骤）	20	操作不正确或不规范扣 20 分		
合计			100			

Jc0001143003　实物资源管理中完善仓储配送体系的内容。（100 分）

考核知识点：实物资源管理体系

难易度：难

技能等级评价专业技能考核操作工作任务书

一、任务名称

实物资源管理中完善仓储配送体系的内容。

二、适用工种

物资仓储作业员高级技师。

三、具体任务

列出完善仓储配送体系的具体内容。

四、工作规范及要求

掌握实物资源管理中完善仓储配送体系相关内容。

五、考核及时间要求

（1）本考核操作时间为 30 分钟，时间到停止考评，包括操作现场清理。

（2）操作过程中，如果操作员出现无法继续操作的情况，可向考评员申请终止该项操作，该项操作项目不得分，但不影响其他项目。

（3）按照技能操作记录单的操作要求进行操作，正确记录操作结果。

技能等级评价专业技能考核操作评分标准

<table>
<tr><td>工种</td><td colspan="5">物资仓储作业员</td><td>评价等级</td><td colspan="2">高级技师</td></tr>
<tr><td>项目模块</td><td colspan="4">基础知识—实物资源管理</td><td>编号</td><td colspan="3">Jc0001143003</td></tr>
<tr><td>单位</td><td colspan="3"></td><td>准考证号</td><td></td><td>姓名</td><td colspan="2"></td></tr>
<tr><td>考试时限</td><td colspan="2">30 分钟</td><td>题型</td><td colspan="2">单项操作</td><td>题分</td><td colspan="2">100 分</td></tr>
<tr><td>成绩</td><td></td><td>考评员</td><td></td><td>考评组长</td><td></td><td>日期</td><td colspan="2"></td></tr>
<tr><td>试题正文</td><td colspan="8">实物资源管理中完善仓储配送体系的内容</td></tr>
<tr><td>需要说明的问题和要求</td><td colspan="8">单人操作</td></tr>
</table>

序号	项目名称	质量要求	满分	扣分标准	扣分原因	得分
1	第一项	优化物资库网络布局	15	操作不正确或不规范扣 15 分		
2	第二项	明晰管理职责及物资库定位	15	操作不正确或不规范扣 15 分		
3	第三项	开展“检储配”一体化建设	20	操作不正确或不规范扣 20 分		

续表

序号	项目名称	质量要求	满分	扣分标准	扣分原因	得分
4	第四项	开展物资配送业务	20	操作不正确或不规范扣20分		
5	第五项	提高仓库智能化水平	10	操作不正确或不规范扣10分		
6	第六项	加强仓库安全管理	20	操作不正确或不规范扣20分		
合计			100			

Jc0001143004　实物资源管理中加大实物利库力度的内容。（100分）

考核知识点：实物管理内容

难易度：难

技能等级评价专业技能考核操作工作任务书

一、任务名称

实物资源管理中加大实物利库力度的内容。

二、适用工种

物资仓储作业员高级技师。

三、具体任务

列出加大实物利库力度的相关内容。

四、工作规范及要求

掌握国家电网有限公司加强实物资源规范管理的相关内容。

五、考核及时间要求

（1）本考核操作时间为30分钟，时间到停止考评，包括操作现场清理。

（2）操作过程中，如果操作员出现无法继续操作的情况，可向考评员申请终止该项操作，该项操作项目不得分，但不影响其他项目。

（3）按照技能操作记录单的操作要求进行操作，正确记录操作结果。

技能等级评价专业技能考核操作评分标准

工种	物资仓储作业员					评价等级	高级技师
项目模块	基础知识—实物资源管理				编号	Jc0001143004	
单位			准考证号			姓名	
考试时限	30分钟		题型	单项操作		题分	100分
成绩		考评员		考评组长		日期	
试题正文	实物资源管理中加大实物利库力度的内容						
需要说明的问题和要求	单人操作						

序号	项目名称	质量要求	满分	扣分标准	扣分原因	得分
1	项目前期	项目前期推动利库工作开展	30	操作不正确或不规范扣30分		
2	采购需求	严把采购需求计划申报	35	操作不正确或不规范扣35分		
3	物资调配	加大跨区域实物调配力度	35	操作不正确或不规范扣35分		
合计			100			

Jc0001142005　应急物资保障续报信息包括的内容。（100 分）
考核知识点：信息报送
难易度：中

技能等级评价专业技能考核操作工作任务书

一、任务名称
应急物资保障续报信息包括的内容。
二、适用工种
物资仓储作业员高级技师。
三、具体任务
列出应急物资保障续报信息相关内容。
四、工作规范及要求
掌握应急物资保障信息报送相关内容。
五、考核及时间要求
（1）本考核操作时间为 20 分钟，时间到停止考评，包括操作现场清理。
（2）操作过程中，如果操作员出现无法继续操作的情况，可向考评员申请终止该项操作，该项操作项目不得分，但不影响其他项目。
（3）按照技能操作记录单的操作要求进行操作，正确记录操作结果。

技能等级评价专业技能考核操作评分标准

工种	物资仓储作业员				评价等级	高级技师
项目模块	专业知识—应急物资管理			编号	Jc0001142005	
单位		准考证号			姓名	
考试时限	20 分钟	题型	单项操作		题分	100 分
成绩		考评员		考评组长		日期
试题正文	应急物资保障续报信息包括的内容					
需要说明的问题和要求	单人操作					

序号	项目名称	质量要求	满分	扣分标准	扣分原因	得分
1	基本内容	续报信息主要包括电网初步受损、物资需求、保障准备、处置进展等内容	50	操作不正确或不规范扣 50 分		
2	时间要求	原则上要求 6h 内完成首报续报工作，后续持续多轮更新首次续报信息	50	操作不正确或不规范扣 50 分		
合计			100			

Jc0001142006　应急物资保障专报信息包括的内容。（100 分）
考核知识点：信息报送
难易度：中

技能等级评价专业技能考核操作工作任务书

一、任务名称
应急物资保障专报信息包括的内容。

二、适用工种

物资仓储作业员高级技师。

三、具体任务

列出应急物资保障专报信息相关内容。

四、工作规范及要求

掌握应急物资保障信息报送相关内容。

五、考核及时间要求

（1）本考核操作时间为20分钟，时间到停止考评，包括操作现场清理。

（2）操作过程中，如果操作员出现无法继续操作的情况，可向考评员申请终止该项操作，该项操作项目不得分，但不影响其他项目。

（3）按照技能操作记录单的操作要求进行操作，正确记录操作结果。

技能等级评价专业技能考核操作评分标准

工种	物资仓储作业员				评价等级	高级技师
项目模块	专业知识—应急物资管理			编号	Jc0001142006	
单位		准考证号			姓名	
考试时限	20分钟	题型		单项操作	题分	100分
成绩		考评员		考评组长	日期	
试题正文	应急物资保障专报信息包括的内容					
需要说明的问题和要求	单人操作					

序号	项目名称	质量要求	满分	扣分标准	扣分原因	得分
1	基本内容	专报内容包含总体保障情况、电网受损及恢复情况、物资需求及调拨情况（至少包含物资库、专业仓出库物资金额，协议库存供应金额、省内跨市调拨物资金额及应急采购情况）	40	操作不正确或不规范扣40分		
2	时间要求	每日持续更新信息，直至响应解除	40	操作不正确或不规范扣40分		
3	其他要求	专报视情况报公司领导及总部有关部门	20	操作不正确或不规范扣20分		
合计			100			

Jc0001142007　开展应急物资保障总结评估工作的相关步骤。（100分）

考核知识点： 信息报送

难易度： 中

技能等级评价专业技能考核操作工作任务书

一、任务名称

开展应急物资保障总结评估工作的相关步骤。

二、适用工种

物资仓储作业员高级技师。

三、具体任务

列出应急物资保障总结评估工作相关内容。

四、工作规范及要求

掌握应急物资保障总结评估工作相关要求。

五、考核及时间要求

（1）本考核操作时间为30分钟，时间到停止考评，包括操作现场清理。

（2）操作过程中，如果操作员出现无法继续操作的情况，可向考评员申请终止该项操作，该项操作项目不得分，但不影响其他项目。

（3）按照技能操作记录单的操作要求进行操作，正确记录操作结果。

技能等级评价专业技能考核操作评分标准

工种	物资仓储作业员					评价等级	高级技师
项目模块	专业知识—应急物资管理			编号		Jc0001142007	
单位		准考证号				姓名	
考试时限	30分钟	题型		单项操作		题分	100分
成绩		考评员		考评组长		日期	
试题正文	开展应急物资保障总结评估工作的相关步骤						
需要说明的问题和要求	单人操作						

序号	项目名称	质量要求	满分	扣分标准	扣分原因	得分
1	基本内容	重点评估保障准备、相应启动、需求摸报、资源调配、应急指挥等情况，指出存在的短板及薄弱点，明确有关补强措施，优化供应链运营平台建设，提升应急状态保障能力	50	操作不正确或不规范扣50分		
2	其他要求	总结评估报告原则上应在响应解除两周内，经本部门主要负责人审核后，通过供应链运营平台报送，平台统一存档	50	操作不正确或不规范扣50分		
合计			100			

Jc0001142008　开展应急物资保障预警办理工作的相关步骤。（100分）

考核知识点：信息报送

难易度：中

技能等级评价专业技能考核操作工作任务书

一、任务名称

开展应急物资保障预警办理工作的相关步骤。

二、适用工种

物资仓储作业员高级技师。

三、具体任务

列出应急物资保障预警办理工作具体内容。

四、工作规范及要求

掌握应急物资保障预警办理工作相关要求。

五、考核及时间要求

（1）本考核操作时间为 30 分钟，时间到停止考评，包括操作现场清理。

（2）操作过程中，如果操作员出现无法继续操作的情况，可向考评员申请终止该项操作，该项操作项目不得分，但不影响其他项目。

（3）按照技能操作记录单的操作要求进行操作，正确记录操作结果。

技能等级评价专业技能考核操作评分标准

<table>
<tr><td>工种</td><td colspan="6">物资仓储作业员</td><td>评价等级</td><td colspan="2">高级技师</td></tr>
<tr><td>项目模块</td><td colspan="5">专业知识—应急物资管理</td><td>编号</td><td colspan="3">Jc0001142008</td></tr>
<tr><td>单位</td><td colspan="3"></td><td>准考证号</td><td colspan="2"></td><td>姓名</td><td colspan="2"></td></tr>
<tr><td>考试时限</td><td>30 分钟</td><td colspan="2">题型</td><td colspan="3">单项操作</td><td>题分</td><td colspan="2">100 分</td></tr>
<tr><td>成绩</td><td></td><td>考评员</td><td></td><td>考评组长</td><td colspan="2"></td><td>日期</td><td colspan="2"></td></tr>
<tr><td>试题正文</td><td colspan="9">开展应急物资保障预警办理工作的相关步骤</td></tr>
<tr><td>需要说明的问题和要求</td><td colspan="9">单人操作</td></tr>
<tr><td>序号</td><td>项目名称</td><td colspan="2">质量要求</td><td>满分</td><td colspan="3">扣分标准</td><td>扣分原因</td><td>得分</td></tr>
<tr><td>1</td><td>回复时间要求</td><td colspan="2">收到预警的单位原则上在 3h 内在供应链运营平台（ESC）上完成回复</td><td>40</td><td colspan="3">操作不正确或不规范扣 40 分</td><td></td><td></td></tr>
<tr><td>2</td><td>准备工作</td><td colspan="2">根据预警情况组织做好库存梳理、运输准备、启动值班等准备工作</td><td>40</td><td colspan="3">操作不正确或不规范扣 40 分</td><td></td><td></td></tr>
<tr><td>3</td><td>值班工作</td><td colspan="2">总部 ESC 根据灾害情况，在 ESC 启动有关省公司值班工作后，各单位应按要求在线报送值班表</td><td>20</td><td colspan="3">操作不正确或不规范扣 20 分</td><td></td><td></td></tr>
<tr><td colspan="2">合计</td><td colspan="2"></td><td>100</td><td colspan="3"></td><td></td><td></td></tr>
</table>

Jc0001142009　口述查询本单位一般工厂下的实体库中的项目物资库存的步骤。（100 分）

考核知识点：ERP 物资模块

难易度：中

技能等级评价专业技能考核操作工作任务书

一、任务名称

口述查询本单位一般工厂下的实体库中的项目物资库存的步骤。

二、适用工种

物资仓储作业员高级技师。

三、具体任务

按照操作规范开展本单位一般工厂下的实体库中的项目物资库存查询。

四、工作规范及要求

掌握 ERP 系统中一般工厂下实体库中项目物资库存查询的相关工作流程。

五、考核及时间要求

本考核操作时间为 30 分钟，时间到停止考评。

技能等级评价专业技能考核操作评分标准

工种	物资仓储作业员					评价等级	高级技师	
项目模块	信息化应用—ERP 系统应用				编号	Jc0001142009		
单位			准考证号			姓名		
考试时限	30 分钟		题型	单项操作		题分	100 分	
成绩		考评员		考评组长		日期		
试题正文	口述查询本单位一般工厂下的实体库中的项目物资库存的步骤							
需要说明的问题和要求	单人操作							

序号	项目名称	质量要求	满分	扣分标准	扣分原因	得分
1	步骤一	输入事物代码 MB52	20	操作不正确或不规范扣 20 分		
2	步骤二	输入本单位一般工厂编码，输入 Y 开头的实体库编码	20	操作不正确或不规范扣 20 分		
3	步骤三	再选择：特殊库存功能这个，“还选特殊库存”为已勾选状态	20	操作不正确或不规范扣 20 分		
4	步骤四	点击执行，显示的库存中，特殊标识都为 Q，即为查询正确	20	操作不正确或不规范扣 20 分		
5	步骤五	将查询结果导出或截图保存	20	操作不正确或不规范扣 20 分		
合计			100			

Jc0001143010　查询本单位 WM 库存明细，并选择特殊库存标识为空的物资，将其转移到其他仓位的步骤。(100 分)

考核知识点：ERP 物资模块

难易度：难

技能等级评价专业技能考核操作工作任务书

一、任务名称

查询本单位 WM 库存明细，并选择特殊库存标识为空的物资，将其转移到其他仓位的步骤。

二、适用工种

物资仓储作业员高级技师。

三、具体任务

（1）查询本单位 WM 库存明细。

（2）选择特殊库存标识为空的物资，将其转移到其他仓位。

四、工作规范及要求

（1）掌握 ERP 系统中 WM 库存查询操作流程。

（2）掌握 ERP 系统中物资仓位转移的相关操作流程。

五、考核及时间要求

（1）本考核操作时间为 30 分钟，时间到停止考评，包括操作现场清理。

（2）操作过程中，如果操作员出现无法继续操作的情况，可向考评员申请终止该项操作，该项操作项目不得分，但不影响其他项目。

（3）按照技能操作记录单的操作要求进行操作，正确记录操作结果。

技能等级评价专业技能考核操作评分标准

<table>
<tr><td>工种</td><td colspan="6">物资仓储作业员</td><td>评价等级</td><td colspan="2">高级技师</td></tr>
<tr><td>项目模块</td><td colspan="5">信息化应用—ERP 系统应用</td><td>编号</td><td colspan="3">Jc0001143010</td></tr>
<tr><td>单位</td><td colspan="3"></td><td>准考证号</td><td colspan="2"></td><td>姓名</td><td colspan="2"></td></tr>
<tr><td>考试时限</td><td colspan="2">30 分钟</td><td>题型</td><td colspan="3">单项操作</td><td>题分</td><td colspan="2">100 分</td></tr>
<tr><td>成绩</td><td></td><td>考评员</td><td></td><td>考评组长</td><td colspan="2"></td><td>日期</td><td colspan="2"></td></tr>
<tr><td>试题正文</td><td colspan="9">查询本单位 WM 库存明细，并选择特殊库存标识为空的物资，将其转移到其他仓位的步骤</td></tr>
<tr><td>需要说明的问题和要求</td><td colspan="9">单人操作</td></tr>
<tr><td>序号</td><td>项目名称</td><td colspan="2">质量要求</td><td>满分</td><td colspan="3">扣分标准</td><td>扣分原因</td><td>得分</td></tr>
<tr><td>1</td><td>步骤一</td><td colspan="2">输入事物代码 LT01</td><td>20</td><td colspan="3">操作不正确或不规范扣 20 分</td><td></td><td></td></tr>
<tr><td>2</td><td>步骤二</td><td colspan="2">填写本单位仓库号，移动类型“999”、物料编码、申请数量、工厂及库存地点、批次，回车</td><td>35</td><td colspan="3">操作不正确或不规范扣 35 分</td><td></td><td></td></tr>
<tr><td>3</td><td>步骤三</td><td colspan="2">在“移动数据”页签下，填写原物资所在仓储类型及仓位；在“目的地”页签下，填写新的目的地仓位；回车</td><td>35</td><td colspan="3">操作不正确或不规范扣 35 分</td><td></td><td></td></tr>
<tr><td>4</td><td>步骤四</td><td colspan="2">记录转储单编号</td><td>10</td><td colspan="3">操作不正确或不规范扣 10 分</td><td></td><td></td></tr>
<tr><td colspan="4">合计</td><td>100</td><td colspan="3"></td><td></td><td></td></tr>
</table>

Jc0001143011　当应急物资储备资源、应急物资资源紧急采购方式均无法满足应急需求时，省公司的工作流程。(100 分)

考核知识点：供应链创新与实践

难易度：难

技能等级评价专业技能考核操作工作任务书

一、任务名称

当应急物资储备资源、应急物资资源紧急采购方式均无法满足应急需求时，省公司的工作流程。

二、适用工种

物资仓储作业员高级技师。

三、具体任务

完成需求提报及跨区域调拨方案形成。

四、工作规范及要求

掌握跨区域物资调拨需求提报及调拨方案形成相关工作流程。

五、考核及时间要求

（1）本考核操作时间为 30 分钟，时间到停止考评，包括操作现场清理。

（2）操作过程中，如果操作员出现无法继续操作的情况，可向考评员申请终止该项操作，该项操作项目不得分，但不影响其他项目。

（3）按照技能操作记录单的操作要求进行操作，正确记录操作结果。

技能等级评价专业技能考核操作评分标准

工种	物资仓储作业员					评价等级	高级技师
项目模块	专业知识—供应链管理				编号	Jc0001143011	
单位			准考证号			姓名	
考试时限	30 分钟		题型	单项操作		题分	100 分
成绩		考评员		考评组长		日期	
试题正文	当应急物资储备资源、应急物资资源紧急采购方式均无法满足应急需求时，省公司的工作流程						
需要说明的问题和要求	（1）单人操作。 （2）操作时应注安全，按照仓储指导作业书的技术安全说明做好安全措施						
序号	项目名称	质量要求	满分	扣分标准		扣分原因	得分
1	需求上报	需求省公司供应链运营中心将应急物资需求报国网物资有限公司供应链运营中心	30	操作不正确或不规范扣 30 分			
2	资源统筹	由国网物资有限公司在公司层面统筹各省公司实物储备物资资源、协议储备物资和动态应急物资	30	操作不正确或不规范扣 30 分			
3	形成调拨方案	国网物资有限公司通过运营中心精确查找匹配，形成跨区调拨方案，以满足应急物资保障需求	40	操作不正确或不规范扣 40 分			
合计			100				

Jc0001142012　仓储标准化管理工作包括的内容。（100 分）

考核知识点：仓储标准化管理

难易度：中

技能等级评价专业技能考核操作工作任务书

一、任务名称

仓储标准化管理工作包括的内容。

二、适用工种

物资仓储作业员高级技师。

三、具体任务

列出仓储标准化管理工作具体工作内容。

四、工作规范及要求

掌握仓储标准化管理工作相关工作内容。

五、考核及时间要求

（1）本考核操作时间为 30 分钟，时间到停止考评，包括操作现场清理。

（2）操作过程中，如果操作员出现无法继续操作的情况，可向考评员申请终止该项操作，该项操作项目不得分，但不影响其他项目。

（3）按照技能操作记录单的操作要求进行操作，正确记录操作结果。

技能等级评价专业技能考核操作评分标准

<table>
<tr><td>工种</td><td colspan="5">物资仓储作业员</td><td>评价等级</td><td colspan="2">高级技师</td></tr>
<tr><td>项目模块</td><td colspan="4">专业知识—仓储业务管理</td><td>编号</td><td colspan="3">Jc0001142012</td></tr>
<tr><td>单位</td><td colspan="3"></td><td>准考证号</td><td colspan="2"></td><td>姓名</td><td></td></tr>
<tr><td>考试时限</td><td>30 分钟</td><td>题型</td><td colspan="3">单项操作</td><td>题分</td><td colspan="2">100 分</td></tr>
<tr><td>成绩</td><td></td><td>考评员</td><td></td><td>考评组长</td><td></td><td>日期</td><td colspan="2"></td></tr>
<tr><td>试题正文</td><td colspan="8">仓储标准化管理工作包括的内容</td></tr>
<tr><td>需要说明的问题和要求</td><td colspan="8">单人操作</td></tr>
</table>

序号	项目名称	质量要求	满分	扣分标准	扣分原因	得分
1	内容一	仓储网格规划	25	操作不正确或不规范扣 25 分		
2	内容二	编码命名规范	25	操作不正确或不规范扣 25 分		
3	内容三	仓储在线注册	25	操作不正确或不规范扣 25 分		
4	内容四	物资包装标准化	25	操作不正确或不规范扣 25 分		
合计			100			

Jc0001142013　项目物资结余后，办理结余物资退库业务的步骤。(100 分)

考核知识点：工程结余物资管理

难易度：中

技能等级评价专业技能考核操作工作任务书

一、任务名称

项目物资结余后，办理结余物资退库业务的步骤。

二、适用工种

物资仓储作业员高级技师。

三、具体任务

完成项目结余物资退库工作流程。

四、工作规范及要求

掌握项目物资结余退库相关工作流程。

五、考核及时间要求

(1) 本考核操作时间为 30 分钟，时间到停止考评，包括操作现场清理。

(2) 操作过程中，如果操作员出现无法继续操作的情况，可向考评员申请终止该项操作，该项操作项目不得分，但不影响其他项目。

(3) 按照技能操作记录单的操作要求进行操作，正确记录操作结果。

技能等级评价专业技能考核操作评分标准

<table>
<tr><td>工种</td><td colspan="3">物资仓储作业员</td><td>评价等级</td><td>高级技师</td></tr>
<tr><td>项目模块</td><td colspan="2">专业知识—实物库存管理</td><td>编号</td><td colspan="2">Jc0001142013</td></tr>
<tr><td>单位</td><td></td><td>准考证号</td><td></td><td>姓名</td><td></td></tr>
</table>

续表

考试时限	30 分钟		题型	单项操作		题分	100 分	
成绩		考评员		考评组长		日期		
试题正文	项目物资结余后，办理结余物资退库业务的步骤							
需要说明的问题和要求	单人操作							

序号	项目名称	质量要求	满分	扣分标准	扣分原因	得分
1	步骤一	项目建设管理单位编制工程结余物资退库申请表	40	操作不正确或不规范扣 40 分		
2	步骤二	明确退库物料、退库梳理、鉴定情况等信息	40	操作不正确或不规范扣 40 分		
3	步骤三	经本项目建设管理部门审核后，将结余物资退回仓库	20	操作不正确或不规范扣 20 分		
合计			100			

Jc0001143014 供应链应急指挥体系中应急业务在线协同流程。(100 分)

考核知识点：供应链运营规范

难易度：难

技能等级评价专业技能考核操作工作任务书

一、任务名称

供应链应急指挥体系中应急业务在线协同流程。

二、适用工种

物资仓储作业员高级技师。

三、具体任务

简述供应链应急指挥体系中应急业务在线协同流程。

四、工作规范及要求

按现代智慧供应链创新与实践要求执行。

五、考核及时间要求

（1）本考核操作时间为 30 分钟，时间到停止考评。

（2）操作过程中，如果操作员出现无法继续操作的情况，可向考评员申请终止该项操作，该项操作项目不得分，但不影响其他项目。

（3）按照技能操作记录单的操作要求进行操作，正确记录操作结果。

技能等级评价专业技能考核操作评分标准

工种	物资仓储作业员					评价等级	高级技师
项目模块	专业知识—供应链管理				编号	Jc0001143014	
单位			准考证号			姓名	
考试时限	30 分钟		题型	单项操作		题分	100 分
成绩		考评员		考评组长		日期	
试题正文	供应链应急指挥体系中应急业务在线协同流程						

续表

需要说明的问题和要求	单人操作					
序号	项目名称	质量要求	满分	扣分标准	扣分原因	得分
1	应急需求部分	应急需求提报审核及应急需求匹配	20	操作不正确或不规范扣 20 分		
2	应急物资调拨方案制定	制定应急物资调拨方案	20	操作不正确或不规范扣 20 分		
3	应急物资紧急采购	调拨无法满足的，启动应急物资紧急采购	20	操作不正确或不规范扣 20 分		
4	应急物资配送及跟踪	跟踪应急物资配送过程	15	操作不正确或不规范扣 15 分		
5	应急物资到货交接	跟踪应急物资到货交接过程	15	操作不正确或不规范扣 15 分		
6	应急闭环管理	应急过程闭环管控	10	操作不正确或不规范扣 10 分		
合计			100			

Jc0001143015　实物资源调配工作中调拨需求的在线提报流程。（100 分）

考核知识点：供应链运营规范

难易度：难

技能等级评价专业技能考核操作工作任务书

一、任务名称

实物资源调配工作中调拨需求的在线提报流程。

二、适用工种

物资仓储作业员高级技师。

三、具体任务

简述实物资源调配工作中调拨需求在线提报操作流程。

四、工作规范及要求

按现代智慧供应链创新与实践要求执行。

五、考核及时间要求

本考核操作时间为 30 分钟，时间到停止考评。

技能等级评价专业技能考核操作评分标准

工种	物资仓储作业员					评价等级	高级技师
项目模块	专业知识—供应链管理				编号	Jc0001143015	
单位			准考证号			姓名	
考试时限	30 分钟		题型	单项操作		题分	100 分
成绩		考评员		考评组长		日期	
试题正文	实物资源调配工作中调拨需求的在线提报流程						
需要说明的问题和要求	单人操作						

续表

序号	项目名称	质量要求	满分	扣分标准	扣分原因	得分
1	地市公司职责	地市公司物资部积极响应需求单位物资需求计划，通过本单位平衡利库或协议采购等方式满足物资需求	40	叙述不正确或不规范扣 40 分		
2	在线提报调拨申请	无法满足时，通过运营中心向省物资公司供应链运营中心在线提报物资调拨申请	30	叙述不正确或不规范扣 30 分		
3	在线提报跨省调拨申请	若本省无法满足物资调拨申请，由省物资公司供应链运营中心在线提报跨省调拨申请	30	叙述不正确或不规范扣 30 分		
合计			100			

Jc0001143016　口述查询本单位实体库未完成的转储请求，举例说明转储申请的装运类型对应的上下架类型，选择未完成的上架转储申请创建转储单的步骤。（100 分）

考核知识点：ERP 物资模块

难易度：难

技能等级评价专业技能考核操作工作任务书

一、任务名称

口述查询本单位实体库未完成的转储请求，举例说明转储申请的装运类型对应的上下架类型，选择未完成的上架转储申请创建转储单的步骤。

二、适用工种

物资仓储作业员高级技师。

三、具体任务

简述创建转储单的步骤。

四、工作规范及要求

按现 ERP 系统规范要求执行。

五、考核及时间要求

本考核操作时间为 30 分钟，时间到停止考评。

技能等级评价专业技能考核操作评分标准

工种	物资仓储作业员					评价等级	高级技师
项目模块	信息化应用—ERP 系统应用				编号	Jc0001143016	
单位			准考证号			姓名	
考试时限	30 分钟	题型	单项操作			题分	100 分
成绩		考评员		考评组长		日期	
试题正文	口述查询本单位实体库未完成的转储请求，举例说明转储申请的装运类型对应的上下架类型，选择未完成的上架转储申请创建转储单的步骤						
需要说明的问题和要求	单人操作						

续表

序号	项目名称	质量要求	满分	扣分标准	扣分原因	得分
1	输入实物代码 zmm29226	实物代码输入正确	15	操作不正确或不规范扣 15 分		
2	输入实体仓库编码	输入本单位实体库仓库编码，点击执行	15	操作不正确或不规范扣 15 分		
3	选择未完成的转储申请	在查询中选择未完成的转储申请，如果装运类型为 A，则为上架；如果装运类型为 E，则为下架	15	操作不正确或不规范扣 15 分		
4	输入实物代码 LT04	实物代码输入正确	15	操作不正确或不规范扣 15 分		
5	输入仓库号及转储申请	输入仓库号及转储申请，回车	15	操作不正确或不规范扣 15 分		
6	输入对应信息	点击“货盘化”后点击“前台入库”，在目的地输入仓储类型、目的地仓位，回车	15	操作不正确或不规范扣 15 分		
7	记录转储单编号	点击保存，记录转储单编号	10	操作不正确或不规范扣 10 分		
	合计		100			

Jc0001142017　描述供应链应急指挥体系。（100 分）

考核知识点：供应链运营规范

难易度：中

技能等级评价专业技能考核操作工作任务书

一、任务名称

描述供应链应急指挥体系。

二、适用工种

物资仓储作业员高级技师。

三、具体任务

简述供应链应急指挥体系内容。

四、工作规范及要求

按现代智慧供应链创新与实践要求执行。

五、考核及时间要求

（1）本考核操作时间为 30 分钟，时间到停止考评，包括操作现场清理。

（2）操作过程中，如果操作员出现无法继续操作的情况，可向考评员申请终止该项操作，该项操作项目不得分，但不影响其他项目。

（3）按照技能操作记录单的操作要求进行操作，正确记录操作结果。

技能等级评价专业技能考核操作评分标准

工种	物资仓储作业员					评价等级	高级技师
项目模块	专业知识—供应链管理				编号	Jc0001142017	
单位			准考证号			姓名	
考试时限	30 分钟		题型		单项操作	题分	100 分
成绩		考评员		考评组长		日期	
试题正文	描述供应链应急指挥体系						
需要说明的问题和要求	（1）单人操作。 （2）操作时应注意安全，按照仓储指导作业书的技术安全说明做好安全措施						

续表

序号	项目名称	质量要求	满分	扣分标准	扣分原因	得分
1	应急组织管理	无	20	操作不正确或不规范扣 20 分		
2	应急预案管理	无	20	操作不正确或不规范扣 20 分		
3	预警信息管理	无	10	操作不正确或不规范扣 10 分		
4	应急事件管理	无	20	操作不正确或不规范扣 20 分		
5	应急物资管理	无	10	操作不正确或不规范扣 10 分		
6	应急综合查询	无	10	操作不正确或不规范扣 10 分		
7	应急演练及值班	无	10	操作不正确或不规范扣 10 分		
合计			100			

Jc0001142018　国家电网公司仓储网络规划要求。（100 分）

考核知识点：仓储标准化管理

难易度：中

技能等级评价专业技能考核操作工作任务书

一、任务名称

国家电网公司仓储网络规划要求。

二、适用工种

物资仓储作业员高级技师。

三、具体任务

了解国家电网公司仓储网络规划要求。

四、工作规范及要求

按照现代智慧供应链创新与实践中的要求执行。

五、考核及时间要求

（1）本考核操作时间为 30 分钟，时间到停止考评，包括操作现场清理。

（2）操作过程中，如果操作员出现无法继续操作的情况，可向考评员申请终止该项操作，该项操作项目不得分，但不影响其他项目。

（3）按照技能操作记录单的操作要求进行操作，正确记录操作结果。

技能等级评价专业技能考核操作评分标准

<table>
<tr><td>工种</td><td colspan="5">物资仓储作业员</td><td>评价等级</td><td colspan="2">高级技师</td></tr>
<tr><td>项目模块</td><td colspan="4">专业知识—仓储业务管理</td><td>编号</td><td colspan="3">Jc0001142018</td></tr>
<tr><td>单位</td><td colspan="3"></td><td>准考证号</td><td></td><td>姓名</td><td colspan="2"></td></tr>
<tr><td>考试时限</td><td colspan="2">30 分钟</td><td>题型</td><td colspan="2">单项操作</td><td>题分</td><td colspan="2">100 分</td></tr>
<tr><td>成绩</td><td></td><td>考评员</td><td></td><td>考评组长</td><td></td><td>日期</td><td colspan="2"></td></tr>
<tr><td>试题正文</td><td colspan="8">国家电网公司仓储网络规划要求</td></tr>
<tr><td>需要说明的问题和要求</td><td colspan="8">单人操作</td></tr>
<tr><td>序号</td><td>项目名称</td><td colspan="2">质量要求</td><td>满分</td><td colspan="2">扣分标准</td><td>扣分原因</td><td>得分</td></tr>
<tr><td>1</td><td>国网设置储备库</td><td colspan="2">了解国网仓储网络层级</td><td>25</td><td colspan="2">操作不正确或不规范扣 25 分</td><td></td><td></td></tr>
<tr><td>2</td><td>省公司设置中心库</td><td colspan="2">了解国网仓储网络层级</td><td>25</td><td colspan="2">操作不正确或不规范扣 25 分</td><td></td><td></td></tr>
</table>

续表

序号	项目名称	质量要求	满分	扣分标准	扣分原因	得分
3	地市公司设置周转库	了解国网仓储网络层级	25	操作不正确或不规范扣 25 分		
4	县公司设置仓储点	了解国网仓储网络层级	25	操作不正确或不规范扣 25 分		
合计			100			

Jc0001142019　口述实物资源调配工作流程。（100 分）

考核知识点：供应链运营规范。

难易度：中

技能等级评价专业技能考核操作工作任务书

一、任务名称

口述实物资源调配工作流程。

二、适用工种

物资仓储作业员高级技师。

三、具体任务

简述如何进行实物资源调配工作。

四、工作规范及要求

按现代智慧供应链创新与实践要求执行。

五、考核及时间要求

本考核操作时间为 30 分钟，时间到停止考评。

技能等级评价专业技能考核操作评分标准

工种	物资仓储作业员				评价等级	高级技师
项目模块	专业知识—供应链管理			编号	Jc0001142019	
单位		准考证号			姓名	
考试时限	30 分钟	题型	单项操作		题分	100 分
成绩		考评员		考评组长	日期	
试题正文	口述实物资源调配工作流程					
需要说明的问题和要求	（1）单人操作。 （2）结合物资智能配送场景进行实物资源调配					

序号	项目名称	质量要求	满分	扣分标准	扣分原因	得分
1	调拨需求在线提报	信息提报准确齐全	25	操作不正确或不规范扣 25 分		
2	调拨方案智能推荐	无	25	操作不正确或不规范扣 25 分		
3	调拨方案高效执行	选择最优方案进行调配	25	操作不正确或不规范扣 25 分		
4	调拨结果及时报备	无	25	操作不正确或不规范扣 25 分		
合计			100			

第六部分
综合题

单　选　题

（每题 1 分）

Jz0001631001　仓位编码 F01-020101 指________。(　　)

A. 托盘货架区的第 2 个货架第 1 列第 1 层　　B. 平面堆放区的第 2 个货架第 1 列第 1 层

C. 室内平面堆放区第 2 排第 1 列　　D. 平面堆放区的第 1 个货架第 2 列第 1 层

考核知识点：ERP 物资模块

难易度：易

标准答案：C

Jz0001631002　按照库存地点区分物资性质，________用于从供应商直接送货到现场的非项目物资，或用于供应商直接送货到非实体仓库，经过短暂存放后，迅速发至最终需求单位。(　　)

A. 9101　　B. 9301　　C. 9501　　D. 9701

考核知识点：ERP 物资模块

难易度：易

标准答案：C

Jz0001631003　ERP 系统库存管理（IM 模块）中库存地点编码分为实体库编码和虚拟库编码，按照________编码进行编制。(　　)

A. 两位　　B. 三位　　C. 四位　　D. 五位

考核知识点：ERP 物资模块

难易度：易

标准答案：C

Jz0001633004　物资入库业务必须________在 ERP 系统办理入库手续，确保系统记录和实际业务一致。(　　)

A. 一日内　　B. 二日内　　C. 三日内　　D. 实时

考核知识点：仓储业务管理

难易度：难

标准答案：D

Jz0001631005　虚拟库代码使用数字________表示。(　　)

A. 9　　B. 8　　C. 7　　D. 5

考核知识点：ERP 物资模块

难易度：易

标准答案：A

Jz0001631006 所有物料出库均应凭________出门，若物证不符的，门卫有权拒绝放行。外来施工队伍因施工需要带进仓库的工具、器材，应在门卫处办理登记手续，以便出门时核对。(　　)

A. 领料单　　B. 出门证　　C. 通行证　　D. 出库单

考核知识点：物资出入库

难易度：易

标准答案：D

Jz0001633007 项目退料（冲销成本）：项目单位/部门退回，扣减项目成本的物资。特殊库存标识为“Q”，库存状态为“________”，记录对应项目 WBS 编码。(　　)

A. 冻结　　B. 质检　　C. 在途　　D. 非限制使用

考核知识点：ERP 物资模块

难易度：难

标准答案：D

Jz0001631008 系统操作员将盘点结果录入________系统，并打印盘点差异表。(　　)

A. ECP　　B. ERP　　C. PMS　　D. MDM

考核知识点：ERP 物资模块

难易度：易

标准答案：B

Jz0001631009 资料保管期限不少于________年，超出期限的纸质和电子文档资料，写出书面销毁报告，经审查同意后，方可销毁，具体执行“档案管理标准”。(　　)

A. 3　　B. 5　　C. 8　　D. 10

考核知识点：档案管理

难易度：易

标准答案：D

Jz0001631010 ________应急储备仓库承担公司应急物资的集中储备任务，由国网物资公司负责日常管理，仓库所属省物资公司、地市物资供应中心负责仓储配送作业。(　　)

A. 省物资公司　　B. 省物资部　　C. 省公司　　D. 公司总部

考核知识点：工作职责

难易度：易

标准答案：D

Jz0001633011 总部采购目录范围内且未在协议库存采购范围的物资，按照“________”的原则。(　　)

A. 先采购后利库　　B. 先利库后采购　　C. 先采购、后备案　　D. 先大件后小件

考核知识点：应急物资保障

难易度：难

标准答案：C

Jz0001631012 《国家电网公司应急物资管理办法》规定，应急事件发生后，建立值班报告机制，供应链运营中心适时启动________应急值班和日报告机制。（ ）

A. 12h　　B. 8h　　C. 24h　　D. 48h

考核知识点：信息报送

难易度：易

标准答案：C

Jz0001631013 公司建立总部、省、地（市）三级应急物资保障体系，包括组织保障、资源保障、程序保障和________。（ ）

A. 支撑保障　　B. 技术保障　　C. 质量保障　　D. 信息保障

考核知识点：应急物资保障

难易度：易

标准答案：A

Jz0001633014 国网物资部（招投标管理中心）是公司应急工作的归口管理部门，负责组织开展________应急物资调拨；协调应急物资供应重大问题。（ ）

A. 跨省　　B. 跨地市　　C. 跨县　　D. 跨区

考核知识点：工作职责

难易度：难

标准答案：A

Jz0001631015 应急状态解除后，各级专业部门应尽快完成项目立项或专项成本申请，在________天内办理完成应急物资相关手续。（ ）

A. 80　　B. 120　　C. 160　　D. 180

考核知识点：应急物资保障

难易度：易

标准答案：D

Jz0001631016 应急物资供应后，应迅速开展后续结算工作，原则上在应急状态解除后________天内完成结算工作。（ ）

A. 180　　B. 160　　C. 120　　D. 80

考核知识点：应急物资保障

难易度：易

标准答案：A

Jz0001633017 物资保障阶段，各级物资部门按照________原则，开展应急物资保障工作。（ ）

A. 先采购后利库　　B. 先近后远、先利库后采购

C. 效率优先　　D. 边采购边利库

考核知识点：应急物资保障

难易度：难

标准答案：C

Jz0001633018　不可预测的恶劣自然灾害等突发事件发生后，事发地市公司物资部应迅速以快报方式报送至________供应链运营中心。(　　)

A. 地市级　　B. 省级　　C. 总部　　D. 县级

考核知识点：信息报送

难易度：难

标准答案：B

Jz0001633019　负责省级直管应急物资储备库物资采购、补库、出入库业务实施工作，建立物资检查、保养、周转等机制；指导、监督总部、省级应急实物储备仓库日常管理工作。由________承担。(　　)

A. 省物资公司　　B. 省物资部　　C. 省公司　　D. 公司总部

考核知识点：工作职责

难易度：难

标准答案：A

Jz0001631020　负责省级应急储备物资的催交催运和到货验收等工作；配合开展应急物资跨地市调配。由________承担。(　　)

A. 省物资公司　　B. 省物资部　　C. 省公司　　D. 地（市）公司物资部

考核知识点：工作职责

难易度：易

标准答案：D

Jz0001633021　负责所辖范围内应急物资储备、供应、调配、仓库日常管理等具体实施工作；建立实物储备物资检查、保养、周转等机制。由________负责。(　　)

A. 省物资公司　　B. 县公司物资供应分中心

C. 省公司　　D. 地（市）公司物资部

考核知识点：工作职责

难易度：难

标准答案：B

Jz0001633022　________负责应急物资需求、跨省、跨地（市）物资调配申请的收集、整理和汇总，形成跨省、跨地（市）库存物资调配计划，报省公司物资部审核后组织实施。(　　)

A. 省物资公司　　B. 公司总部　　C. 省公司　　D. 地（市）公司物资部

考核知识点：工作职责

难易度：难

标准答案：A

Jz0001633023　________负责统计分析库存物资信息和库存“一本账”系统应用情况。(　　)

A. 地（市）公司物资部　　B. 公司总部

C. 省公司　　D. 省物资公司

考核知识点：工作职责

难易度：难

标准答案：C

Jz0001631024　虚拟库中一般工厂管理的物资类型包括：直送项目物资、供应商代保管物资、借出物资、中转物资、直发现场非项目物资、________。(　　)

A. 应急物资　　B. 退役资产　　C. 废旧物资　　D. 运维物资

考核知识点：ERP 物资模块

难易度：易

标准答案：A

Jz0001631025　按照库存地点区分物资性质，________用于由省公司统一出资、集中管理的应急物资。为便于在 ERP 系统直观地体现应急物资所存放的实体仓库，可以在库存地点描述输入实体仓库的名称并加上“应急”字样。(　　)

A. 9301　　B. 9401　　C. 9501　　D. 9601

考核知识点：ERP 物资模块

难易度：易

标准答案：D

Jz0001633026　根据《国家电网公司应急物资管理办法》规定，________负责制订公司应急物资管理规章制度和办法。(　　)

A. 国网物资公司　　B. 省物资公司　　C. 省公司物资部　　D. 国网物资部

考核知识点：工作职责

难易度：难

标准答案：D

Jz0001633027　根据《国家电网公司应急物资管理办法》规定，________负责组织实施应急物资实物储备和应急储备仓库管理；承担国网应急储备仓库日常管理工作。(　　)

A. 国网物资公司　　B. 国网物资部　　C. 省公司物资部　　D. 省物资公司

考核知识点：工作职责

难易度：难

标准答案：C

Jz0001633028　根据《国家电网公司应急物资管理办法》规定，________负责制定本单位应急物资保障预案，组织开展应急演练。(　　)

A. 省公司物资部　　B. 国网物资部　　C. 国网物资公司　　D. 省物资公司

考核知识点：工作职责

难易度：难

标准答案：A

Jz0001633029　根据《国家电网公司应急物资管理办法》规定，________负责省级直管应急物资储备库物资采购、补库、出入库等业务实施工作，建立物资检查、保养、周转等机制；指导、监督总部、省级应急实物储备仓库日常管理。(　　)

A. 国网物资公司　　B. 国网物资部　　C. 省公司物资部　　D. 省物资公司

考核知识点：工作职责
难易度：难
标准答案：D

Jz0001633030　根据《国家电网公司应急物资管理办法》规定，________依托省级供应链运营中心，发布应急物资保障预警信息，具体实施应急物资跨地市调配、省内应急物资采购、合同签订与结算、应急物资运输配送等工作。(　　)

A. 国网物资公司　　B. 国网物资部　　C. 省公司物资部　　D. 省物资公司

考核知识点：工作职责
难易度：难
标准答案：D

Jz0001631031　根据《国家电网公司应急物资管理办法》规定，________负责所辖范围内应急物资储备、供应、调配、仓库日常管理等具体实施工作；建立实物储备物资检查、保养、周转等机制。(　　)

A. 地（市）公司　　B. 县公司　　C. 省公司物资部　　D. 省物资公司

考核知识点：应急物资管理
难易度：易
标准答案：B

Jz0001631032　应急物资保障工作组根据突发事件应急物资保障工作需要，组建现场物资保障部。现场物资保障部接受________应急指挥领导，开展应急物资保障工作。(　　)

A. 上级　　B. 下级　　C. 本级　　D. 总公司

考核知识点：应急物资保障
难易度：易
标准答案：C

Jz0001633033　公司建立总部和________两级应急物资管理体系，按照“集中管理、统一调配、平时服务、灾时应急、采储结合、节约高效”的远些，开展应急物资管理工作。(　　)

A. 各单位　　B. 国网物资部　　C. 省公司物资部　　D. 省物资公司

考核知识点：工作职责
难易度：难
标准答案：A

Jz0001633034　________负责中心库统筹管理，组织制定和优化全省物资储备定额，确定中心库、周转库储备方式和储备策略。仓库所属省物资公司负责中心库仓储配送管理和作业。(　　)

A. 省物资公司　　B. 省物资部　　C. 省公司　　D. 地（市）公司物资部

考核知识点：工作职责
难易度：难
标准答案：B

Jz0001631035　物资公司（中心）________组织开展防火检查，重点是库房、设备、防火设施等，并做好记录。(　　)

A. 每半年　B. 每季度　C. 每月　D. 每年

考核知识点：消防检查

难易度：易

标准答案：A

Jz0001633036　中心库、周转库室内货架以横梁式货架和________为主，线缆类物资可采用线缆盘贮存货架。仓储点室内货架以搁板式货架为主，零星散件物资采用周转箱保管。(　　)

A. 电缆货架　B. 立体货架　C. 重力式货架　D. 悬臂式货架

考核知识点：仓储标准化建设

难易度：难

标准答案：D

Jz0001633037　________库存地点编码是在 ERP 系统中对不存放实物的虚拟仓库设置的编码。(　　)

A. 虚拟库　B. 实体库　C. 代保管库　D. 中转虚拟库

考核知识点：ERP 物资模块

难易度：难

标准答案：A

Jz0001631038　项目暂存物资：暂存在仓库中用于工程项目上的物资。记录实际项目 WBS 编号，特殊库存类型标识为“________”，库存状态为“非限制使用”。(　　)

A. M　B. O　C. Q　D. E

考核知识点：ERP 物资模块

难易度：易

标准答案：C

Jz0001633039　物资出库应遵循________的原则，对有保管期限的物资，应在保质期限内发出。(　　)

A. 先入后出　B. 先进先出　C. 数量优先　D. 价值优先

考核知识点：物资出入库

难易度：难

标准答案：B

Jz0001631040　物资出库按照“________”处理，即先进行 ERP 系统出库操作，再办理实物发货和交接。物资出库按出库方式不同，可分为物资领用出库、物资调拨出库、代保管物资出库和废旧物资出库。(　　)

A. 先物后账　B. 没有要求　C. 先账后物　D. 以上都对

考核知识点：物资出入库

难易度：易

标准答案：C

Jz0001631041　系统操作员根据成交通知（废旧物资销售订单）、经财务部门确认的付款凭证、在 ERP 系统执行销售发货操作，打印废旧物资________。（　　）

A. 领料单　　B. 入库单　　C. 调拨单　　D. 出库单

考核知识点：ERP 物资模块

难易度：易

标准答案：D

Jz0001631042　________负责国网储备库统筹管理，组织制定和优化物资储备定额，确定储备方式和储备策略。六个应急储备仓库所属单位的省物资公司或地（市）物资供应中心负责国网储备库的仓储配送管理和作业。（　　）

A. 国网物资部　　B. 公司总部　　C. 省公司　　D. 省物资公司

考核知识点：工作职责

难易度：易

标准答案：A

Jz0001631043　进入库区作业人员，必须佩戴________。外单位机动车辆需登记后方可进入库区，并按指定位置停放。严禁携带任何易燃、易爆、有毒有害等危险品进入仓库。（　　）

A. 对讲机　　B. 安全帽　　C. 工牌　　D. 工装

考核知识点：作业人员要求

难易度：易

标准答案：B

Jz0001631044　仓库应每年制定库房维护保养计划，________进行一次仓库保养状态检查。做好防火、防盗、防潮、防漏、防虫、防鼠害措施。（　　）

A. 每月　　B. 每季度　　C. 每半年　　D. 每年

考核知识点：物资维护保养

难易度：易

标准答案：C

Jz0001633045　库存地点编码分为实体库库存地点编码和________库存地点编码。（　　）

A. 虚拟库　　B. 实体库　　C. 代保管库　　D. 中转虚拟库

考核知识点：ERP 物资模块

难易度：难

标准答案：A

Jz0001631046　委外加工物资：本单位出资购买用于委托供应商进行生产加工的物资。特殊库存类型标识为“________”。（　　）

A. M　　B. O　　C. Q　　D. E

考核知识点：ERP 物资模块

难易度：易

标准答案：B

Jz0001633047　应急物资：用于由________统一出资、集中管理的应急物资。(　　)

A. 国网物资部　　B. 公司总部　　C. 省公司　　D. 省物资公司

考核知识点：应急物资定义

难易度：难

标准答案：C

Jz0001633048　需要入库验收的物资，完成实物交接后应将物资存放在入库待检区，________内需完成到货验收，验收合格后才能收货入库或办理发货。(　　)

A. 7 个工作日　　B. 5 个工作日　　C. 10 个工作日　　D. 3 个工作日

考核知识点：物资出入库

难易度：难

标准答案：B

Jz0001633049　________设置六个国网储备库，承担公司应急物资的集中储备任务，保障特大突发事件的应急物资供应。(　　)

A. 国网物资公司　B. 国网物资部　　C. 省公司物资部　　D. 公司总部

考核知识点：工作职责

难易度：难

标准答案：D

Jz0001633050　________负责周转库统筹管理，组织制定和优化本地（市）物资储备定额，负责仓储配送管理和作业。(　　)

A. 地（市）公司物资部　　B. 地（市）物资供应中心

C. 省公司物资部　　D. 省物资公司

考核知识点：工作职责

难易度：难

标准答案：B

Jz0001633051　________根据仓库属性、储备物资类别和供应模式，考虑售电量、地域面积等因素，合理设定总体仓库规划建设面积。(　　)

A. 省公司　　B. 国网物资部　　C. 省公司物资部　　D. 省物资公司

考核知识点：工作职责

难易度：难

标准答案：A

Jz0001633052　根据《国家电网公司实物库存管理办法》规定，________是由于现场不具备收货条件，临时保管在公司仓库中，最终用于工程项目建设的物资。(　　)

A. 工程结余物资　　B. 退役资产　　C. 项目暂存物资　　D. 供应商寄存物资

考核知识点：实物库存定义

难易度：难

标准答案：C

Jz0001633053 根据《国家电网公司实物库存管理办法》规定，________负责建立省公司库存资源统一调配平台，定期更新、发布可调配库存物资信息。负责审核和上报跨省物资调配申请，审批跨地（市）物资调配计划，组织开展跨区域物资调配工作。(　　)

A. 省公司物资公司　　B. 省公司物资部

C. 地（市）物资供应中心　　D. 省（市）专业管理部门

考核知识点：工作职责

难易度：难

标准答案：B

Jz0001633054 根据《国家电网公司实物库存管理办法》规定，________负责组织制定和优化本单位库存物资储备定额，组织开展本单位库存物资采购、仓储、配送管理等工作。(　　)

A. 省公司物资公司　　B. 省公司物资部

C. 地（市）物资供应中心　　D. 省（市）专业管理部门

考核知识点：工作职责

难易度：难

标准答案：B

Jz0001633055 根据《国家电网公司实物库存管理办法》规定，________负责组织开展省公司库存废旧物资集中处置工作。(　　)

A. 省公司物资公司　　B. 省公司物资部

C. 国网物资公司　　D. 省（市）专业管理部门

考核知识点：工作职责

难易度：难

标准答案：B

Jz0001633056 根据《国家电网公司实物库存管理办法》规定，________负责省公司直接管理仓库库存物资管理，审核库存物资报废申请。(　　)

A. 省公司物资公司　　B. 省公司物资部

C. 国网物资公司　　D. 省（市）专业管理部门

考核知识点：工作职责

难易度：难

标准答案：B

Jz0001633057 根据《国家电网公司实物库存管理办法》规定，________负责省公司应急物资需求、跨省、跨地（市）物资调配申请的收集、整理和汇总，形成跨省、跨地（市）库存物资调配计划，报省公司物资部审核后组织实施。(　　)

A. 省公司物资公司　　B. 省公司物资部

C. 国网物资公司　　D. 国网物资部

考核知识点：工作职责

难易度：难

标准答案：A

Jz0001633058　根据《国家电网公司实物库存管理办法》规定，________负责省公司直接管理仓库日常运维管理，物资验收、出入库、保管、退库、调配、盘点等仓储业务实施，以及退役资产在库保管。(　　)

A. 省公司物资部　　B. 省公司物资公司
C. 项目建设管理单位　　D. 地市物资供应中心

考核知识点：工作职责
难易度：难
标准答案：B

Jz0001633059　根据《国家电网公司实物库存管理办法》规定，________负责按照公司专业部门制定的储备定额标准，制订和优化本单位库存物资储备定额。(　　)

A. 省公司物资部　　B. 省公司物资公司
C. 项目建设管理单位　　D. 省（市）专业管理部门

考核知识点：工作职责
难易度：难
标准答案：D

Jz0001633060　根据《国家电网公司实物库存管理办法》规定，________负责组织开展省公司在库保管退役资产检修、试验，对待报废退役资产办理报废手续。(　　)

A. 省公司物资部　　B. 省公司物资公司
C. 项目建设管理单位　　D. 省（市）专业管理部门

考核知识点：工作职责
难易度：难
标准答案：D

Jz0001633061　根据《国家电网公司实物库存管理办法》规定，________负责组织开展本专业退库和库存物资、退役资产的技术鉴定，审核本专业待报废物资申请。(　　)

A. 省公司物资部　　B. 省公司物资公司
C. 项目建设管理单位　　D. 省（市）专业管理部门

考核知识点：工作职责
难易度：难
标准答案：D

Jz0001633062　根据《国家电网公司实物库存管理办法》规定，________组织开展本专业库存闲置物资跨区域需求匹配，组织实施库存闲置物资专业技术鉴定及试验维修工作，组织完成本专业在库退役设备跨区域调配工作。(　　)

A. 省公司物资部　　B. 省公司物资公司
C. 项目建设管理单位　　D. 省（市）专业管理部门

考核知识点：工作职责
难易度：难
标准答案：D

Jz0001633063 根据《国家电网公司实物库存管理办法》规定，________负责组织项目单位、设计单位从设计源头开展实物库存的利库工作，审核和实施本单位项目物资调配和利用计划，审核物资需求计划。( )

A. 省公司物资部 B. 省公司物资公司
C. 各级建设项目管理部门 D. 省（市）专业管理部门

考核知识点：工作职责
难易度：难
标准答案：C

Jz0001633064 根据《国家电网公司实物库存管理办法》规定，________负责开展本专业实物库存的利库工作，提出项目物资调拨和利用计划，平衡利库后，提出物资需求计划。( )

A. 省公司物资部 B. 省公司物资公司
C. 项目建设管理单位 D. 地（市）物资供应中心

考核知识点：工作职责
难易度：难
标准答案：C

Jz0001631065 根据《国家电网公司实物库存管理办法》规定，________配合做好库存物资盘点工作，并对盘点差异进行审核和账务处理。( )

A. 项目建设管理单位 B. 地（市）物资供应中心
C. 省（市）专业管理部门 D. 各级财务部门

考核知识点：工作职责
难易度：易
标准答案：D

Jz0001631066 项目物资在仓库暂存时间原则上不得超过________天。( )

A. 90 B. 180 C. 360 D. 720

考核知识点：存储要求
难易度：易
标准答案：C

Jz0001633067 项目暂存物资的二次运输、装卸等费用由________承担。( )

A. 项目建设管理单位 B. 地（市）物资供应中心
C. 省（市）专业管理部门 D. 各级财务部门

考核知识点：存储要求
难易度：难
标准答案：A

Jz0001631068 同法人间调拨入库，组织实施的物资公司按照调拨通知单，在 ERP 系统内创建________，将调拨通知单和转储订单同时下达到调入单位，调入单位物资公司（中心）根据调拨通知单、转储订单，与调出单位办理交接验收，完成收货入库。( )

A. 调拨通知单 B. 转储订单 C. 采购订单 D. 交接单

考核知识点：ERP 物资模块
难易度：易
标准答案：B

Jz0001633069 跨法人间调拨入库，由________在 ERP 系统内创建采购订单。(   )
A. 调入单位 B. 上级部门 C. 调出单位 D. 物资公司
考核知识点：ERP 物资模块
难易度：难
标准答案：A

Jz0001631070 工程结余物资导线退库鉴定为可用物资，参考标准单根质量在________kg 及以上。(   )
A. 100 B. 150 C. 200 D. 300
考核知识点：工程结余物资管理
难易度：易
标准答案：C

Jz0001631071 工程结余物资地线退库鉴定为可用物资，参考标准单根质量在________kg 及以上。(   )
A. 100 B. 150 C. 200 D. 300
考核知识点：工程结余物资管理
难易度：易
标准答案：C

Jz0001631072 工程结余物资架空绝缘线退库鉴定为可用物资，参考标准单根段长在________m 及以上。(   )
A. 200 B. 300 C. 500 D. 600
考核知识点：工程结余物资管理
难易度：易
标准答案：C

Jz0001631073 工程结余物资 10kV 及以上高压电缆退库鉴定为可用物资，参考标准单根段长在________m 及以上。(   )
A. 50 B. 100 C. 150 D. 200
考核知识点：工程结余物资管理
难易度：易
标准答案：B

Jz0001631074 工程结余物资 1kV 及以下低压电缆退库鉴定为可用物资，参考标准单根段长在________m 及以上。(   )
A. 100 B. 150 C. 200 D. 300
考核知识点：工程结余物资管理

难易度：易
标准答案：A

Jz0001633075 工程结余物资 10kV 及以上高压电缆单根段长为 20m，有利用价值的，则________。( )
A. 在工程中作为边角废料进行报废处理
B. 按结余物资退库
C. 自行处理
D. 移交运行单位作运维材料
考核知识点：工程结余物资管理
难易度：难
标准答案：D

Jz0001633076 在结余物资退库时，没有利用价值的物资，在工程中应________。( )
A. 作为边角废料进行报废处理
B. 移交运行单位作运维材料
C. 物资部门入库后报废
D. 自行处理
考核知识点：工程结余物资管理
难易度：难
标准答案：A

Jz0001633077 以下不满足工程结余物资退库标准的是：________。( )
A. 一台变压器
B. 单根质量 230kg 的导线
C. 单根段长 300m 的架空绝缘线
D. 单根段长 150m 的 1kV 及以下低压电缆
考核知识点：工程结余物资管理
难易度：难
标准答案：C

Jz0001631078 以下不满足工程结余物资退库标准的是：________。( )
A. 一台变压器
B. 单根质量 150kg 的导线
C. 单根段长 600m 的架空绝缘线
D. 单根段长 100m 的 1kV 及以下低压电缆
考核知识点：工程结余物资管理
难易度：易
标准答案：B

Jz0001631079 根据《国家电网公司实物库存管理办法》规定，________编制《工程结余物资退库申请表》，明确退库物料、退库数量、鉴定情况等信息。( )
A. 项目建设管理单位
B. 物资部门
C. 设计部门
D. 财务部门
考核知识点：工作职责
难易度：易
标准答案：A

Jz0001631080 鉴定不可用的项目结余物资，由________办理结余物资的报废手续后，填写废旧物资移交单。( )
A. 项目管理部门 B. 物资部门 C. 设计部门 D. 财务部门

考核知识点：工作职责

难易度：易

标准答案：A

Jz0001631081　退出退役资产在办理保管入库手续前，由________组织开展技术鉴定。(　　)

A. 实物资产管理部门　　B. 物资部门

C. 设计部门　　D. 财务部门

考核知识点：工作职责

难易度：易

标准答案：A

Jz0001631082　各级仓库应按《国家电网公司废旧物资处置管理办法》规定，及时整理废旧物资清单，在________集中办理网上竞价处置。(　　)

A. ECP　　B. WM　　C. ERP　　D. MM

考核知识点：废旧物资处置流程

难易度：易

标准答案：A

Jz0001633083　重点设备材料审核鉴定报告及退库申请/可用资产保管申请，需经________签字审核后，办理退库/保管手续。(　　)

A. 分管领导　　B. 保管员　　C. 物资主管　　D. 项目建设单位主管

考核知识点：工程结余物资管理

难易度：难

标准答案：A

Jz0001631084　物资退库/退出退役资产保管申请批准后________个工作日内，项目建设单位/实物资产使用单位将退库物资/退出退役资产送到指定仓库。(　　)

A. 5　　B. 10　　C. 20　　D. 30

考核知识点：工程结余物资管理

难易度：易

标准答案：A

Jz0001631085　退库/退役资产保管过程中，所发生的技术鉴定、运输、装卸等费用由________成本中列支。(　　)

A. 项目所在单位　　B. 物资部门　　C. 财务部门　　D. 设计单位

考核知识点：工程结余物资管理

难易度：易

标准答案：A

Jz0001633086　库存物资利用坚持________原则，建立省、地（市）、县分级平衡利库机制。(　　)

A. 先利库、后采购　　B. 谁形成库存、谁负责利库

C. 以大代小、型号替换　　D. 按需领用、动态周转

考核知识点：平衡利库

难易度：难

标准答案：A

Jz0001631087　根据《国家电网公司实物库存管理办法》规定，________收集本地（市）物资需求，与库存物资匹配后形成库存物资利用计划，并组织实施。（　　）

A. 项目建设管理单位　　B. 地（市）物资供应中心

C. 省（市）专业管理部门　　D. 各级财务部门

考核知识点：工作职责

难易度：易

标准答案：B

Jz0001633088　物资公司（中心）定期将可利用库存物资信息表发送________，作为提报需求计划和开展设计的利库依据。（　　）

A. 设计人员　　B. 计划专责

C. 项目/需求单位所属管理部门　　D. 省公司

考核知识点：工作职责

难易度：难

标准答案：C

Jz0001633089　库存物资平衡利库流程中，________负责收集汇总省公司物资需求，各地（市）公司物资采购需求和跨地（市）调拨申请单，在全省可调拨库存物资清单中进行匹配和复核。若满足要求，汇总形成本省库存物资利用计划，省内无法满足需求时，________。（　　）

A. 省物资部、在国网可调拨库存物资清单中进行匹配

B. 省物资部、按照相关流程进行采购

C. 省物资公司、在国网可调拨库存物资清单中进行匹配

D. 省物资公司、按照相关流程进行采购

考核知识点：平衡利库

难易度：难

标准答案：C

Jz0001633090　库存物资利用过程中，需求物资利用过程中，需求物资与可调配物资未完全匹配，但物资型号、规格相近的，在征求项目管理部门和专业管理部门意见后，宜采取________等方式进行。（　　）

A. 以小代大、数量替换　　B. 以大代小、数量替换

C. 以小代大、型号替换　　D. 以大代小、型号替换

考核知识点：平衡利库

难易度：难

标准答案：D

Jz0001633091　在库保管退役资产再利用，由________负责利库调配，协调项目管理部门优先在基建、技改等项目中使用。(　　)

A. 实物资产管理部门　　B. 物资部门

C. 设计部门　　D. 项目管理部门

考核知识点：退役资产管理

难易度：难

标准答案：A

Jz0001631092　项目管理部门在办理储备定额物资领用手续时，在项目内创建物资需求，打印________，经部门领导审核同意后与物资公司（中心）办理领料手续。(　　)

A. 领料单　　B. 出库单　　C. 交接单　　D. 验收单

考核知识点：ERP 物资模块

难易度：易

标准答案：A

Jz0001631093　物资公司（中心）根据________，在系统内完成过账，打印出库单。(　　)

A. 领料单　　B. 验收单　　C. 交接单　　D. 配送单

考核知识点：ERP 物资模块

难易度：易

标准答案：A

Jz0001631094　根据________，物资公司（中心）和项目管理部门进行实物清点，完成出库发料。(　　)

A. 领料单　　B. 出库单　　C. 交接单　　D. 到货单

考核知识点：物资出入库

难易度：易

标准答案：B

Jz0001631095　物资出库时，对________应在期限内发出，以防物资变质。(　　)

A. 有保管期限物资　　B. 危险品　　C. 暂时存放　　D. 项目

考核知识点：物资出入库

难易度：易

标准答案：A

Jz0001633096　根据《国家电网公司实物库存管理办法》规定，________负责退役资产利库调配，协调和制订利用计划。(　　)

A. 实物资产管理部门　　B. 物资部门

C. 设计部门　　D. 财务部门

考核知识点：退役资产管理

难易度：难

标准答案：A

Jz0001633097 根据《国家电网公司实物库存管理办法》规定，________组织开展废旧物资网上竞价处置，在成交后，及时通知申报废旧物资处置的物资供应中心和回收商，发布成交通知书。(   )

A. 省公司物资公司　　B. 省公司物资部
C. 国网物资公司　　D. 省（市）专业管理部门

考核知识点：工作职责
难易度：难
标准答案：A

Jz0001631098 省公司物资公司组织开展废旧物资网上竞价处置，在成交后，及时通知申报废旧物资处置的物资供应中心和回收商，发布________。(   )

A. 成交通知书　　B. 中标通知书　　C. 竞价通知书　　D. 邀请函

考核知识点：工作职责
难易度：易
标准答案：A

Jz0001631099 供应商寄存物资定期生成寄存物资耗用清单，按________与供应商办理结算。(   )

A. 月度　　B. 季度　　C. 半年度　　D. 年度

考核知识点：寄存物资管理
难易度：易
标准答案：A

Jz0001631100 供应商寄存物资对仓库寄存物资，在系统内通过________完成出库过账。(   )

A. 转为自有库存方式　　B. 销售
C. 领料单　　D. 调拨

考核知识点：寄存物资管理
难易度：易
标准答案：A

Jz0001631101 建立________级平衡利库工作机制，严把采购关口，凡是仓库内可利库物资，原则上不允许重新采购。(   )

A. 一　　B. 二　　C. 三　　D. 四

考核知识点：平衡利库
难易度：易
标准答案：C

Jz0001631102 加强储备物资集中管理，以________为单位，实施储备物资统一采购、集中储备、统一配送，加快动态周转，有效满足生产运维和事故抢修的物资需求。(   )

A. 国家电网公司　　B. 省公司　　C. 地市公司　　D. 县公司

考核知识点：工作职责

难易度：易
标准答案：B

Jz0001631103　库存物资遵循永续盘存的原则。________逐项记录物资收、发、转储、退库等信息，确保当日实物与账面数量保持一致。(　　)

A. 逐日　　B. 定期　　C. 每周　　D. 每月

考核知识点：物资出入库
难易度：易
标准答案：A

Jz0001631104　盘点后续处置根据实盘数量分析盘点差异原因，提出处理意见，编制盘点差异报告，经本单位领导审批通过后，由________办理账务处置。(　　)

A. 项目管理部门　　B. 物资部门　　C. 设计部门　　D. 财务部门

考核知识点：物资盘点
难易度：易
标准答案：D

Jz0001631105　对需要进行电气和机械性能保养维护的物资，由________组织开展。(　　)

A. 项目建设管理单位　　B. 地（市）物资供应中心
C. 专业管理部门　　D. 设计院

考核知识点：物资维护保养
难易度：易
标准答案：C

Jz0001633106　在库保管退役资产试验管理：________申请和落实试验费用，________配合开展退役资产的委托试验工作，并将试验结果及时报送________。(　　)

A. 实物资产管理部门、物资部门、实物资产管理部门
B. 实物资产管理部门、物资部门、设计院
C. 物资部门、实物资产管理部门、设计院
D. 设计院、实物资产管理部门、物资部门

考核知识点：退役资产管理
难易度：难
标准答案：A

Jz0001631107　库存物资经鉴定（或试验）不满足技术条件或已到保质期限需报废的，应在________内办理报废手续。(　　)

A. 三个月　　B. 六个月　　C. 九个月　　D. 十二个月

考核知识点：物资报废流程
难易度：易
标准答案：A

Jz0001631108　物资公司（中心）依据盘点结果，按________梳理出不满足技术条件或已到保质期的库存物资清单，组织专业管理部门开展库存物资技术鉴定工作。(　　)

A. 月度　　B. 季度　　C. 半年度　　D. 年度

考核知识点：物资盘点

难易度：易

标准答案：B

Jz0001631109　库存物资鉴定不可用的物资，由________提出库存物资报废申请，履行报废处置流程。(　　)

A. 项目建设管理单位　　B. 物资部门

C. 设计部门　　D. 财务部门

考核知识点：物资报废流程

难易度：易

标准答案：B

Jz0001631110　库存物资信息遵循实际业务与系统操作同步原则，仓库收发货业务与系统出入库手续、库存实物盘点与系统盘点均应在________内同步完成。(　　)

A. 当日　　B. 当月　　C. 3 日　　D. 7 个工作日

考核知识点：物资盘点

难易度：易

标准答案：A

Jz0001631111　专业仓储点由省公司统一备案管理，由________负责日常管理和领用出库。(　　)

A. 所属单位　　B. 省公司　　C. 地市公司　　D. 县公司

考核知识点：工作职责

难易度：易

标准答案：A

Jz0001631112　对在库时间临近________天的项目暂存物资和在库保管临近________天的可用退役资产，向项目建设管理单位提供清单进行预警和提示。(　　)

A. 180、360　　B. 180、720　　C. 360、450　　D. 360、720

考核知识点：存储要求

难易度：易

标准答案：D

Jz0001631113　可利用库存物资信息表中库存价格是库存中实时显示的________。(　　)

A. 不含税价格　　B. 含税价格　　C. 平均价　　D. 最高价

考核知识点：ERP 物资模块

难易度：易

标准答案：A

Jz0001631114 ________是由于现场不具备收货条件，临时保管在公司仓库中，最终用于工程项目建设的物资。(　　)

A. 工程结余退库物资　　B. 项目暂存物资
C. 退出退役资产　　D. 废旧物资

考核知识点：实物库存定义
难易度：易
标准答案：B

Jz0001633115 ________负责制定库存一本账管理相关规定，组织开展库存一本账系统应用。(　　)

A. 国网物资部　　B. 省物资公司　　C. 国网物资公司　　D. 省公司物资部

考核知识点：工作职责
难易度：难
标准答案：A

Jz0001633116 ________负责制订公司实物库存管理的规章制度和办法。(　　)

A. 国网物资部　　B. 省物资公司　　C. 国网物资公司　　D. 省公司物资部

考核知识点：工作职责
难易度：难
标准答案：A

Jz0001631117 ________负责建立库存资源统一调配平台，审批跨省物资调配计划，组织开展跨省物资调配工作。(　　)

A. 国网物资公司　　B. 国网物资部　　C. 省物资公司　　D. 省公司物资部

考核知识点：工作职责
难易度：易
标准答案：B

Jz0001633118 ________负责公司系统实物库存管理工作的指导、监督、检查和考核。(　　)

A. 国网物资公司　　B. 国网物资部　　C. 省物资公司　　D. 省公司物资部

考核知识点：工作职责
难易度：难
标准答案：B

Jz0001633119 ________负责统计分析公司系统库存物资信息和库存一本账系统应用情况。(　　)

A. 国网物资公司　　B. 国网物资部　　C. 省物资公司　　D. 省公司物资部

考核知识点：工作职责
难易度：难
标准答案：A

Jz0001633120　________负责组织各单位在库存资源统一调配平台，定期更新、发布可调配物资信息，进行统计分析。(　　)

A. 国网物资公司　　B. 国网物资部　　C. 省物资公司　　D. 省公司物资部

考核知识点：工作职责

难易度：难

标准答案：A

Jz0001633121　________负责公司应急物资需求、跨省物资调配申请的收集、整理、汇总，形成跨省库存物资调配计划，报物资部审核后组织实施。(　　)

A. 国网物资公司　　B. 国网物资部　　C. 省物资公司　　D. 省公司物资部

考核知识点：工作职责

难易度：难

标准答案：A

Jz0001631122　________配合物资部制订和优化公司库存物资储备定额。(　　)

A. 国网物资公司　　B. 国网物资部　　C. 省物资公司　　D. 省公司物资部

考核知识点：工作职责

难易度：易

标准答案：A

Jz0001633123　________负责组织国网应急储备库所属单位落实总部应急物资储备定额，开展业务指导。(　　)

A. 国网物资公司　　B. 国网物资部　　C. 省物资公司　　D. 省公司物资部

考核知识点：工作职责

难易度：难

标准答案：A

Jz0001631124　________协助国网物资部对实物库存管理工作进行指导、监督、检查和考核。(　　)

A. 国网物资公司　　B. 国网物资部　　C. 省物资公司　　D. 省公司物资部

考核知识点：工作职责

难易度：易

标准答案：A

Jz0001633125　________负责贯彻执行公司实物库存管理的有关规定。(　　)

A. 国网物资公司　　B. 国网物资部　　C. 省物资公司　　D. 省公司物资部

考核知识点：工作职责

难易度：难

标准答案：A

Jz0001633126　________负责本单位库存一本账管理，组织开展库存一本账系统应用。(　　)

A. 国网物资公司　　B. 国网物资部　　C. 省物资公司　　D. 省公司物资部

考核知识点：工作职责
难易度：难
标准答案：B

Jz0001633127 ________负责建立省公司库存资源统一调配平台，定期更新、发布可调配库存物资信息。负责审核和上报跨省物资调配申请，审批跨地（市）物资调配计划，组织开展跨区域物资调配工作。（ ）

A. 国网物资公司 B. 国网物资部 C. 省物资公司 D. 省公司物资部

考核知识点：工作职责
难易度：难
标准答案：B

Jz0001633128 ________负责组织制定和优化本单位库存物资储备定额，组织开展本单位库存物资采购、仓储、配送管理等工作。（ ）

A. 国网物资公司 B. 国网物资部 C. 省物资公司 D. 省公司物资部

考核知识点：工作职责
难易度：难
标准答案：B

Jz0001633129 ________负责省公司直接管理仓库库存物资管理，审核库存物资报废申请。组织开展省公司库存废旧物资集中处置工作。（ ）

A. 国网物资公司 B. 国网物资部 C. 省物资公司 D. 省公司物资部

考核知识点：工作职责
难易度：难
标准答案：B

Jz0001631130 ________负责省公司库存物资管理工作的指导、监督、检查和考核。（ ）

A. 国网物资公司 B. 国网物资部 C. 省物资公司 D. 省公司物资部

考核知识点：工作职责
难易度：易
标准答案：B

Jz0001653131 ________负责统计分析省公司库存物资信息和库存一本账系统应用情况。（ ）

A. 国网物资公司 B. 国网物资部 C. 省物资公司 D. 省公司物资部

考核知识点：工作职责
难易度：难
标准答案：B

Jz0001631132 ________负责组织所属单位在库存资源统一调配平台，定期更新、发布可调配物资信息，进行统计分析。（ ）

A. 国网物资公司 B. 国网物资部 C. 省物资公司 D. 省公司物资部

考核知识点：工作职责
难易度：易
标准答案：B

Jz0001633133　________负责省公司应急物资需求、跨省、跨地（市）物资调配申请的收集、整理和汇总，形成跨省、跨地（市）库存物资调配计划，报省公司物资部审核后组织实施。（　　）

A. 国网物资公司　　B. 国网物资部　　C. 省物资公司　　D. 省公司物资部

考核知识点：工作职责
难易度：难
标准答案：B

Jz0001631134　________配合物资部制定和优化省公司库存物资储备定额体系。（　　）

A. 国网物资公司　　B. 国网物资部　　C. 省物资公司　　D. 省公司物资部

考核知识点：工作职责
难易度：易
标准答案：C

Jz0001633135　________负责提出省公司直接管理仓库库存物资报废申请和废旧物资处置计划，组织办理报废手续，经审核后实施。（　　）

A. 国网物资公司　　B. 国网物资部　　C. 省物资公司　　D. 省公司物资部

考核知识点：工作职责
难易度：难
标准答案：B

Jz0001631136　________负责省公司直接管理仓库日常运维管理，物资验收、出入库、保管、退库、调配、盘点等仓储业务实施，以及退役资产在库保管。（　　）

A. 国网物资公司　　B. 国网物资部　　C. 省物资公司　　D. 省公司物资部

考核知识点：工作职责
难易度：易
标准答案：B

Jz0001631137　________负责定期将可利库实物库存清单发送需求单位（部门），供其提报需求计划和组织设计单位进行利库。（　　）

A. 国网物资公司　　B. 国网物资部　　C. 省物资公司　　D. 省公司物资部

考核知识点：工作职责
难易度：易
标准答案：B

Jz0001631138　________负责审核省公司直接管理仓库退库物资申请，办理退库手续，核查及保管退库物资相关信息、技术资料。（　　）

A. 国网物资公司　　B. 国网物资部　　C. 省物资公司　　D. 省公司物资部

考核知识点：工作职责
难易度：易
标准答案：B

Jz0001633139 ________负责提出本单位库存物资报废申请和废旧物资处置计划，组织办理报废手续，经审核后实施。(   )

A. 省物资公司　B. 项目管理部门　C. 省公司物资部　D. 地市公司供应中心

考核知识点：工作职责
难易度：难
标准答案：D

Jz0001633140 ________负责定期将可利库实物库存清单发送需求单位（部门），供其提报需求计划和组织设计单位进行利库。(   )

A. 省物资公司　B. 项目管理部门　C. 省公司物资部　D. 地市公司供应中心

考核知识点：工作职责
难易度：难
标准答案：D

Jz0001633141 ________负责审核退库物资申请，办理退库手续，核查及保管退库物资相关信息、技术资料。(   )

A. 省物资公司　B. 项目管理部门　C. 省公司物资部　D. 地市公司供应中心

考核知识点：工作职责
难易度：难
标准答案：D

Jz0001631142 ________的二次运输、装卸等费用按照谁暂存，谁负责原则承担。(   )

A. 退出退役资产　B. 废旧物资　C. 结余退库物资　D. 项目暂存物资

考核知识点：存储要求
难易度：易
标准答案：D

Jz0001633143 应用专业仓________系统，可以满足日常基本的出入仓、借用、归还、盘点等业务需求，记录库存领用和实物耗用信息。(   )

A. 信息管理　B. ERP　C. ECP　D. 手持终端

考核知识点：专业仓建设
难易度：难
标准答案：A

Jz0001633144 ________具备无人值守功能的专业仓，可采用蓝牙、NFC、RFID 等智能技术建设无人值守专业仓，实现仓库领料自动化。(   )

A. 基础型　B. 加强型　C. 智能型专业仓　D. 智慧型专业仓

考核知识点：专业仓建设
难易度：难
标准答案：C

Jz0001633145 专业仓应充分考虑专业需求、交通条件等因素，结合库与仓、仓与仓协同运作要求，进行仓储网络优化，以现有________、县公司终端库为节点进行优化设置。( )

A. 中心库 B. 周转库 C. 仓储点 D. 专业仓

考核知识点：专业仓建设
难易度：难
标准答案：B

Jz0001631146 专业仓注册管理遵循统一编码、统一命名、统一管理原则，各专业管理部门统一规划建设专业仓，在公司________平台统一注册。( )

A. MDM B. ECP C. ERP D. 电商

考核知识点：专业仓建设
难易度：易
标准答案：A

Jz0001631147 专业仓注册由________各专业部门审批、物资部门审核确认。( )

A. 地市公司 B. 省公司 C. 国网物资公司 D. 省物资公司

考核知识点：专业仓建设
难易度：易
标准答案：B

Jz0001631148 以安全、实用为原则，专业仓可配置必要的存储设备设施、装卸搬运设备、计量设备及________等辅助工器具，满足专业仓管理需要。( )

A. 登高工具 B. 剪线工具 C. 绝缘工具 D. 五金工具

考核知识点：专业仓建设
难易度：易
标准答案：B

Jz0001633149 由________负责报废物资处置管理，组织开展报废物资的接收保管、集中处置、网上竞价、合同签订、实物交接、资金回收、回收商管理及资料归档等工作。( )

A. 发展部门 B. 物资部门
C. 实物使用保管部门 D. 财务部门

考核知识点：工作职责
难易度：难
标准答案：B

Jz0001633150 由________负责在电网建设工程可研阶段，统筹考虑库存物资再利用。对于涉及实物资产拆除的电网建设工程，负责在项目可研阶段提出拟退役主要一次设备技术鉴定需求，并提供拟退役主要资产清单；负责批复电网建设工程可研报告中拟拆除资产涉及的拆除估算，包括拆除回

收、临时保管和运输费用等。(　　)

A. 发展部门　　B. 物资部门
C. 实物使用保管部门　　D. 基建部门

考核知识点：工作职责

难易度：难

标准答案：A

Jz0001631151　由________负责依据年度退役退出计划，将废旧物资处置相关收支纳入年度预算；负责组织开展废旧物资的估值工作，参与审核退役退出实物报废申请；负责废旧物资处置的资金管理、会计核算、纳税管理等。(　　)

A. 发展部门　　B. 物资部门
C. 实物使用保管部门　　D. 财务部门

考核知识点：工作职责

难易度：易

标准答案：D

Jz0001633152　实物资产报废审批按照________原则开展。实物资产管理部门提前统筹安排退役资产、退出物资技术鉴定、报废审批工作，列入年度退役退出计划的报废审批事项，原则上应在本年度内及时予以审批通过。(　　)

A. 分级分专业　　B. 分级分部门　　C. 分类分专业　　D. 分专业分物资

考核知识点：工作职责

难易度：难

标准答案：A

Jz0001633153　各单位应定期开展退役退出实物清点清理、报废处置工作，优化报废审批手续办理，原则上应在报废申请发起________个月内完成，需上报总部审批的，应在报废申请发起________个月内完成。(　　)

A. 1、3　　B. 2、4　　C. 3、6　　D. 6、12

考核知识点：物资报废流程

难易度：难

标准答案：C

Jz0001631154　对未到报废年限但无法再利用、历史遗留确实无法做到账物完全对应的实物资产，由实物使用保管单位说明原因，实物管理部门、财务部门审核确认，开辟资产报废特殊通道，原则上在报废申请发起________个月内完成。对已符合报废条件但因企业经营需要无法当年报废的，应在下一年度中统筹安排，报废办理时限不得超过________个月。(　　)

A. 12、24　　B. 6、12　　C. 3、6　　D. 1、3

考核知识点：物资报废流程

难易度：易

标准答案：A

Jz0001631155　退役资产拆除中，施工单位应严格按照合同约定、拟拆除计划开展现场拆除工作，________组织实物使用保管单位、监理单位进行现场监督。对于因特殊情况无法做到足额回收的，项目管理单位组织施工单位做好现场取证工作，出具有关说明。(　　)

A. 建设管理单位　B. 物资部门　C. 施工单位　D. 项目管理部门

考核知识点：退役资产管理

难易度：易

标准答案：D

Jz0001633156　现场处置的报废资产，无法在拆除前办理完成报废手续的，由________负责组织做好现场处置前的临时保管，待办理完成报废手续，开展网上竞价处置确定回收商后，再办理实物交接。(　　)

A. 施工单位　B. 项目管理单位

C. 实物使用保管部门　D. 物资部门

考核知识点：废旧物资处置流程

难易度：难

标准答案：B

Jz0001631157　入库暂存保管的（待）报废物资，应在入库后________内完成报废审批办理，对超过 3 个月仍未办理、无法正常周转处置的，物资管理单位拒绝接收新入库的待报废物资。(　　)

A. 3 个月　B. 6 个月　C. 9 个月　D. 12 个月

考核知识点：物资报废流程

难易度：易

标准答案：A

Jz0001633158　废旧物资处置应在________实施网上竞价处置。(　　)

A. ERP 系统　B. 拍卖网　C. 公司电子商务平台

考核知识点：废旧物资处置流程

难易度：难

标准答案：C

Jz0001631159　有处置价值的废旧物资在国家电网公司电子商务平台按照________处置。(　　)

A. 单一来源方式　B. 公开询价方式

C. 邀请竞争性谈判方式　D. 公开竞价方式

考核知识点：废旧物资处置流程

难易度：易

标准答案：D

Jz0001631160　列入《危险化学品名录》《国家危险废物名录》的危险、污染性废旧物资是________。(　　)

A. 空调　B. 六氟化硫气体　C. 电视机类电器产品　D. 移动硬盘

考核知识点：特殊物资及危险品管理

难易度：易
标准答案：B

Jz0001631161　技术鉴定为报废的物资，________（部门）办理完相应的报废手续后，向物资部门提出废旧物资处置申请，并提供相应报废审批单据。(　　)

A. 项目管理　　B. 资产管理
C. 业务管理　　D. 实物资产使用保管单位

考核知识点：物资报废流程
难易度：易
标准答案：D

Jz0001633162　________在报废物资处置管理中负责组织资产报废的技术鉴定和审批工作。(　　)

A. 物流服务分中心　　B. 各级实物管理部门/单位
C. 报废物资处置需求部门/单位　　D. 各级财务部门

考核知识点：物资报废流程
难易度：难
标准答案：B

Jz0001631163　________在报废物资处置管理中指导和监督报废物资处置资金的管理和使用。(　　)

A. 物流服务分中心　　B. 各级监察部门　　C. 各级审计部门　　D. 各级财务部门

考核知识点：物资报废流程
难易度：易
标准答案：D

Jz0001633164　________在报废物资处置管理中负责报废物资拆除的管理和监督。(　　)

A. 物流服务分中心　　B. 各级监察部门
C. 各级审计部门　　D. 各级实物管理部门/单位

考核知识点：物资报废流程
难易度：难
标准答案：D

Jz0001633165　报废物资变卖处置组织不少于________回收商进行招标或公开竞价。(　　)

A. 一家　　B. 两家　　C. 三家　　D. 四家

考核知识点：废旧物资处置流程
难易度：难
标准答案：C

Jz0001633166　根据报废物资变卖结果通知书组织报废物资回收商按照公司统一的合同文本签订合同，并办理相关手续。(　　)

A. 各级物流服务中心　　B. 各级实物管理部门/单位

C. 报废物资处置需求部门/单位　　D. 拍卖公司

考核知识点：废旧物资处置流程

难易度：难

标准答案：A

Jz0001631167 属于国家规定的秘密载体、磁盘介质载体的特殊废旧物资，由________按国家和公司有关规定在处置前对存储介质进行销毁处理。(　　)

A. 实物资产管理单位（部门）　　B. 实物资产使用保管单位（部门）

C. 物资部门　　D. 安监部门

考核知识点：特殊物资及危险品管理

难易度：易

标准答案：B

Jz0001631168 线路材料类废旧物资处置申请数量与现场实际交接数量原则上偏差不超过________。(　　)

A. ±10%　　B. ±15%　　C. ±20%　　D. ±25%

考核知识点：物资报废流程

难易度：易

标准答案：C

Jz0001631169 对在库物资经过技术鉴定确定已无法满足使用要求，并已经办理完成报废手续的物资，在一般工厂下用________移动类型，办理正常库存物资报废出库。(　　)

A. 556　　B. 553　　C. 552　　D. 557

考核知识点：ERP 物资模块

难易度：易

标准答案：B

Jz0001633170 废旧物资办理入库时 ERP 系统用________事务代码操作。(　　)

A. MB1C　　B. MB1A　　C. MB1B　　D. MB1D

考核知识点：ERP 物资模块

难易度：难

标准答案：A

Jz0001633171 ________是公司物资检储配一体化作业的归口管理部门。(　　)

A. 省物资公司　　B. 省物资部　　C. 国网物资公司　　D. 国网物资部

考核知识点："检储配"业务

难易度：难

标准答案：B

Jz0001633172 作为公司物资部的业务支撑单位，承担公司物资检储配一体化作业管理的具体实施工作。(　　)

A. 国网物资部　　B. 公司总部专业管理部门

C. 省物资公司　　　　　　　　　　D. 省（市）专业管理部门
考核知识点：“检储配”业务
难易度：难
标准答案：C

Jz0001633173　作为电网物资检测的业务支撑单位，负责对 3 个检测中心进行统一管理，并提供技术支持。（　　）
A. 电科院　　B. 经研院　　C. 物资公司　　D. 省物资部
考核知识点：“检储配”业务
难易度：难
标准答案：A

Jz0001631174　项目单位依据年度配电网工程物资需求及综合计划在采购计划智能申报应用场景提报需求计划。（　　）
A. 国网物资部　　B. 公司物资部　　C. 地市公司　　D. 物资公司
考核知识点：“检储配”业务
难易度：易
标准答案：C

Jz0001631175　重点项目物资交货期变更参照重点物资交货期变更要求，原则上在原交货期前________日提出。（　　）
A. 30　　B. 40　　C. 50　　D. 60
考核知识点：“检储配”业务
难易度：易
标准答案：D

Jz0001631176　一般物资交货期变更在原交货期前________日提出。（　　）
A. 30　　B. 40　　C. 50　　D. 60
考核知识点：“检储配”业务
难易度：易
标准答案：B

Jz0001631177　到货交接单签署和 ERP 入库手续办理应在物资到货后________日内完成。（　　）
A. 5　　B. 10　　C. 15　　D. 20
考核知识点：“检储配”业务
难易度：易
标准答案：C

Jz0001631178　公司按照________建设要求，在原有储检一体化检测中心的基础上，升级为检测中心，实现配电网物资统一储存、统一检测、统一配送，形成检储配一体化管理模式。（　　）
A. TRDB　　B. TRBB　　C. TRBD　　D. TBRD

考核知识点："检储配"业务
难易度：易
标准答案：A

Jz0001633179　物资公司根据________和物资到货交接有关要求，与供应商办理交接，交接合格后办理入库手续。(　　)

A. 物资到货交接单　　B. 物资到货验收单　　C. 物资到货确认单　　D. 技术规范书
考核知识点："检储配"业务
难易度：难
标准答案：A

Jz0001631180　存储物资采取________方式。(　　)

A. 货架堆码　　B. 随意码放　　C. 五五码放　　D. 成组堆码
考核知识点："检储配"业务
难易度：易
标准答案：C

Jz0001631181　物资公司每月________对库存物资进行盘点，并出具盘点报告及物资明细。(　　)

A. 月底　　B. 月初　　C. 月中　　D. 随意时间
考核知识点："检储配"业务
难易度：易
标准答案：A

Jz0001631182　国家电网电力物流服务平台缩写为________。(　　)

A. ECP　　B. ELP　　C. ERP　　D. EYP
考核知识点：ELP 系统应用
难易度：易
标准答案：B

Jz0001631183　地市公司物资部应协调项目单位，充分考虑配送量，避免半车配送，原则上，同一车物资配送地址不得多于________个。(　　)

A. 2　　B. 3　　C. 4　　D. 5
考核知识点："检储配"业务
难易度：易
标准答案：A

Jz0001631184　公司物资部按月下达检储配物资抽检计划，经各单位确认后，传递至________。(　　)

A. 公司物资部　　B. 物资公司　　C. 地市公司　　D. 电科院
考核知识点："检储配"业务
难易度：易

标准答案：B

Jz0001633185　样品抽取过程采取________方式，取样过程中做好样品备样和封样，同时加强过程资料（照片、视频等）收集和留存。(　　)

A. 等距抽样　　B. 分层抽样　　C. 整群抽样　　D. 随机抽样

考核知识点：“检储配”业务

难易度：难

标准答案：D

Jz0001633186　依据政府部门有关要求，线缆类物资需进行遮盖，并需要供应商提供________才可入库。(　　)

A. 木材检疫合格证　　B. 合格证　　C. 货单　　D. 技术规范书

考核知识点：“检储配”业务

难易度：难

标准答案：A

多　选　题

（每题1分）

Jz0001731001　《国家电网公司应急物资管理办法》规定，应急物资是指为满足应急物资需求进行的物资供应________与控制。(　　)

A. 组织　　B. 计划　　C. 采购　　D. 协调

考核知识点：应急物资定义

难易度：易

标准答案：ABD

Jz0001733002　实物库存资源是指存放在公司各级物资库、专业仓内，应急状态下可随时调用的物资资源，包括________两类物资。(　　)

A. 日常周转物资　　B. 备品备件　　C. 应急储备物资　　D. 项目暂存物资

考核知识点：实物库存资源定义

难易度：难

标准答案：AC

Jz0001733003　应急物资资源主要分为________。(　　)

A. 设施保障资源　　B. 物力资源　　C. 人力资源　　D. 运力资源

考核知识点：应急物资资源分类

难易度：难

标准答案：BD

Jz0001733004　《国家电网公司应急物资管理办法》规定，应急物资管理遵循集中管理、统一调配________的原则。(　　)

A. 平时服务　　B. 灾时应急　　C. 采储结合　　D. 节约高效

考核知识点：应急物资管理原则

难易度：难

标准答案：ABCD

Jz0001733005　根据《国家电网公司应急物资管理办法》规定，在时效相同情况下，按照________顺序，统一调配应急物资。(　　)

A. 先实物　　B. 再协议　　C. 先利库后采购　　D. 后订

考核知识点：应急物资保障

难易度：难

标准答案：ABD

Jz0001731006　省公司物资部门负责本单位应急物资管理体系建设，组织开展应急物资采购、________等工作。(　　)

A. 计划　　B. 储备　　C. 供应　　D. 调配

考核知识点：工作职责

难易度：易

标准答案：BCD

Jz0001733007　地（市）公司根据________安排，组织开展应急物资保障演练与应急物资保障人员培训。(　　)

A. 省公司　　B. 省物资部　　C. 总部　　D. 地市物资供应中心

考核知识点：工作职责

难易度：难

标准答案：AC

Jz0001733008　应急物资是指为防范影响公司生产经营的突发事件，满足短时间恢复供电需要的________劳动保护用品等。(　　)

A. 电网抢修设备材料　　B. 应急抢修工器具

C. 应急救灾物资　　D. 装备

考核知识点：应急物资定义

难易度：难

标准答案：ABCD

Jz0001733009　省物资公司根据________安排，组织开展应急物资保障演练与应急物资保障人员培训。(　　)

A. 省物资部　　B. 总部　　C. 省公司　　D. 省物资公司

考核知识点：工作职责

难易度：难

标准答案：BC

Jz0001731010　《国家电网公司应急物资管理办法》规定，各级________后勤等专业部门承担着应急物资储备目录及定额制定、储备需求申报及应急物资使用管理等工作。(　　)

A. 安监　　B. 专业仓　　C. 设备　　D. 运检部

考核知识点：工作职责

难易度：易

标准答案：AC

Jz0001731011　物资部门结合专业部门应急需求，开展应急储备物资________。(　　)

A. 采购　　B. 存储　　C. 周转　　D. 补库

考核知识点：应急物资保障

难易度：易

标准答案：ABCD

Jz0001731012 根据公司________两级应急预案，定期开展应急物资保障演练，确保应急物资保障体系正常运转。( )

A. 省物资公司 B. 省物资部 C. 省公司 D. 总部

考核知识点：应急物资保障

难易度：易

标准答案：BD

Jz0001731013 国网物资公司是公司应急物资工作的归口管理部门，下面哪些是其主要职责：________。( )

A. 负责制订公司应急物资管理规章制度和办法

B. 负责公司应急物资管理体系建设，组织开展应急物资采购、储备供应、调配等工作

C. 负责收集、跟踪、反馈应急响应全过程信息；收集应急采购备案信息

D. 负责组织实施国网应急物资储备库物资采购与补库；指导、监督国网应急物资储备仓库日常管理

考核知识点：工作职责

难易度：易

标准答案：ABCD

Jz0001733014 省公司物资部是本单位应急物资工作的归口管理部门，下面哪些是其主要职责：________。( )

A. 负责本单位应急物资管理体系建设，组织开展应急物资采购、储备、供应、调配等工作

B. 负责组织开展省内应急物资采购和调配工作，协调应急物资供应重大问题；配合实施跨省应急物资调配

C. 负责本单位实物储备、协议储备、动态周转等应急物资信息的收集、汇总并建立应急储备物资信息台账

D. 负责组织应急物资的接货、验收，以及应急物资财务结算工作

考核知识点：工作职责

难易度：难

标准答案：AB

Jz0001733015 应急采购组。由________、招标采购处室（部室）相关人员组成。根据应急物资需求，组织开展应急物资采购工作。( )

A. 公司总部 B. 省物资公司 C. 物资部 D. 物资公司计划

考核知识点：应急物资保障

难易度：难

标准答案：CD

Jz0001733016 按照________的原则，合理界定各类仓库功能，构建国网储备库、省中心库、地（市）周转库、县公司和专业支撑机构仓储点为节点的仓库网络。( )

A. 统筹规划 B. 统筹规划 C. 因地制宜 D. 便捷高效

考核知识点：仓储标准化管理

难易度：难
标准答案：ABCD

Jz0001733017　存储区：具有某种共同特征的仓位放在一个存储区中。通常有两种设置方法，根据业务处理类型分为快速移动区、________，或根据物资属性分为________等。(　　)

A. 慢速移动区　B. 电缆区　C. 导线区　D. 重型货物区

考核知识点：仓储标准化管理
难易度：难
标准答案：ABCDE

Jz0001731018　仓库注册管理遵循________的原则。(　　)

A. 统一注册　B. 统一编码　C. 统一命名　D. 统一管理

考核知识点：仓储标准化管理
难易度：易
标准答案：ABCD

Jz0001731019　各级仓库根据业务需要设置仓储区和作业区。仓储区可包括、室内堆放区、室外料棚区、________。(　　)

A. 收货暂存区　B. 室内货架区　C. 仓储装备区　D. 室外露天区

考核知识点：仓储标准化管理
难易度：易
标准答案：BD

Jz0001733020　根据库存物资存放地点、资金来源、使用目的、账面表现等因素，结合工厂类型、________设置，将各类物资全部纳入 ERP 系统实体库和虚拟库进行统一管理。(　　)

A. 特殊库存标识　B. 项目 WBS 编号　C. 库存状态　D. 非限制使用

考核知识点：ERP 物资模块
难易度：难
标准答案：AC

Jz0001731021　ERP 内，其他单位代保管物资，依据物资所属库存类型设置________，在物资权属单位的账号下进行系统操作。(　　)

A. 工厂类型　B. 仓库类型　C. 特殊库存标识　D. 库存状态

考核知识点：ERP 物资模块
难易度：易
标准答案：ABCD

Jz0001731022　各级单位严格执行仓库出入库制度，实物收发与系统操作同步记录，做好________，确保账卡物一致。(　　)

A. 仓储信息单据流转　B. 合同签订
C. 保管　D. 归档工作

考核知识点：物资出入库

难易度：易
标准答案：ACD

Jz0001733023 废旧物资入库前，实物资产使用部门办理报废申请，经流转审批同意后，填写废旧物资交接单。将________一起移交物资公司（中心），办理废旧物资入库。（ ）

A. 废旧物资评估报告
B. 废旧物资
C. 报废手续
D. 交接单

考核知识点：废旧物资入库
难易度：难
标准答案：BCD

Jz0001731024 盘点采用实查实点方式，禁止目测数量、估计数量。盘点过程中严禁________。（ ）

A. 虚报数据
B. 弄虚作假
C. 混填
D. 没有要求

考核知识点：物资盘点
难易度：易
标准答案：AB

Jz0001733025 仓储物资采取五五码放（成方、成行、成串、成捆、成垛），即每层五个（组）堆码的方法。存储物资堆放应做到场地安排合理，码放安全科学，摆放整齐便于发放和盘点，保证物资________。（ ）

A. 不变形
B. 不损坏
C. 不变质
D. 无锈蚀

考核知识点：仓储标准化管理
难易度：难
标准答案：ABC

Jz0001731026 实物入库完成后系统操作员在ERP系统按结余物资退库申请和原出库单号办理冲销或返回交货，打印结余物资退料入库单，经________签字后，由物资部门、财务部门、项目管理部门留存。（ ）

A. 物资保管员
B. 仓储主管
C. 稽核
D. 移交人

考核知识点：ERP 物资模块
难易度：易
标准答案：ABD

Jz0001731027 实体库库存地点编码采用________段式赋码，单位代码（1 位）+地市代码（1 位）+________。（ ）

A. 3
B. 4
C. 区县代码（1 位）
D. 流水码（1 位）

考核知识点：仓储标准化管理
难易度：易
标准答案：BCD

Jz0001731028　坚持________的方针，贯彻谁主管、谁负责的原则，仓库安全实行归口管理、分级负责。(　　)

A. 安全第一　B. 预防为主　C. 综合治理　D. 防消结合

考核知识点：仓储安全保卫管理

难易度：易

标准答案：ACD

Jz0001733029　存储类型：按空间、货架类型以及存储要求等因素区分储存设备或区域，这些设备或区域被定义为一种存储区域或存储类型，如________等。(　　)

A. 电缆货架　B. 高架货架　C. 平面存储　D. 室外棚架

考核知识点：仓储标准化管理

难易度：难

标准答案：BCD

Jz0001733030　根据仓库规模和等级，配置满足储备物资作业需要的________。(　　)

A. 装卸运输设备　B. 计量设备　C. 辅助工器具　D. 安全保障设备

考核知识点：仓储标准化管理

难易度：难

标准答案：ABCD

Jz0001731031　物资公司（中心）建立和完善仓库________等安全制度，确保仓库安全运行。(　　)

A. 防火　B. 防洪　C. 防盗　D. 防损

考核知识点：仓储安全保卫管理

难易度：易

标准答案：ABCD

Jz0001733032　库区的________、仓库的________等位置，严禁堆放物品。仓库电气设备的周围和架空线路的下方严禁堆放物品。(　　)

A. 消防通道　B. 安全出口　C. 消防车道　D. 疏散楼梯

考核知识点：物资存放要求

难易度：难

标准答案：ABD

Jz0001731033　易碎的电瓷、玻璃制品不得________；橡胶、塑料制品要防止老化、变形或粘连，避免日照。(　　)

A. 超高堆垛　B. 挤压　C. 碰撞　D. 叠落堆放

考核知识点：物资存放要求

难易度：易

标准答案：ABC

Jz0001731034 物资公司（中心）做好仓储作业相关信息的统计、收集和整理工作，对仓储管理业务进行总结、分析、________，定期报送本单位物资管理部门。（　　）

A. 统计　　B. 归档　　C. 收集　　D. 整理

考核知识点：工作职责

难易度：易

标准答案：ACD

Jz0001733035 作业区可包括装卸区、入库待检区、________等。（　　）

A. 收货暂存区　　B. 不合格品暂存区

C. 出库（配送）理货区　　D. 仓储装备区

考核知识点：仓储标准化管理

难易度：难

标准答案：ABCD

Jz0001733036 实物库存是指存放在公司各级仓库的________。（　　）

A. 储备定额物资　　B. 项目暂存物资

C. 工程结余退库物资　　D. 供应商寄存物资

考核知识点：实物库存定义

难易度：难

标准答案：ABCD

Jz0001731037 实物库存入库包括________。（　　）

A. 采购物资入库　　B. 调配物资入库

C. 退役资产保管入库　　D. 供应商寄存物资入库

考核知识点：物资出入库

难易度：易

标准答案：ABCD

Jz0001733038 对直接采购入库物资，物资部门根据________与供应商办理交接和验收，验收合格后办理入库手续。（　　）

A. 物资交接单　　B. 到货验收单　　C. 物流送货单　　D. 配送验收单

考核知识点：物资出入库

难易度：难

标准答案：AB

Jz0001731039 项目建设管理单位在办理退库时，需保证退库物资________。（　　）

A. 质量合格　　B. 数量准确　　C. 包装完好　　D. 资料齐全

考核知识点：工程结余物资管理

难易度：易

标准答案：ABCD

Jz0001731040　退库物资/退役资产保管过程中，所发生的________等费用由项目所在单位成本中列支。(　　)

A. 技术鉴定　　B. 运输　　C. 装卸　　D. 保管

考核知识点：工程结余物资管理

难易度：易

标准答案：ABC

Jz0001731041　跨省物资调配可采________方式。(　　)

A. 划转　　B. 转储　　C. 销售　　D. 赠予

考核知识点：物资出入库

难易度：易

标准答案：AC

Jz0001733042　库存物资出库分为物资领料出库、________等。(　　)

A. 调配物资出库　　B. 供应商寄存物资出库

C. 退役资产出库　　D. 废旧物资出库

考核知识点：物资出入库

难易度：难

标准答案：ABCD

Jz0001733043　废旧物资出库，根据________物资公司（中心）与回收商办理交接。(　　)

A. 经财务部门确认的付款凭证　　B. 废旧物资出库单

C. 销售合同　　D. 成交通知书

考核知识点：废旧物资处置流程

难易度：难

标准答案：ACD

Jz0001731044　库存物资遵循合理储备原则，按照________模式运作。(　　)

A. 永续盘存　　B. 按需领用　　C. 动态周转　　D. 定额储备

考核知识点：库存物资管理

难易度：易

标准答案：BCD

Jz0001731045　《国家电网公司实物库存管理办法》中优化库存储备策略，应用________等多种方式，降低库存水平。(　　)

A. 电商采购　　B. 供应商协议储备　　C. 寄存　　D. 联合储备

考核知识点：库存物资管理

难易度：易

标准答案：ABCD

Jz0001733046　库存物资经鉴定（或试验）不满足技术条件或已到保质期限需报废的，应在三个月内办理报废手续，具体流程________。(　　)

A. 物资公司（中心）依据盘点结果，按季度梳理出不满足技术条件或已到保质期的库存物资清单

B. 物资公司（中心）组织专业管理部门开展库存物资技术鉴定工作
C. 物资公司（中心）、专业管理部门填写库存物资技术鉴定单
D. 鉴定不可用的物资，由物资公司（中心）提出库存物资报废申请，履行报废处置流程
考核知识点：物资报废流程
难易度：难
标准答案：ABCD

Jz0001731047 公司________库存物资纳入 ERP 系统统一管理，实现库存一本账。(　　)
A. 国网应急储备库　B. 省公司中心库　C. 地（市）周转库　D. 县仓储点
考核知识点：一本账管理
难易度：易
标准答案：ABCD

Jz0001733048 各级物资公司（中心）加强与专业支撑单位的协同，及时公布可调配库存物资，对在库时间________，向项目建设管理单位提供清单进行预警和提示。(　　)
A. 对在库时间临近 180 天的项目暂存物资　B. 对在库时间临近 360 天的项目暂存物资
C. 在库保管临近 360 天的可用退役资产　D. 在库保管临近 720 天的可用退役资产
考核知识点：库存物资管理
难易度：难
标准答案：BD

Jz0001733049 工程结余物资是由于实际用量少于采购量而产生的结余物资，包括项目因________等原因引起的结余物资。(　　)
A. 规划变更　B. 项目计划取消
C. 项目暂停、设计变化　D. 需求计划不准
考核知识点：工程结余物资定义
难易度：难
标准答案：ABCD

Jz0001733050 根据《国家电网公司实物库存管理办法》规定，________负责定期将可利库实物库存清单发送原需求单位（部门），供其提报需求计划和组织设计单位时进行利库。(　　)
A. 省物资部　B. 省公司物资公司
C. 地（市）物资供应中心　D. 县公司物资供应分中心
考核知识点：工作职责
难易度：难
标准答案：BC

Jz0001733051 实物库存入库分为采购入库、________等。(　　)
A. 调拨入库　B. 工程结余物资退库
C. 退出退役资产保管入库　D. 废旧物资入库
考核知识点：物资出入库
难易度：难

标准答案：ABCD

Jz0001731052　特殊物资或重要设备应组织项目管理部门、________共同进行验收。(　　)

A. 专业管理部门　　B. 监理单位　　C. 施工单位　　D. 供应商

考核知识点：物资出入库

难易度：易

标准答案：ABCD

Jz0001731053　同法人间调拨入库，调入单位物资公司（中心）根据________，与调出单位办理交接验收，完成收货入库。(　　)

A. 调拨通知单　　B. 转储订单　　C. 采购订单　　D. 交接单

考核知识点：物资出入库

难易度：易

标准答案：AB

Jz0001731054　跨法人间调拨入库，调入单位物资公司（中心）根据________，与调出单位办理交接验收，完成收货入库。(　　)

A. 调拨通知单　　B. 转储订单　　C. 采购订单　　D. 交接单

考核知识点：物资出入库

难易度：易

标准答案：AC

Jz0001731055　物资公司（中心）接收退库物资时，依据审批后的________，核对物资的品名、规格、数量及相关资料，验收无误后办理结余物资退库。(　　)

A. 技术鉴定报告　　B. 退库申请　　C. 入库单　　D. 交接单

考核知识点：工程结余物资管理

难易度：易

标准答案：AB

Jz0001731056　鉴定为可用退役资产由原实物资产使用部门编制可用退役资产保管申请表，明确________等。(　　)

A. 资产名称　　B. 数量　　C. 拟保管时间　　D. 利库去向

考核知识点：退役资产管理

难易度：易

标准答案：AB

Jz0001731057　物资退库/退役资产保管前须进行技术鉴定，出具鉴定书面意见（鉴定报告），包括________。(　　)

A. 可用　　B. 修复后可用　　C. 再利用　　D. 报废

考核知识点：退役资产管理

难易度：易

标准答案：CD

Jz0001731058　物资公司（中心）根据物资管理部门审批核定的供应商寄存物资清单，核对到货物资________等，组织开展验收，办理交接手续。（　　）

A. 种类　　B. 品名　　C. 数量　　D. 外观

考核知识点：寄存物资管理

难易度：易

标准答案：ABCD

Jz0001733059　物资退库/退役资产鉴定可再利用的，由________负责包装完好、完整。（　　）

A. 项目建设管理单位　　B. 物资部门

C. 实物资产使用单位　　D. 接收单位

考核知识点：工程结余物资管理

难易度：难

标准答案：AC

Jz0001733060　库存物资利用坚持________原则，建立省、地（市）、县分级平衡利库机制。（　　）

A. 先采购　　B. 先利库　　C. 后利库　　D. 后采购

考核知识点：平衡利库

难易度：难

标准答案：BD

Jz0001733061　省物资部审核本省库存物资利用计划，审核同意后由省物资公司下达________，组织实施物资调配；审核跨省调配申请单，审核同意后，报________。（　　）

A. 调拨通知单　　B. 调拨计划　　C. 国网物资部　　D. 国网物资有限公司

考核知识点：平衡利库

难易度：难

标准答案：AD

Jz0001733062　在库保管的退出退役资产，由________负责利库调拨，协调项目管理部门优先在基建、技改等项目中使用。项目管理部门在满足项目需要的前提下，在________阶段，对照可利用库存信息表，优先选用可用退役资产。（　　）

A. 实物资产管理部门　　B. 项目可研、初步设计

C. 项目管理部门　　D. 需求计划上报计划

考核知识点：退役资产管理

难易度：难

标准答案：AB

Jz0001731063　项目间直接利库使用的工程结余物资，由项目管理部门编制工程结余物资现场利库单，明确利库物资________等，交由项目建设管理单位进行现场利库。（　　）

A. 型号规格　　B. 数量　　C. 利库项目　　D. 时限

考核知识点：工程结余物资管理

难易度：易

标准答案：ABCD

Jz0001733064　物资公司（中心）根据________，在系统内完成过账，打印________。(　　)

A. 领料单　　B. 出库单　　C. 交接单　　D. 到货单

考核知识点：ERP 物资模块

难易度：难

标准答案：AB

Jz0001733065　根据________，物资公司（中心）与回收商办理交接。(　　)

A. 成交通知书（废旧物资销售订单）　　B. 销售合同

C. 口头约定　　D. 经财务部门确认的付款凭证

考核知识点：废旧物资处置流程

难易度：难

标准答案：ABD

Jz0001733066　库存物资管理遵循________的原则。(　　)

A. 合理储备　　B. 加快周转　　C. 永续盘存　　D. 保质可用

考核知识点：库存物资管理原则

难易度：难

标准答案：ABCD

Jz0001731067　库存物资遵循合理储备原则，按照________模式运作。(　　)

A. 定额储备　　B. 按需领用　　C. 动态周转　　D. 定期补库

考核知识点：库存物资管理原则

难易度：易

标准答案：ABCD

Jz0001731068　公司对物资储备量实行定额管理，由________审定两级物资储备定额。(　　)

A. 公司总部　　B. 省公司　　C. 地市公司　　D. 县公司

考核知识点：物资储备定额

难易度：易

标准答案：AB

Jz0001733069　各单位以满足生产、经营需要为前提，依据________及灾害天气频率等可量化的标准，科学合理测算编制物资储备定额，避免库存积压。(　　)

A. 设备存量　　B. 运行状况　　C. 历史库存消耗量　　D. 需求特性

考核知识点：物资储备定额

难易度：难

标准答案：ABCD

Jz0001731070　优化库存储备策略，应用________等多种方式，降低库存水平。(　　)

A. 电商采购　　B. 供应商协议储备　　C. 寄存　　D. 联合储备

考核知识点：物资储备定额

难易度：易

标准答案：ABCD

Jz0001731071　加强储备物资集中管理，以省公司为单位，实施储备物资________加快动态周转，有效满足生产运维和事故抢修的物资需求。(　　)

A. 统一采购　　B. 分散储备　　C. 集中储备　　D. 统一配送

考核知识点：物资储备定额

难易度：易

标准答案：ACD

Jz0001733072　盘点主要内容________。(　　)

A. 重点核对账卡物数量是否一致　　B. 检查库存物资有无积压物资

C. 检查库存数量是否高于或低于储备定额　　D. 检查设备设施是否质量可靠

考核知识点：物资盘点

难易度：难

标准答案：ABC

Jz0001731073　根据《国家电网公司实物库存管理办法》规定，________依据盘点结果，按________梳理出不满足技术条件或已到保质期的库存物资清单。(　　)

A. 物资部门　　B. 专业管理部门　　C. 月度　　D. 季度

考核知识点：物资盘点

难易度：易

标准答案：AD

Jz0001731074　根据《国家电网公司实物库存管理办法》规定，________库存物资纳入 ERP 系统统一管理，实现库存一本账。(　　)

A. 公司国网应急储备库　　B. 省公司中心库

C. 地（市）周转库　　D. 县仓储点

考核知识点：一本账管理

难易度：易

标准答案：ABCD

Jz0001733075　根据《国家电网公司实物库存管理办法》规定，________分级建设库存资源统一调配平台。(　　)

A. 公司总部　　B. 省公司　　C. 地市公司　　D. 县公司

考核知识点：工作职责

难易度：难

标准答案：AB

Jz0001733076　根据《国家电网公司实物库存管理办法》规定，________负责库存物资管理工作的监督、检查与评价，对库存物资管理的规范性、准确性和信息模块应用等情况进行检查、通报和考核。(　　)

A. 国网物资部　　B. 省公司物资部

C. 省公司物资公司　　D. 地（市）物资供应中心

考核知识点：工作职责

难易度：难

标准答案：AB

Jz0001733077　退役资产是因________经济性等原因离开安装位置，退出运行的设备和主要材料。(　　)

A. 自身性能　　B. 项目取消　　C. 技术　　D. 项目暂停

考核知识点：退役资产管理

难易度：难

标准答案：AC

Jz0001733078　实物库存是指存放在公司各级仓库的储备定额物资、________和退出退役保管资产等。(　　)

A. 项目暂存物资　　B. 工程结余退库物资

C. 供应商寄存物资　　D. 废旧物资

考核知识点：实物库存定义

难易度：难

标准答案：ABCD

Jz0001731079　实物库存管理办法包括库存出入库管理、________、库存信息管理等工作。(　　)

A. 废旧物资管理　　B. 库存物资利用　　C. 结余退库管理　　D. 退出退役资产管理

考核知识点：库存物资管理

难易度：易

标准答案：BC

Jz0001733080　工程结余物资是指项目因规划变更、________等原因引起的结余物资。(　　)

A. 项目计划取消　　B. 项目暂停　　C. 设计变化　　D. 需求计划不准

考核知识点：工程结余物资管理

难易度：难

标准答案：ABCD

Jz0001731081　特殊物资或重要设备应组织项目建设管理部门、________供应商共同进行验收。(　　)

A. 专业管理部门　　B. 施工单位　　C. 实物资产管理部门　　D. 监理单位

考核知识点：特殊物资及危险品管理

难易度：易

标准答案：ABD

Jz0001733082　实物库存入库分为采购物资入库、________废旧物资入库、________等。(　　)

A. 调配物资入库　　B. 工程结余物资退库
C. 供应商寄存物资入库　　D. 退役资产保管入库

考核知识点：物资出入库

难易度：难

标准答案：ABCD

Jz0001733083　根据专业仓属性、储备实物类别和供应模式、专业特性、地域特点及用户数量等因素，根据实际情况，专业仓分为________三种类型。(　　)

A. 基础型　　B. 智慧型　　C. 加强型　　D. 智能型

考核知识点：专业仓建设

难易度：难

标准答案：ACD

Jz0001731084　应用专业仓信息管理系统，可以满足日常基本的________等业务需求，记录库存领用和实物耗用信息。(　　)

A. 出入仓　　B. 借用　　C. 归还　　D. 盘点

考核知识点：专业仓建设

难易度：易

标准答案：ABCD

Jz0001731085　专业仓注册管理遵循________原则，各专业管理部门统一规划建设专业仓，在公司 MDM 平台统一注册。(　　)

A. 统一编码　　B. 统一命名　　C. 统一标识　　D. 统一管理

考核知识点：专业仓建设

难易度：易

标准答案：ABD

Jz0001733086　专业仓编码规则为单位代码+________(　　)

A. 地市代码　　B. 区县代码　　C. 专业仓类型　　D. 自定义代码

考核知识点：专业仓建设

难易度：难

标准答案：ABCD

Jz0001733087　专业仓标准化建设包括库房建筑要求、功能区域划分、________等方面。(　　)

A. 标识标牌设置　　B. 标识标牌设置　　C. 设备设施配置　　D. 其他配套要求

考核知识点：专业仓建设

难易度：难

标准答案：ABCD

Jz0001733088 专业仓功能区域划分，一般可以划分为________。(　　)

A. 待检区　　B. 存储区　　C. 装卸区　　D. 装备区

考核知识点：专业仓建设

难易度：难

标准答案：BCD

Jz0001731089 根据国家消防有关规定和公司消防安全要求，________专业仓应配备满足基本消防规定的灭火器。________在基础型专业仓的基础上可选配消防桶、消防锹、消防栓、消防水池及其他消防用品、自动报警、自动灭火系统。(　　)

A. 基本型　　B. 智慧型　　C. 加强型　　D. 智能型

考核知识点：专业仓建设

难易度：易

标准答案：ACD

Jz0001731090 专业仓标识标牌设置遵循________原则。(　　)

A. 定期更换　　B. 按需配置　　C. 统一规范　　D. 防范风险

考核知识点：专业仓建设

难易度：易

标准答案：BCD

Jz0001733091 专业仓标识标牌配置包括专业仓铭牌、内部定置图、区域标识牌、警示标识、________。(　　)

A. 货架编码牌　　B. 管理制度及流程展示牌

C. 安全消防设施标识　　D. 区域隔离带

考核知识点：专业仓建设

难易度：难

标准答案：ABCD

Jz0001731092 以________为原则，专业仓可配置必要的存储设施设备、装卸搬运设备、计量设备及剪线工具等辅助工器具，满足专业仓管理需要。(　　)

A. 节约　　B. 安全　　C. 实用　　D. 适用

考核知识点：专业仓建设

难易度：易

标准答案：BC

Jz0001731093 对于存储物资，仓库保管员要进行工作有________。(　　)

A. 日常巡视检查　　B. 维护保养

C. 整理　　D. 清洁

考核知识点：库存物资管理

难易度：易
标准答案：ABCD

Jz0001731094 国网储备库、省中心库和地市周转库需实施 WM 模块，应用________等物流技术手段，实现物资信息的快速识别、减少人为失误、提高工作效率和管理水平。( )
A. 条形码 B. 互联网 C. PDA D. ECP
考核知识点：物资信息化内容
难易度：易
标准答案：AC

Jz0001731095 为防雨、雪、露水及日光的侵蚀照射，露天库存放的物资要________。( )
A. 上盖 B. 围挡 C. 下垫 D. 密封
考核知识点：库存物资管理
难易度：易
标准答案：AC

Jz0001733096 物资条形码包括________。( )
A. 物料码 B. 单据编码 C. 物资身份码 D. 废旧物资编码
考核知识点：物资信息化内容
难易度：难
标准答案：ACD

Jz0001731097 按规定有保管期限的物资，如________等，应特别注意生产日期或产品有效期，对已过期或接近有效期的不得收料入库。( )
A. 橡胶制品 B. 易锈蚀金属材料
C. 易挥发 D. 易老化物资
考核知识点：库存物资管理
难易度：易
标准答案：ABCD

Jz0001733098 废旧物资包含报废物资和再利用物资。报废物资是指完成报废手续办理的________及其他废弃物资等。( )
A. 固定资产 B. 流动资产 C. 低值易耗品 D. 零购物资
考核知识点：废旧物资定义
难易度：难
标准答案：ABC

Jz0001731099 废旧物资管理应遵循________原则。( )
A. 依法合规 B. 协同高效 C. 集中处置 D. 闭环管控
考核知识点：废旧物资管理原则

难易度：易

标准答案：ABCD

Jz0001733100　生产技改、电网基建等项目可研阶段，实物使用保管单位提前开展________，提出________。(　　)

A. 拟退役资产实物清点　　B. 拟报废资产实物清点

C. 拟退役资产清单　　D. 拟报废资产清单

考核知识点：物资报废流程

难易度：难

标准答案：AC

Jz0001731101　实物资产管理部门组织开展技术鉴定，履行________，出具________，明确拟退役资产再利用或报废处置意见。(　　)

A. 上级审批手续　　B. 内部审批手续　　C. 技术鉴定报告　　D. 检测报告

考核知识点：物资报废流程

难易度：易

标准答案：BC

Jz0001733102　营销专业负责管理的________等涉及客户优质服务的计量设备在拆开后开展技术鉴定，由省计量中心统一出具技术鉴定报告。(　　)

A. 电能表　　B. 用电信息采集终端

C. 变压器　　D. 低压电流互感器

考核知识点：物资报废流程

难易度：难

标准答案：ABD

Jz0001733103　公司总部、分部、各单位及所属单位在项目可研评审时同步审查拟拆除主要资产清单及技术鉴定表，对以下哪些情况的，应予以退回重审：________。(　　)

A. 未编制拟退役主要资产清单　　B. 未提出拟拆除资产处置建议

C. 费用估算未落实　　D. 未说明项目不涉及拆除资产情况的

考核知识点：物资报废流程

难易度：难

标准答案：ABCD

Jz0001733104　项目管理单位组织设计单位在项目初步设计阶段，依据可研阶段确定的拆除________，审查拆除方案的范围及内容。(　　)

A. 规范　　B. 预算　　C. 原则　　D. 概算

考核知识点：物资报废流程

难易度：难

标准答案：CD

Jz0001733105 编制项目拆除计划，明确拆除资产拟处置方式，经________签字确认后，纳入项目初步设计审查，拆除回收费用按审查意见列入项目概算。(　　)

A. 实物资产管理部门　　B. 项目管理部门
C. 物资部门　　D. 设计单位

考核知识点：物资报废流程
难易度：难
标准答案：ACD

Jz0001731106 报废审批按照《国家电网有限公司固定资产管理办法》《国家电网有限公司电网实物资产退役管理规定》要求，办理审批手续，需履行________上会审批程序的，应严格规范执行。(　　)

A. 固定资产　　B. 流动资产　　C. 三重一大　　D. 四重一大

考核知识点：物资报废流程
难易度：易
标准答案：AC

Jz0001733107 退役资产拆除前，项目管理部门将施工合同中拟拆除资产清单、拆除回收、临时保管等注意事项与施工单位进行交底，经________单位签字确认后实施拆除。对技术鉴定为再利用的设备应实施保护性拆除。(　　)

A. 业主　　B. 施工　　C. 监理　　D. 律管

考核知识点：退役资产管理
难易度：难
标准答案：BC

Jz0001733108 现场处置的报废资产，应在拆除前完成报废手续办理，向物资管理单位出具________，提出现场________，明确具体拆除时间、实物交接时间和地点，物资管理单位开展网上竞价处置工作。(　　)

A. 报废审批单　　B. 鉴定报告
C. 废旧物资处置申请　　D. 报废物资处置申请

考核知识点：废旧物资处置流程
难易度：难
标准答案：AD

Jz0001733109 以________提升物资资源共享水平和物资检测质量效率，以________提升物资供应保障水平和主动供应服务水平，优化仓储配送资源利用效率效益，增强用户服务体验，更好地服务公司发展和电网建设。(　　)

A. 集中储备　　B. 统一检测
C. 主动配送　　D. 即时送达

考核知识点：“检储配”业务
难易度：难
标准答案：ABCD

Jz0001731110　公司物资部负责检储配一体化作业管理的________。(　　)

A. 指导　　B. 监督　　C. 检查　　D. 考核

考核知识点："检储配"业务

难易度：易

标准答案：ABCD

Jz0001733111　物资公司负责检储配物资配送计划的________，形成物资配送方案，并实施配送。(　　)

A. 收集　　B. 制定　　C. 审核　　D. 汇总

考核知识点："检储配"业务

难易度：难

标准答案：AD

Jz0001733112　物资公司负责仓储范围内检储配物资的________分析工作。(　　)

A. 作业管理　　B. 作业监督　　C. 信息统计　　D. 信息分析

考核知识点："检储配"业务

难易度：难

标准答案：ACD

Jz0001731113　电科院负责对________的物资质量抽检工作进行技术指导和培训。(　　)

A. 物资公司　　B. 地市供电公司　　C. 检修公司　　D. 信通公司

考核知识点："检储配"业务

难易度：易

标准答案：AB

Jz0001733114　检储配中心所在地的物资部门负责按照采购供货单要求的________等内容，生成发货通知并确认，督促供应商及时排产。(　　)

A. 交货时间　　B. 交货地点　　C. 交货方式　　D. 供货时间

考核知识点："检储配"业务

难易度：难

标准答案：ABC

Jz0001731115　重点项目物资原则上在合同签订后________日内完成一次图纸的确认，________日内完成所有图纸确认。(　　)

A. 30　　B. 40　　C. 50　　D. 60

考核知识点："检储配"业务

难易度：易

标准答案：AD

Jz0001731116　存储物资堆放应做到场地安排合理，码放安全科学，摆放整齐便于发放和盘点，保证物资________。(　　)

A. 不变形　　B. 不损坏　　C. 不变质　　D. 不丢失

考核知识点："检储配"业务
难易度：易
标准答案：ABC

Jz0001731117　存储物资要进行日常________。(　　)

A. 巡视检查　　B. 维护保养　　C. 整理　　D. 清洁

考核知识点："检储配"业务
难易度：易
标准答案：ABCD

判　断　题

（每题1分）

Jz0001831001　负责省级应急储备物资的催交催运和到货验收等工作；配合开展应急物资跨地市调配。由省物资部承担。(　　)

A. 正确

B. 错误

考核知识点：工作职责

难易度：易

标准答案：B

Jz0001833002　负责省级直管应急物资储备库物资采购、补库、出入库业务实施工作，建立物资检查、保养、周转等机制；指导、监督总部、省级应急实物储备仓库日常管理工作。由公司总部承担。(　　)

A. 正确

B. 错误

考核知识点：工作职责

难易度：难

标准答案：B

Jz0001833003　国网物资部负责统计分析省公司库存物资信息和库存一本账系统应用情况。(　　)

A. 正确

B. 错误

考核知识点：工作职责

难易度：难

标准答案：A

Jz0001833004　公司建立总部、省、地（市）三级应急物资保障体系，包括组织保障、资源保障、程序保障和技术保障。(　　)

A. 正确

B. 错误

考核知识点：应急物资保障

难易度：难

标准答案：B

Jz0001831005　应急物资保障工作组根据突发事件应急物资保障工作需要，组建现场物资保障部。现场物资保障部接受上级应急指挥领导，开展应急物资保障工作。(　　)

A. 正确
B. 错误
考核知识点：应急物资保障
难易度：易
标准答案：B

Jz0001831006 不可预测的恶劣自然灾害等突发事件发生后，事发地市公司物资部应迅速以快报方式报送至省级供应链运营中心。（ ）
A. 正确
B. 错误
考核知识点：信息报送
难易度：易
标准答案：A

Jz0001833007 省公司物资部门负责本单位应急物资管理体系建设，组织开展应急物资采购、储备、供应、调配等工作。（ ）
A. 正确
B. 错误
考核知识点：工作职责
难易度：难
标准答案：A

Jz0001831008 虚拟库中一般工厂管理的物资类型包括直送项目物资、供应商代保管物资、借出物资、中转物资、直发现场非项目物资、应急物资。（ ）
A. 正确
B. 错误
考核知识点：ERP 物资模块
难易度：易
标准答案：A

Jz0001833009 室内堆放区：仓库室内地面用于堆放物资的区域，主要用于储存各类体积、质量较大和适用于货架存储的物资。（ ）
A. 正确
B. 错误
考核知识点：仓储标准化管理
难易度：难
标准答案：B

Jz0001833010 仓库内和货架间要预留作业通道，通道尺寸与作业车辆转弯半径需相互匹配。（ ）
A. 正确
B. 错误
考核知识点：仓储标准化管理

难易度：难

标准答案：A

Jz0001831011　库房或库区内应划分相同的存储区域，在区域靠近主通道侧应设置区域标识（　　）

A. 正确

B. 错误

考核知识点：仓储标准化管理

难易度：易

标准答案：B

Jz0001833012　仓储设备设施应定期检查、维修，确保使用状态良好。特种装备（度量衡设备、起重设备等）要定期检测，检测后应有检测部门出具合格证，可以超周期使用。（　　）

A. 正确

B. 错误

考核知识点：设备设施管理

难易度：难

标准答案：B

Jz0001831013　废旧物资码按照中类、小类、物资特性管理的废旧物资进行编码。（　　）

A. 正确

B. 错误

考核知识点：仓储标准化管理

难易度：易

标准答案：A

Jz0001833014　行车、吊车、叉车必须由持有效证件人员操作，其他人不得随意动用。起吊工具使用前需仔细检查，确保装卸工作安全。（　　）

A. 正确

B. 错误

考核知识点：装卸作业

难易度：难

标准答案：A

Jz0001833015　仓库应每年制定库房维护保养计划，每季度进行一次仓库保养状态检查。做好防火、防盗、防潮、防漏、防虫、防鼠害措施。（　　）

A. 正确

B. 错误

考核知识点：物资维护保养

难易度：难

标准答案：B

Jz0001831016　进入库区作业人员，不用佩戴安全帽。外单位机动车辆需登记后方可进入库区，并按指定位置停放。可以携带任何易燃、易爆、有毒有害等危险品进入仓库。(　　)

A. 正确

B. 错误

考核知识点：作业人员要求

难易度：易

标准答案：B

Jz0001831017　物资条形码包括物料码、物资身份码、废旧物资编码、仓位编码。(　　)

A. 正确

B. 错误

考核知识点：物资信息化内容

难易度：易

标准答案：B

Jz0001833018　需要入库验收的物资，完成实物交接后应将物资存放在入库待检区，10个工作日内需完成到货验收，验收合格后才能收货入库或办理发货。(　　)

A. 正确

B. 错误

考核知识点：物资出入库

难易度：难

标准答案：B

Jz0001833019　退役资产保管是指委托物资部门进行保管的退出退役电网资产。(　　)

A. 正确

B. 错误

考核知识点：退役资产管理

难易度：难

标准答案：A

Jz0001831020　供应商寄存物资是依据采购合同约定，由供应商提前将货物存放在公司仓库中，待领用出库后再办理结算的物资。(　　)

A. 正确

B. 错误

考核知识点：寄存物资管理

难易度：易

标准答案：A

Jz0001833021　省物资公司负责建立本单位库存资源统一调配平台，定期更新、发布可调拨库存物资信息。(　　)

A. 正确

B. 错误

考核知识点：工作职责

难易度：难
标准答案：B

Jz0001833022　地（市）公司物资供应中心负责本地（市）公司物资需求计划的收集、汇总，开展平衡利库，负责审核和上报跨地（市）物资调配申请，审批跨县物资调配计划，组织开展跨区域物资调配工作。(　　)

A. 正确
B. 错误
考核知识点：工作职责
难易度：难
标准答案：A

Jz0001833023　信息化归口管理部门负责物力集约化信息系统仓储配送模块建设，负责技术支持、应用集成和系统运行维护管理。(　　)

A. 正确
B. 错误
考核知识点：工作职责
难易度：难
标准答案：A

Jz0001833024　各级项目管理部门负责在利用替代物资或可用退役资产时，按实际情况调整项目预算。(　　)

A. 正确
B. 错误
考核知识点：工作职责
难易度：难
标准答案：A

Jz0001831025　各级财务部门配合做好库存物资盘点工作，并对盘点差异进行审核和账务处理。(　　)

A. 正确
B. 错误
考核知识点：工作职责
难易度：易
标准答案：A

Jz0001831026　对直接采购入库物资，物资公司（中心）直接办理入库手续。(　　)

A. 正确
B. 错误
考核知识点：物资出入库
难易度：易
标准答案：B

Jz0001831027　项目物资在仓库暂存时间原则上不得超过 360 天。(　　)

A. 正确

B. 错误

考核知识点：库存物资管理

难易度：易

标准答案：A

Jz0001833028　工程结余物资导线退库鉴定为可用物资，参考标准单根质量在 100kg 及以上。(　　)

A. 正确

B. 错误

考核知识点：工程结余物资管理

难易度：难

标准答案：B

Jz0001833029　工程结余物资架空绝缘线退库鉴定为可用物资，参考标准单根段长在 500m 及以上。(　　)

A. 正确

B. 错误

考核知识点：工程结余物资管理

难易度：难

标准答案：A

Jz0001833030　工程结余物资 10kV 及以上高压电缆退库鉴定为可用物资，参考标准单根段长在 50m 及以上。(　　)

A. 正确

B. 错误

考核知识点：工程结余物资管理

难易度：难

标准答案：B

Jz0001833031　工程结余物资退库鉴定为可用物资，变电二次设备的退库物资应为最小使用单元。(　　)

A. 正确

B. 错误

考核知识点：工程结余物资管理

难易度：难

标准答案：A

Jz0001833032　退回省物资公司仓库的物资，技术鉴定结果须报省公司专业管理部门审核，必要时，可以重新组织进行技术鉴定或质量检测。(　　)

A. 正确

B. 错误
考核知识点：工程结余物资管理
难易度：难
标准答案：A

Jz0001831033　鉴定不可用的项目结余物资，由物资公司办理结余物资的报废手续后，填写废旧物资移交单。(　　)
A. 正确
B. 错误
考核知识点：工程结余物资管理
难易度：易
标准答案：B

Jz0001833034　鉴定不可用的项目结余物资，办理完报废手续的结余物资与物资公司（中心）办理交接，进行线下竞价处置。(　　)
A. 正确
B. 错误
考核知识点：工程结余物资管理
难易度：难
标准答案：B

Jz0001831035　退出退役资产在办理保管入库手续前，不需要进行技术鉴定，后续由物资部门进行鉴定。(　　)
A. 正确
B. 错误
考核知识点：退役资产管理
难易度：易
标准答案：B

Jz0001831036　鉴定为可用资产由原实物资产使用部门口头明确资产名称、数量、利库去向、计划利库时间、保管时间即可。(　　)
A. 正确
B. 错误
考核知识点：退役资产管理
难易度：易
标准答案：B

Jz0001831037　鉴定为可用资产由原实物资产使用部门编制可用退役资产保管申请表。(　　)
A. 正确
B. 错误
考核知识点：退役资产管理
难易度：易

标准答案：A

Jz0001831038　入库后退役资产与库存物资分别存放，设立明显标志。(　　)

A. 正确

B. 错误

考核知识点：退役资产管理

难易度：易

标准答案：A

Jz0001833039　可用退役资产原则上应在 720 天内完成利库或者调配使用，超期无法利用的，可采取销售或上一级单位实施无偿划转方式解决。(　　)

A. 正确

B. 错误

考核知识点：退役资产管理

难易度：难

标准答案：A

Jz0001831040　废旧物资应按项目与库存物资共同存放、保管。(　　)

A. 正确

B. 错误

考核知识点：库存物资管理

难易度：易

标准答案：B

Jz0001833041　供应商寄存物资入库后应分区存放，对不同供应商寄存物资不用现场标识区分。(　　)

A. 正确

B. 错误

考核知识点：寄存物资管理

难易度：难

标准答案：B

Jz0001831042　项目管理/专业管理部门审核鉴定报告及退库申请/可用资产保管申请，与退库物资/退役资产一并移交物资公司（中心），办理退库/保管手续，严禁先退库/保管后审批。(　　)

A. 正确

B. 错误

考核知识点：工作职责

难易度：易

标准答案：A

Jz0001831043　物资退库/退役资产鉴定可用的，由物资部门负责包装完好。(　　)

A. 正确

B. 错误
考核知识点：库存物资管理
难易度：易
标准答案：B

Jz0001831044　退库物资/退役资产入库后统一纳入库存物资管理，及时在 ERP 系统登记入账，保证账卡物一致，做好保管保养工作。(　　)
A. 正确
B. 错误
考核知识点：库存物资管理
难易度：易
标准答案：A

Jz0001831045　物资退库/退役资产鉴定不可用的，按照公司相关规定出具报废审批手续，进行报废处置。(　　)
A. 正确
B. 错误
考核知识点：库存物资管理
难易度：易
标准答案：A

Jz0001831046　库存物资利用坚持先采购、后利库原则。(　　)
A. 正确
B. 错误
考核知识点：库存物资管理
难易度：易
标准答案：B

Jz0001833047　按照谁形成库存、谁负责利库的原则，项目/专业管理部门在项目可研、初步设计阶段，对照可利用库存物资信息表，优先选用库存物资或可用退役资产。(　　)
A. 正确
B. 错误
考核知识点：库存物资管理
难易度：难
标准答案：A

Jz0001833048　跨省物资调配可采取划转或销售两种方式。采用划转方式调配的，由公司统一组织按批次开展，划转双方应为公司所属各级全资单位。(　　)
A. 正确
B. 错误
考核知识点：物资出入库
难易度：难

标准答案：A

Jz0001833049 跨省物资调配划转或销售物资，区分不同情况，调出单位按相应税率或征收率计算缴纳增值税，开具增值税专用发票，调入单位做增值税进项税抵扣。划转方式调配的，在企业所得税年度汇算清缴时，向主管税务机关作特殊性税务处理报备。(   )

A. 正确

B. 错误

考核知识点：物资出入库

难易度：难

标准答案：A

Jz0001833050 跨省物资调配采用销售方式的，由调出、调入方协商一致后直接实施。调入单位根据评估价确定销售价格，调出、调入双方协商签订销售合同，依据合同开展后续工作。(   )

A. 正确

B. 错误

考核知识点：物资出入库

难易度：难

标准答案：B

Jz0001831051 法人单位内部资产划转，本部及划转双方通过拨付所属资金、上级拨入资金进行调整。(   )

A. 正确

B. 错误

考核知识点：物资出入库

难易度：易

标准答案：A

Jz0001833052 对仓库寄存物资，在系统内通过转为自有库存方式完成出库过账。(   )

A. 正确

B. 错误

考核知识点：寄存物资管理

难易度：难

标准答案：A

Jz0001831053 库存物资遵循加快周转的原则，加强库存物资的集中管控，加快动态周转。(   )

A. 正确

B. 错误

考核知识点：库存物资管理原则

难易度：易

标准答案：A

Jz0001833054　低于储备定额的物资纳入可调配物资，在资源信息表中更新和上报，高于储备定额的物资提出补库采购申请，组织补库。(　　)

A. 正确

B. 错误

考核知识点：物资储备定额

难易度：难

标准答案：B

Jz0001831055　库存物资信息遵循实际业务与系统操作同步原则，仓库收发货业务与系统出入库手续、库存实物盘点与系统盘点均应在当日内同步完成。(　　)

A. 正确

B. 错误

考核知识点：物资出入库

难易度：易

标准答案：A

Jz0001833056　实物库存入库分为采购物资入库、工程结余物资退库、退役资产保管入库、废旧物资入库、供应商寄存物资入库等。(　　)

A. 正确

B. 错误

考核知识点：物资出入库

难易度：难

标准答案：B

Jz0001833057　应用专业仓信息管理系统，可以满足日常基本的出入仓、借用、归还、盘点等业务需求，记录库存领用信息。(　　)

A. 正确

B. 错误

考核知识点：专业仓建设

难易度：难

标准答案：B

Jz0001831058　应用专业仓信息管理系统，可以满足日常基本的出入仓、盘点等业务需求，记录库存领用和实物耗用信息。(　　)

A. 正确

B. 错误

考核知识点：专业仓建设

难易度：易

标准答案：B

Jz0001833059　专业仓应充分考虑专业需求、地理条件等因素，结合库与仓、仓与仓协同运作要求，进行仓储网络优化，以现有地（市）周转库、县公司终端库为节点进行优化设置。(　　)

A. 正确

B. 错误

考核知识点：专业仓建设

难易度：难

标准答案：B

Jz0001833060 专业仓应充分考虑专业需求、交通条件等因素，结合库与仓、仓与仓协同运作要求，进行仓储网络优化，以现有地（市）周转库、县公司终端库为节点进行优化设置。(　　)

A. 正确

B. 错误

考核知识点：专业仓建设

难易度：难

标准答案：A

Jz0001831061 专业仓注册由省公司各专业部门审批、物资部门审核确认。(　　)

A. 正确

B. 错误

考核知识点：专业仓建设

难易度：易

标准答案：A

Jz0001831062 周转库编码规则为单位代码+地市代码+区县代码+专业仓类型+自定义代码。(　　)

A. 正确

B. 错误

考核知识点：专业仓建设

难易度：易

标准答案：B

Jz0001833063 原则上同一地点可注册多个不同专业的专业仓，但同一个专业仓原则上不可覆盖多个地点。(　　)

A. 正确

B. 错误

考核知识点：专业仓建设

难易度：难

标准答案：A

Jz0001831064 专业仓标识标牌设置遵循按需配置、统一规范原则。(　　)

A. 正确

B. 错误

考核知识点：专业仓建设

难易度：易

标准答案：B

Jz0001831065　以安全、实用为原则，专业仓可配置必要的存储设备设施、装卸搬运设备、计量设备及剪线工具等工器具，满足专业仓管理需要。(　　)

A. 正确
B. 错误
考核知识点：专业仓建设
难易度：易
标准答案：B

Jz0001831066　对生产技改、电网基建等项目可研阶段技术鉴定为报废的固定资产，应加快办理报废手续。(　　)

A. 正确
B. 错误
考核知识点：物资报废流程
难易度：易
标准答案：A

Jz0001831067　实物资产管理单位应及时提出报废申请，编制固定资产报废审批表，实物资产管理部门、财务部门加快报废审批手续办理，实物资产管理部门根据审批权限批复或报上级管理单位审批。(　　)

A. 正确
B. 错误
考核知识点：物资报废流程
难易度：易
标准答案：B

Jz0001833068　上级管理单位收到报废申请后，及时履行资产报废审批，报废审批手续原则上应在资产拆除后 2 个月内完成。(　　)

A. 正确
B. 错误
考核知识点：物资报废流程
难易度：难
标准答案：A

Jz0001833069　固定资产报废内部审批程序完成后，报送财务部门办理资产清理手续，同时向物资管理部门（单位）申请报废物资处置。(　　)

A. 正确
B. 错误
考核知识点：物资报废流程
难易度：难
标准答案：A

Jz0001831070 对不满足技术条件或已到保质期限的库存物资由物资管理单位（部门）提出报废申请，组织有关专业的专家开展技术鉴定后，办理审批手续，进行废旧物资处置。（ ）

A. 正确

B. 错误

考核知识点：物资报废流程

难易度：易

标准答案：A

Jz0001833071 对在建工程废弃或不可用物资由建设管理单位提出报废申请，建设管理单位组织填写在建工程废弃物资处置申请表，办理审批手续，并向物资管理单位申请废旧物资处置。（ ）

A. 正确

B. 错误

考核知识点：物资报废流程

难易度：难

标准答案：B

Jz0001833072 施工单位在项目结算资料中未提交拆除资产回收资料的，以及应拆、实交量重大偏差无法说清楚的，不得办理项目结算，或根据资产缺失情况扣除施工款。（ ）

A. 正确

B. 错误

考核知识点：物资报废流程

难易度：难

标准答案：A

Jz0001833073 项目管理部门组织做好拆除电网实物资产的临时保管和移交工作。大型变电设备、输电线路、电网生产建筑物、构筑物等辅助及附属设施等报废资产不可现场移交与处置。（ ）

A. 正确

B. 错误

考核知识点：物资报废流程

难易度：难

标准答案：B

Jz0001833074 入库处置的报废物资，由实物保管使用单位办理完报废手续后，组织将物资运送至指定仓库，出具报废审批单及技术鉴定报告，扫描实物 ID 办理实物移交，签署报废物资移交单。（ ）

A. 正确

B. 错误

考核知识点：物资报废流程

难易度：难

标准答案：A

Jz0001833075 因代维电网实物资产处置、项目变更、应急等特殊情况无法及时完成报废审批

手续的，由实物管理部门提出暂存保管需求，经本单位实物管理、物资管理分管领导审批后，移交物资部门办理入库暂存保管。（ ）

A. 正确

B. 错误

考核知识点：物资报废流程

难易度：难

标准答案：A

Jz0001831076 公司物资部汇总各地市需求计划并审核。（ ）

A. 正确

B. 错误

考核知识点："检储配"业务

难易度：易

标准答案：B

Jz0001831077 各地市公司负责完成本单位供应商寄存物资采购订单创建增加。（ ）

A. 正确

B. 错误

考核知识点："检储配"业务

难易度：易

标准答案：A

Jz0001833078 检测过程采取明检方式，对于不具备盲检条件的，应由委托方、制造厂代表共同现场见证，并做好相关记录及签字确认。（ ）

A. 正确

B. 错误

考核知识点："检储配"业务

难易度：难

标准答案：B

Jz0001833079 产品抽检不合格，供应商提出复检要求时，由电科院公司将备样产品送至检测机构进行复检，确保复检产品为同一批次供货产品。（ ）

A. 正确

B. 错误

考核知识点："检储配"业务

难易度：难

标准答案：B

Jz0001831080 物资入库按照先账后物处理。（ ）

A. 正确

B. 错误

考核知识点："检储配"业务

难易度：易

标准答案：B

Jz0001833081　供应商寄存物资入库后应分区存放，对不同供应商寄存物资应现场标识区分。(　　)

A. 正确

B. 错误

考核知识点：“检储配”业务

难易度：难

标准答案：A

Jz0001831082　物资出库按照先账后物处理，即先进行 ERP 系统出库操作，再办理实物发货和交接。(　　)

A. 正确

B. 错误

考核知识点：“检储配”业务

难易度：易

标准答案：A

Jz0001831083　根据账号操作权限不同，可操作的业务功能相同。(　　)

A. 正确

B. 错误

考核知识点：ELP 系统应用

难易度：易

标准答案：B

Jz0001833084　一般仪器、仪表、金具小五金、电瓷、备品配件及一些辅助材料等包装完整、数量相同的物资，入库验收时可抽检其中一部分进行清点，抽检率不得少于 10%。(　　)

A. 正确

B. 错误

考核知识点：验收抽检比例

难易度：难

标准答案：B

Jz0001833085　物资身份码是单体物资的唯一身份标识，辅助进行现场和仓储物资的收发货操作。(　　)

A. 正确

B. 错误

考核知识点：物资身份码定义

难易度：难

标准答案：A

Jz0001833086　物资领料出库时，如同一领料单需分批领用，按实际领用需求办理领料过账，在下批领料时，无需重新提供领料单。(　　)

A. 正确

B. 错误

考核知识点：物资出入库

难易度：难

标准答案：B

Jz0001831087　物资出库应遵循先进后出的原则，对有保管期限的物资，应在保质期限内发出。(　　)

A. 正确

B. 错误

考核知识点：物资出入库

难易度：易

标准答案：B

Jz0001831088　物资到货验收应说明本单物资的外观、开箱验收情况，到货数量，重量，附件，文件资料等情况。(　　)

A. 正确

B. 错误

考核知识点：物资出入库

难易度：易

标准答案：A

第二篇

物资配送作业员

第一部分 初级工

第一章 物资配送作业员初级工技能笔答

Jb0001531001 电力物流服务平台配送规划首页分为哪两个部分？（5分）

考核知识点：ELP 系统应用

难易度：易

标准答案：

（1）左侧导航栏。

（2）用户信息栏。

Jb0001531002 电力物流服务平台配送规划模块左侧导航栏包括哪些功能模块？（5分）

考核知识点：ELP 系统应用

难易度：易

标准答案：

配送规划左侧导航栏包含系统数据维护、业务流程管理、数据监控查询等相关功能模块。

Jb0001532003 电力物流服务平台配送规划模块承运商列表功能的描述是什么？（5分）

考核知识点：ELP 系统应用

难易度：中

标准答案：

（1）承运商是配送环节承担运输的第三方角色，通过承运商列表维护和管理承运商信息，应用于后环节调度需求管理指派承运商。

（2）司机和车辆信息需要关联至所属承运商。

（3）承运商信息由货主创建和管理，承运商仅支持查询当前账号对应的承运商信息。

Jb0001531004 电力物流服务平台配送规划模块车辆管理功能的描述是什么？（5分）

考核知识点：ELP 系统应用

难易度：易

标准答案：

在配送规划业务场景下，配送任务需要进行排班、审核并下发到指定车辆，通过车辆管理维护和管理车辆信息，应用于后环节调度需求管理添加排班。

Jb0001532005 电力物流服务平台配送规划模块运单状态为“待排线”应如何操作？（5分）

考核知识点：ELP 系统应用

难易度：中

标准答案：

运单初始状态为待排线，当前节点需要进行排线操作，设置固定排线规则后勾选操作排线，完成排线后状态变更为已排线。待排线页面运单支持拆分，可以选择手动拆分或者按自动中转拆分规则进行拆分，拆分完成后状态变更为已拆分。

Jb0001532006　简述电力物流服务平台配送规划模块经销商管理功能。（5分）

考核知识点：ELP系统应用

难易度：中

标准答案：

在配送规划业务场景下，工程现场需要关联对应的经销商，同时需要对经销商信息进行存储和管理，通过经销商模块可以存储经销商信息，并在需要时及时搜索查询。

Jb0001531007　电力物流服务平台配送规划模块调度需求有哪些状态？（5分）

考核知识点：ELP系统应用

难易度：易

标准答案：

（1）待指派。
（2）待排班。
（3）待审核。
（4）已下发。
（5）装货中。
（6）配送中。
（7）已结束。
（8）异常结束。
（9）已取消。

Jb0001531008　电力物流服务平台配送规划模块调度需求状态为“已下发”应如何操作？（5分）

考核知识点：ELP系统应用

难易度：易

标准答案：

调度需求审核通过，状态同步变更为已下发，信息下发至司机端，后续操作由司机端操作后反馈至系统，影响调度需求流转。

Jb0001532009　电力物流服务平台配送规划模块仓库出货规则的描述是什么？（5分）

考核知识点：ELP系统应用

难易度：中

标准答案：

仓库出货规则应用于出库需求中的下单环节，通过设置可实现根据所选择的工程现场和物资类型匹配到对应的出货仓库。一个工程现场一个需求单存在多个物资，可能匹配到多个仓库，产生多个发货执行单。

Jb0001531010　电力物流服务平台配送规划模块出库限定规则的描述是什么？（5分）

考核知识点：ELP系统应用

难易度：易

标准答案：

出库限定规则应用于出库需求中的下单环节，通过设置实现限制可发往工程现场的物资类型。

Jb0001531011　电力物流服务平台配送规划模块指派承运商包括哪两个部分？（5 分）

考核知识点：ELP 系统应用

难易度：易

标准答案：

指派承运商功能支持逐个指派和批量指派。

Jb0001531012　电力物流服务平台配送规划模块调度需求修改的描述是什么？（5 分）

考核知识点：ELP 系统应用

难易度：易

标准答案：

配送环节前，可以对调度需求进行添加或移除运单的修改。

Jb0002531013　配送管理的工作原则是什么？（5 分）

考核知识点：配送管理原则

难易度：易

标准答案：

确保安全、准时快捷、服务优质、配送优化。

Jb0002531014　各级物资需求单位（部门）根据项目安排、物资耗用情况，提交各级物资公司（供应中心）什么信息？（5 分）

考核知识点：物资配送流程

难易度：易

标准答案：

提供所需物资品种、数量、时间和地点等信息。

Jb0002531015　各级物资公司（供应中心）如何监控配送过程？（5 分）

考核知识点：物资配送流程

难易度：易

标准答案：

各级物资公司（供应中心）应加强对重点物资配送过程管控，可通过 GPS、电话、短信等多种方式，确认车辆状态和位置，监控配送过程。

Jb0002533016　县公司运维检修部（仓储配送班）在实物库存管理中的职责是什么？（10 分）

考核知识点：工作职责

难易度：难

标准答案：

（1）负责县公司库存“一本账”管理，统计分析县公司库存物资信息，开展库存“一本账”系统应用。

（2）负责在库存资源统一调配平台，定期更新、发布可调配物资信息，进行统计分析。

（3）负责跨县公司库存物资调配申请报地（市）公司审核后实施。

（4）负责提出本县公司库存物资储备定额，开展储备定额物资需求计划、仓储、配送等工作。

（5）负责县公司仓库的物资验收，出入库，保管，退库，调配，盘点等仓储业务实施，以及退役资产在库保管。

（6）负责提出本单位库存物资报废申请和废旧物资处置计划，组织办理库存物资报废手续，经审核后实施。

（7）负责审核退库物资申请，办理退库手续，核查及保管退库物资相关信息、技术资料。

Jb0003532017　现代（智慧）供应链运营中心展示物资仓储配送的信息的路径及操作步骤有哪些？（5分）

考核知识点：运营链运营规范

难易度：中

标准答案：

路径：调配平台—全景大数据—全链条节点可视化—物资仓储配送。

操作步骤：根据工厂编码、采购订单、实际到货时间等维度查询，通过图形及表格的形式展示物资仓储配送的数据。

Jb0004532018《国网宁夏电力有限公司物资“检储配”一体化作业实施意见》的总体原则是什么？（5分）

考核知识点：“检储配”业务

难易度：中

标准答案：

以“集中储备、统一检测”提升物资资源共享水平和物资检测质量效率，以“主动配送、即时送达”提升物资供应保障水平和主动供应服务水平，优化仓储配送资源利用效率效益，增强用户服务体验，更好地服务公司发展和电网建设。

Jb0004532019《国网宁夏电力有限公司物资“检储配”一体化作业实施意见》的制定方针是什么？（5分）

考核知识点：“检储配”业务

难易度：中

标准答案：

为提升国网宁夏电力有限公司物资供应运作效率和主动服务水平，落实国家电网有限公司“放管服”工作部署，以末端供应需求驱动前端业务融合，实施物资供应链供给侧改革，实现配电网物资“集中储备、统一检测、主动配送”一站式供应服务，依据《国家电网公司物资管理通则》结合实际业务需要，制定本意见。

Jb0005531020　物资智能配送管理App中设备材料清册审核的业务描述是什么？（5分）

考核知识点：物资智能配送

难易度：易

标准答案：

计划人员将设备材料清册导入物资智能配送管理辅助工具，提报后由项目经理进行审核。

Jb0005531021 物资智能配送管理 App 中运费单价维护的业务描述是什么？（5 分）

考核知识点：物资智能配送

难易度：易

标准答案：

省市公司系统管理员按照年度中标物资配送承运商中标信息，在物资智能配送管理辅助工具中维护承运商中标价格信息。

Jb0005532022 物资智能配送管理 App 中库存资源池的业务描述是什么？（5 分）

考核知识点：物资智能配送

难易度：中

标准答案：

为便于掌握各单位及其他单位可用库存情况，物资调配平台连接 ERP 系统，针对实时库存数据建立了库存数据汇集、全量库存资源展示功能。

Jb0005532023 物资智能配送管理 App 中运费结算清单维护的业务描述是什么？（5 分）

考核知识点：物资智能配送

难易度：中

标准答案：

根据运输距离或运输重量，选择运费方案，生成运费清单，并提交审核。运费计算有两种方案，在维护运费结算清单时，用户选择方案，系统依据所选方案自动计算运费。可查询已完成维护的运费清单，对于未提交和退回的运费清单可进行变更。

Jb0006532024 仓储装卸、起吊设备应如何租赁？（5 分）

考核知识点：装卸起吊作业

难易度：中

标准答案：

应向获得国家有关部门经营许可的租赁公司（运输公司，物流服务中心等，具有《道路运输经营许可证》的运输企业）租赁仓库装卸、起吊设备（车辆），禁止向个人租赁。

Jb0006532025 仓储装卸、起吊设备租赁公司应具备哪些条件？（5 分）

考核知识点：装卸起吊作业

难易度：中

标准答案：

租赁公司应具备法人资质，具有良好的信誉和商业道德，具备承担风险的能力，安全制度健全，近五年内未发生过安全生产责任事故。有危化品运输需求的单位在租赁车辆时，运输企业必须具备道路危险货物运输经营许可证。

Jb0006531026 仓储装卸、起吊设备租赁合同该如何签订？（5 分）

考核知识点：装卸起吊作业

难易度：易

标准答案：

应使用公司发布的吊车租赁合同参考文本签订租赁合同，同时签订安全协议，明确双方责任。

Jb0006533027　仓储装卸、起吊设备租赁公司提供的设备应具备哪些条件？（5分）

考核知识点：装卸起吊作业

难易度：难

标准答案：

（1）租赁公司应提供所派遣的装卸、起吊设备（车辆）行驶证、操作资格证、派车单、五年内无事故承诺书等有关资料。

（2）应选择整机性能好、安全可靠且车龄不超过8年的装卸、起吊设备（车辆）。

（3）租赁公司须提供宁夏回族自治区有资质的机构依据《起重机械定期检验规则》（TSGQ 7015—2016）、《汽车起重机和轮胎起重机试验规范》（GB/T 6068—2021）检测的一年有效期检验报告。

Jb0006532028　仓储装卸、起吊设备操作人员应具备哪些条件？（5分）

考核知识点：装卸起吊作业

难易度：中

标准答案：

操作人员应具有特种设备检验检测机构颁发的起重机司机（Q2）证书或住建部门认可的机构颁发的汽车起重机操作证书，且操作人员具有5年及以上驾龄并从事过电力吊装业务。

Jb0006533029　编制仓储装卸、起吊设备作业方案应注意哪些问题？（10分）

考核知识点：装卸起吊作业

难易度：难

标准答案：

（1）编制装卸、起吊设备（车辆）作业方案时应实地勘察，租赁公司委派有经验的人员共同参与。

（2）吊装荷载必须经过计算校核、吊装高度必须经过计算校核、工器具选用必须经过计算校核。

（3）臂长及额定起重量依据吊件就位高度、尺寸、吊索高度和站车位置，比对起重性能表（起重特性曲线）确定，并确保吊臂与吊件、吊钩与吊件之间的安全距离符合要求。

Jb0006531030　起吊作业对汽车起重机指挥员有哪些要求？（5分）

考核知识点：装卸起吊作业

难易度：易

标准答案：

汽车起重机指挥应持证上岗，使用标准手势、信号指挥。

第二部分 中级工

第二章　物资配送作业员中级工技能笔答

Jb0001431001　电力物流服务平台配送规划模块用户信息栏的作用是什么？（5分）

考核知识点：ELP系统应用

难易度：易

标准答案：

用户信息栏用于展示和管理所属公司和账户登录状态。

Jb0001431002　电力物流服务平台配送规划模块车型管理功能的描述是什么？（5分）

考核知识点：ELP系统应用

难易度：易

标准答案：

在配送规划业务场景下，不同的调度需求需要匹配到不同的运输车型，通过车型管理维护和管理车型信息，应用于后环节调度需求管理添加排班。

Jb0001431003　电力物流服务平台配送规划模块司机管理功能的描述是什么？（5分）

考核知识点：ELP系统应用

难易度：易

标准答案：

在配送规划业务场景下，配送任务需要进行排班、审核并下发到指定司机，通过司机管理维护和管理司机信息，应用于后环节调度需求管理添加排班。

Jb0001431004　电力物流服务平台配送规划模块运单管理功能的描述是什么？（5分）

考核知识点：ELP系统应用

难易度：易

标准答案：

在配送规划业务场景下，基于不同的发货执行单会产生不同的运输订单，即运单，运单下达前需要进行拆分、排线处理，完成处理后产出具体的运输任务，生成调度需求。

Jb0001431005　电力物流服务平台配送规划模块运单有哪些状态？（5分）

考核知识点：ELP系统应用

难易度：易

标准答案：

（1）待排线。

（2）已排线。

（3）待配送。

（4）装车中。

（5）运输中。

（6）卸货中。
（7）已完成。
（8）已取消。
（9）已拆分。

Jb0001432006　电力物流服务平台配送规划模块运单状态为“已拆分”应如何操作？（5分）

考核知识点：ELP系统应用

难易度：中

标准答案：

运单拆分完成后，运单状态变更为已拆分。产生多个子运单，子运单全量完成配送，状态变更为已完成，原运单随子运单状态变更而变更。

Jb0001432007　电力物流服务平台配送规划模块调度需求管理功能的描述是什么？（5分）

考核知识点：ELP系统应用

难易度：中

标准答案：

在配送规划业务场景下，运单完成排线后，会生成相应的调度需求，调度需求需要指派相应的承运商同时完成司机的排班，排班完成任务下发至司机端，调度需求流转随司机操作反馈变更。调度需求指派承运商，修改、审核由调度员操作，添加司机排班由承运商操作。

Jb0001431008　电力物流服务平台配送规划模块司机排班功能分为哪两个部分？（5分）

考核知识点：ELP系统应用

难易度：易

标准答案：

司机排班功能包括添加排班和更换排班。

Jb0001432009　电力物流服务平台配送规划模块报警管理功能的描述是什么？（5分）

考核知识点：ELP系统应用

难易度：中

标准答案：

在配送规划业务场景下，可通过设置报警规则，对调度需求进行报警监控，存在异常情况会记录报警信息，展示在报警记录中。报警规则由配置管理员进行配置，承运商仅支持查询报警记录。

Jb0001431010　电力物流服务平台配送规划模块组织管理功能的描述是什么？（5分）

考核知识点：ELP系统应用

难易度：易

标准答案：

组织管理模块面向公司下的组织数据的管理，主要涉及公司管理、项目管理。

Jb0001432011　电力物流服务平台配送规划模块公司管理功能的描述是什么？（5分）

考核知识点：ELP系统应用

难易度：中

标准答案：

在配送规划业务场景下，存在多个分公司分管项目、物资，通过公司管理模块维护公司信息数据，为后环节项目、物资、地址配置做数据归属。公司信息由货主创建和管理，订单员仅支持查询。

Jb0001431012　电力物流服务平台配送规划模块审核物资信息管理功能的列表操作包括哪些？（5分）

考核知识点：ELP 系统应用

难易度：易

标准答案：

列表的操作包括查看、修改、有效/无效。

Jb0002431013　仓储配送安全管理的工作原则是什么？（5分）

考核知识点：工作原则

难易度：易

标准答案：

仓储配送安全管理坚持“安全第一、预防为主、综合治理”的方针，贯彻“谁主管、谁负责”的原则，实行归口管理、分级负责的安全责任制。

Jb0002431014　各级物资公司（供应中心）如何确保仓库安全？（5分）

考核知识点：仓储安全保卫管理

难易度：易

标准答案：

各级物资公司（供应中心）建立和完善仓库防火、防洪、防盗、防损、防破坏等防救安全制度，制订各种防救预案，定期演练，确保仓库安全。

Jb0002431015　配送作业员如何管理运输、装卸吊装等物流设备？（5分）

考核知识点：装卸起吊作业

难易度：易

标准答案：

各种运输、装卸吊装等物流装备应由专人保管使用，满足国家相关法律、法规、规章、标准要求，定期检查、保养，及时维修，严禁带故障使用和违章操作。

Jb0002433016　地市物资供应中心在物资仓储配送管理中的职责是什么？（10分）

考核知识点：工作职责

难易度：难

标准答案：

（1）负责本地市仓储配送资源的集中管控和仓储配送管理工作。

（2）按照省公司统一规划，建设本地市仓储配送网络，整合仓储配送资源。

（3）负责本地市物资需求计划的收集、汇总，平衡利库后形成库存调拨计划，并实施本地市物资配送。

（4）负责本地市直接管理仓库的物资验收、出入库、调拨、稽核盘点等作业和仓储配送安全管理；

（5）提出本地市物资储备定额、仓储定额配置计划、仓库运维计划。

（6）负责审核本地市仓库补库计划和库存物资报废申请。

（7）建立本地市配送承运商资质信息库并汇总资质评价信息。

（8）开展本地市仓储配送信息统计分析工作。

（9）应用物资集约化信息系统仓储配送模块。

（10）负责指导、监督和检查地市供电企业和县供电企业仓储配送管理工作。

Jb0004432017 《国网宁夏电力有限公司物资“检储配”一体化作业实施意见》中对生成物资配送单有何要求？（5分）

考核知识点：“检储配”业务

难易度：中

标准答案：

地市公司项目管理部门工作人员根据工程进度应用物资智能配送移动 App 进行可视化点选或批量导入物资清册，并批量或单独确认送货地点、送货时间、现场收货人、联系电话等信息形成配送订单。系统在线完成订单审核、分配及确认工作。

Jb0004432018 《国网宁夏电力有限公司物资“检储配”一体化作业实施意见》中对配送方案的规定是什么？（5分）

考核知识点：“检储配”业务

难易度：中

标准答案：

（1）物资公司通过物资智能配送移动 App 系统“自动配载（同送货地点、同现场收货人、同时间段）+人工调整”方式智能编制配送方案，确保计划科学合理、便于管控。

（2）物资公司根据配送订单及配送方案，在 ERP 系统内将需配送的物资调拨至地市公司。物资公司根据 ERP 系统调拨单及配送方案完成实物理货，开展配送工作。

Jb0004432019 《国网宁夏电力有限公司物资“检储配”一体化作业实施意见》中对配送过程的规定是什么？（5分）

考核知识点：“检储配”业务

难易度：中

标准答案：

物资公司配送负责人通过应用物资智能配送移动 App 及远程监控系统，对行驶路况实时监测、配送路线动态查询、到达时间自动预估，实现运输全过程动态化、智能化、可视化管控。第三方配送负责人根据预估到达时间通过电话与现场接收人员进行沟通确认。第三方配送负责人应负责配送过程中人员、交通、物资安全，确保物资安全配送至目的地。

Jb0005431020 物资智能配送管理 App 中点选下单的业务描述是什么？（5分）

考核知识点：物资智能配送

难易度：易

标准答案：

项目部门需求提报人员在点选下单界面，按照物料分类（对库存资源池中物资区分供应商、批次进行显示）选择物资进行下单，可通过查询功能查找物资。

Jb0005431021　物资智能配送管理 App 中批量下单的业务描述是什么？（5 分）

考核知识点：物资智能配送

难易度：易

标准答案：

项目部门需求提报人员在点选下单界面选择“批量下单”页签，引用设备材料清册在库存中按照匹配规则，自动匹配完成下单。

Jb0005431022　物资智能配送管理 App 中配送需求管理的业务描述是什么？（5 分）

考核知识点：物资智能配送

难易度：易

标准答案：

项目需求人员在点选下单后，维护物资配送时间、配送地点、联系方式等信息。

Jb0005432023　物资智能配送管理 App 中配送计划管理的业务描述是什么？（5 分）

考核知识点：物资智能配送

难易度：中

标准答案：

（1）项目需求人员在提交配送需求后，由仓储专责维护承运商信息、需求车辆信息等内容，系统根据配送起点和终点自动规划配送路线。

（2）仓储专责维护信息后由仓储班长进行审核，审核通过的配送计划将分发至对应的承运商。

（3）承运商在接收到配送计划进行车辆调度。

Jb0006431024　起吊作业对起吊重量有哪些要求？（5 分）

考核知识点：装卸起吊作业

难易度：易

标准答案：

起吊重量（含吊具）达到起重机起重性能表（起重特性曲线）额定起重量 70%及以上时，不得作业。

Jb0006431025　起吊作业期间对安全防护和保护装置有哪些要求？（5 分）

考核知识点：装卸起吊作业

难易度：易

标准答案：

作业期间，起重量限制器、起重力矩限制器、起升高度限位器、运行行程限位器等安全防护和保护装置齐全有效，并严禁关闭。

Jb0006431026　使用装卸、起吊设备对于斜拉、斜吊有哪些要求？（5 分）

考核知识点：装卸起吊作业

难易度：易

标准答案：

禁止使用装卸、起吊设备（车辆）进行斜拉、斜吊和起吊其他不明重量的物体。

Jb0006431027 起吊作业对于吊索与物件间夹角有哪些要求？（5 分）

考核知识点：装卸起吊作业

难易度：易

标准答案：

吊索与物件的夹角宜采用 45°～60°，且不得小于 30°或大于 120°，吊索与物件棱角之间应加垫块。

Jb0006431028 起吊作业物件吊起后应检查什么？（5 分）

考核知识点：装卸起吊作业

难易度：易

标准答案：

吊件吊起 100mm 后应暂停，检查起重系统的稳定性、制动器的可靠性、物件的平稳性、绑扎的牢固性，确认无误后方可继续起吊。对易晃动的重物应拴好控制绳。

Jb0006433029 起吊作业期间有哪些安全要求？（10 分）

考核知识点：装卸起吊作业

难易度：难

标准答案：

（1）物件起升和下降速度应平稳、均匀，不得突然制动。

（2）禁止起吊物件长时间悬挂在空中，作业中遇突发故障，应采取措施将物件降落到安全地方，并关闭发动机或切断电源后进行检修。无法放下吊物时，应采取适当的保险措施，除排险人员外，任何人员不得进入危险区域。

（3）在起吊、牵引过程中，受力钢丝绳的周围、上下方、吊臂和起吊物的下面，禁止有人逗留和通过。

（4）吊物上不可站人，禁止作业人员利用吊钩上升或下降。禁止用起重机械载运人员。

（5）禁止起重臂跨越电力线进行作业，禁止使用吊车代替跨越架进行跨越施工。

Jb0006432030 装卸、起吊设备防坍塌、防倾斜采取什么措施？（5 分）

考核知识点：装卸起吊作业

难易度：中

标准答案：

装卸、起吊设备（车辆）行驶和作业的场地应保持平坦坚实，机身倾斜度不得超过制造厂的规定，其车轮、支腿与沟、坑边缘的距离不得小于沟、坑深度的 1.2 倍，小于 1.2 倍时应采取防倾倒、防坍塌措施。

第三部分 高级工

第三章　物资配送作业员高级工技能笔答

Jb0001332001　电力物流服务平台配送规划模块调度需求状态为“待指派”应如何操作？（5分）

考核知识点：ELP 系统应用

难易度：中

标准答案：

除部分固定排线规则已设置指定承运商产生的调度需求外，调度需求初始状态为待指派，当前节点需要进行人工指派，将需求指派至指定承运商，指派完成后状态变更为待排班。

Jb0001332002　电力物流服务平台配送规划模块调度需求状态为“待排班”应如何操作？（5分）

考核知识点：ELP 系统应用

难易度：中

标准答案：

除部分固定排线规则已设置指定司机产生的调度需求外，未进行排班的调度需求状态为待排班，当前节点需求人工添加排班，维护司机、车型、车辆。

Jb0001332003　电力物流服务平台配送规划模块调度需求状态为“待审核”应如何操作？（5分）

考核知识点：ELP 系统应用

难易度：中

标准答案：

完成指派和排班后相关信息需要进行人工审核，审核通过调度需求状态同步转跳至已下发，如审核不通过，调度需求状态变更为已取消，状态同步至运单和发货执行单。

Jb0001331004　电力物流服务平台配送规划模块物资分类信息管理功能的列表操作包括哪些？（5分）

考核知识点：ELP 系统应用

难易度：易

标准答案：

列表的操作包括查看、修改、有效/无效。

Jb0001331005　电力物流服务平台配送规划模块审核物资功能的列表操作包括哪些？（5分）

考核知识点：ELP 系统应用

难易度：易

标准答案：

审核功能支持逐个审核和批量审核。

Jb0001331006　电力物流服务平台配送规划模块调拨需求功能的描述是什么？（5分）

考核知识点：ELP 系统应用

难易度：易

标准答案：

在配送规划业务场景下，仓库与仓库间需要进行物资调拨，物资出库和入库以及运输过程需要记录和管理，调拨需求应用于物资仓仓调拨场景。

Jb0001331007　电力物流服务平台配送规划模块调拨需求有哪些状态？（5分）

考核知识点：ELP 系统应用

难易度：易

标准答案：

（1）待下发。

（2）待出库。

（3）运输中。

（4）入库中。

（5）已完成。

（6）已取消。

Jb0001331008　电力物流服务平台配送规划模块调拨需求状态为“待下发”应如何操作？（5分）

考核知识点：ELP 系统应用

难易度：易

标准答案：

调拨需求初始状态为待下发，当前节点需要进行人工下发，操作下发后状态变更为待出库。

Jb0001331009　电力物流服务平台配送规划模块调拨需求状态为“待出库”应如何操作？（5分）

考核知识点：ELP 系统应用

难易度：易

标准答案：

调拨需求操作下发完成，状态变更为待出库，同步生成发货执行单、出库执行单和入库执行单。目前一个调拨需求会生成一个发货执行单、一个出库执行单和一个入库执行单。

Jb0001332010　电力物流服务平台配送规划模块出库需求功能的描述是什么？（5分）

考核知识点：ELP 系统应用

难易度：中

标准答案：

在配送规划业务场景下，物资出库运输到工程现场过程需要记录和管理，出库需求应用于物资由仓库运输至工程现场场景。如一个需求存在多个商品，且匹配到多个出货仓库时，会产生多个发货执行单和出库执行单。

Jb0001331011 电力物流服务平台配送规划模块出库需求有哪些状态？（5分）

考核知识点：ELP 系统应用

难易度：易

标准答案：

（1）待截单。

（2）待确认。

（3）待出库。

（4）已完成。

（5）已取消。

Jb0001331012 电力物流服务平台配送规划模块出库需求状态为“待截单”应如何操作？（5分）

考核知识点：ELP 系统应用

难易度：易

标准答案：

常规下单完成，出库需求初始状态为待截单，当前需求处在待截单周期，到达截单时间，需求会自动转跳至待确认。

Jb0002332013 库存物资装卸搬运过程应注意哪些问题？（5分）

考核知识点：装卸起吊作业

难易度：中

标准答案：

（1）库存物资装卸搬运过程中，应严格遵守物资装卸搬运操作规程，保证物资和人身安全。

（2）装卸吊装机具必须满足物资装卸吊装需求，相关工作人员必须取得相关特种作业人员证书等国家相关资质、资格。

Jb0002332014 仓储配送信息指的是什么？（5分）

考核知识点：物资配送流程

难易度：中

标准答案：

（1）仓储配送信息是指仓储配送管理、作业过程中收集、汇总、分析的相关信息和资料。

（2）公司各级单位应建立仓储、配送信息管理工作机制，定期进行统计与分析，形成管理月报，及时发现问题并制定解决措施。

Jb0002333015 各级发展、财务部门、直属单位在物资仓储配送管理中的职责是什么？（10分）

考核知识点：工作职责

难易度：难

标准答案：

（1）各级发展部门负责仓库建设项目的立项审批。

（2）各级财务部门负责仓储配送费用的资金管理，审核库存盘点报告和仓库运维计划，进行库存盘盈、盘亏、调拨及处置的账务处理，拨付仓库运维资金。

（3）各级专业管理部门负责提出本专业物资储备定额标准，制定库存物资报废原则，开展本专业库存物资报废的技术鉴定。

（4）各级信息化部门负责仓储配送管理信息化建设、技术支持、应用集成和运行维护管理。

（5）各级物资需求单位（部门）负责提出准确的物资到货需求，组织物资的接收、验收和物资接收后的暂存、保管工作。

（6）各直属单位参照省公司物资仓储配送管理模式，开展本单位的物资仓储配送管理工作。

Jb0004333016 《国网宁夏电力有限公司物资“检储配”一体化作业实施意见》中地市公司物资部（物资供应中心）的职责是什么？（10分）

考核知识点：“检储配”业务

难易度：难

标准答案：

（1）负责本地市物资需求计划的收集、汇总，协助物资公司开展“检储配”一体化作业管理。

（2）协助物资公司开展“检储配”物资的现场交接和质量验收工作。

（3）负责本单位仓储范围内“检储配”物资的作业管理及信息统计分析工作。

（4）负责本单位“检储配”物资相关单据的收集整理和归档工作。

（5）配合开展“检储配”物资跨地市调拨工作，负责本单位采购“检储配”物资跨地市调拨业务的审核工作。

（6）负责本单位“检储配”物资质量抽检工作的组织实施。

（7）应用物资智能配送管理系统。

Jb0004332017 《国网宁夏电力有限公司物资“检储配”一体化作业实施意见》中各级专业管理部门的职责是什么？（10分）

考核知识点：“检储配”业务

难易度：中

标准答案：

（1）负责本单位“检储配”物资的配送计划的申请及报送审批。

（2）负责组织开展“检储配”物资的现场交接工作。

（3）配合开展“检储配”物资跨地市调拨工作，负责本单位采购“检储配”物资跨地市调拨业务的审核工作。

（4）应用物资智能配送管理系统。

Jb0004332018 《国网宁夏电力有限公司物资“检储配”一体化作业实施意见》中对承运商评价的规定是什么？（5分）

考核知识点：“检储配”业务

难易度：中

标准答案：

完成物资交接后，项目单位负责人通过物资智能配送移动App对承运商的服务态度、配送及时性、货物完整性在线打星评价并说明原因。

Jb0005331019 物资智能配送管理App的主要应用范围是什么？（5分）

考核知识点：物资智能配送

难易度：易

标准答案：

物资智能配送管理应用业务主要范围为10kV及以下配电网实物储备物资。

Jb0005332020　物资智能配送管理App中配送计划确认的业务描述是什么？（5分）

考核知识点：物资智能配送

难易度：中

标准答案：

承运商管理人员对仓管员维护的配送计划中时间、车辆、配送地点等信息进行确认，如承运商无法满足配送需求，可驳回配送计划，并与仓管员联系调整配送计划后重新确认。

Jb0005332021　物资智能配送管理App中身份认证的业务描述是什么？（5分）

考核知识点：物资智能配送

难易度：中

标准答案：

仓储管理人员对前来进行货物配送的配送司机及车辆通过扫描二维码获取线上身份信息，并通过线下核对身份进行身份认证工作。

Jb0005532022　物资智能配送管理App中装车交接的业务描述是什么？（5分）

考核知识点：物资智能配送

难易度：中

标准答案：

仓储管理人员对配送司机身份认证完成后，根据物资交接单进行装车作业，装车完成后，由仓储管理人员与配送司机分别签字确认，同时拍照记录装车交接，完成装车交接确认操作。

Jb0005532023　物资智能配送管理App中运输监控的业务描述是什么？（5分）

考核知识点：物资智能配送

难易度：中

标准答案：

仓储管理人员与配送司机完成物资装车交接确认后，由承运商点击开始按钮，进入货物配送环节，配送过程中会自动记录相关物流信息，项目建设人员、配电网抢修人员及仓储管理人员可通过运输监控查看物资的配送状态。

Jb0006333024　仓储装卸、起吊设备准入管理要求是什么？（10分）

考核知识点：装卸起吊作业

难易度：难

标准答案：

（1）配送单位应选择满足要求且长期合作、可靠的租赁公司，将符合租赁条件的装卸、起吊设备（车辆）纳入使用名录，并向物资管理部门报备。

（2）配送单位每季度应对装卸、起吊设备（车辆）名录进行动态管理，更新后及时向物资管理部门报备。

（3）配送单位应从名录中选用装卸、起吊设备（车辆），对进入现场的装卸、起吊设备（车辆）的安全状况进行准入检查，并对作业人员资格进行审查和核实。

（4）配送单位与物资管理部门签订配送业务委托协议后，要及时将装卸、起吊设备（车辆）相关资料报物资管理部门审核。报审须提供租赁公司的营业执照、吊车租赁合同、安全协议、检验报告、行驶证、驾驶证、操作证等资料及租赁公司对以上材料的真实性、有效性的承诺书。对装卸、起吊设备（车辆）报审的材料与实物逐一核验相符后准予进场。

Jb0006331025　起吊作业如何停机？（5分）

考核知识点：装卸起吊作业

难易度：易

标准答案：

停机时，应先将重物落地，不得将重物悬在空中停机。

Jb0006331026　起吊作业完毕后如何收车？（5分）

考核知识点：装卸起吊作业

难易度：易

标准答案：

起吊作业完毕后，应先将臂杆放在支架上，后起支腿；吊钩应用专用钢丝绳挂牢或固定于规定位置。汽车起重机禁止吊物行走。

Jb0006332027　叉车作业运货上货柜车前有何要求？（5分）

考核知识点：装卸起吊作业

难易度：中

标准答案：

运货上货柜车前，应先观察货柜车与发货台是否靠紧，货车车轮是否按规定将三角木垫好，车厢里是否有人，估计货车的承重能力和货车与踏板的倾斜度，确认安全后再进行装卸。

Jb0006332028　叉车作业在起重升降或行驶时有何要求？（5分）

考核知识点：装卸起吊作业

难易度：中

标准答案：

叉车在起重升降或行驶时，禁止任何人员站在货叉上把持物件或起平衡作用。叉车叉物升降时，货叉范围半径1m内禁止有人。

Jb0006332029　叉车作业车辆维护有何要求？（5分）

考核知识点：装卸起吊作业

难易度：中

标准答案：

（1）发现叉车有不正常现象，应当立即停车检查。

（2）严禁在叉车启动的情况下进行维修、装拆零部件。不能自行维修叉车和装拆零部件。

（3）严格按照公司的叉车保养、维修规程进行维保。

第四部分 技 师

第四章　物资配送作业员技师技能笔答

Jb0001232001　电力物流服务平台配送规划模块项目管理功能的描述是什么？（5分）

考核知识点：ELP系统应用

难易度：中

标准答案：

在配送规划业务场景下，存在单个公司同时分管多个项目，通过项目管理模块维护项目信息数据，应用于后环节地址、需求创建配置，并同步关联到所属公司，一个项目仅归属一个公司。项目信息由货主创建和管理，订单员仅支持查询。

Jb0001232002　电力物流服务平台配送规划模块物资分类功能的描述是什么？（5分）

考核知识点：ELP系统应用

难易度：中

标准答案：

在配送规划业务场景下，各个分公司需要对所属物资进行管理，由于物资类目数量多，需要进行分类汇总，简化后环节操作。

Jb0001232003　电力物流服务平台配送规划模块物资管理功能的描述是什么？（5分）

考核知识点：ELP系统应用

难易度：中

标准答案：

在配送规划业务场景下，各个分公司需要对所属物资进行管理，通过物资管理维护物资信息数据，选择所属物资分类，通过物资分类关联到需求订单。

Jb0001231004　电力物流服务平台配送规划模块入库需求功能的描述是什么？（5分）

考核知识点：ELP系统应用

难易度：易

标准答案：

在配送规划业务场景下，物资运输入库过程需要记录和管理，入库需求应用于物资由生产商环节运输至入库场景。

Jb0001231005　电力物流服务平台配送规划模块入库需求有哪些状态？（5分）

考核知识点：ELP系统应用

难易度：易

标准答案：

（1）待下发。

（2）运输中。

（3）入库中。

（4）已完成。
（5）已取消。

Jb0001232006 电力物流服务平台配送规划模块出库执行单功能的描述是什么？（5分）
考核知识点：ELP 系统应用
难易度：中
标准答案：
在配送规划业务场景下，出库需求完成确认或调拨需求完成下发后会产生相应的出库执行单，可通过出库执行单页面对相应执行单进行查看和管理。

Jb0001231007 电力物流服务平台配送规划模块出库执行单有哪些状态？（5分）
考核知识点：ELP 系统应用
难易度：易
标准答案：
（1）待出库。
（2）已完成。
（3）已取消。

Jb0001231008 电力物流服务平台配送规划模块发货执行单有哪些状态？（5分）
考核知识点：ELP 系统应用
难易度：易
标准答案：
（1）待确认。
（2）待配送。
（3）配送中。
（4）已完成。
（5）已取消。

Jb0001232009 电力物流服务平台配送规划模块入库执行单功能的描述是什么？（5分）
考核知识点：ELP 系统应用
难易度：中
标准答案：
在配送规划业务场景下，入库需求完成确认或调拨需求完成下发后会产生相应的入库执行单，可通过入库执行单页面对相应执行单进行查看和管理。

Jb0001231010 电力物流服务平台配送规划模块发货执行单有哪些状态？（5分）
考核知识点：ELP 系统应用
难易度：易
标准答案：
（1）待入库。
（2）已完成。

（3）已取消。

Jb0001232011　电力物流服务平台配送规划模块运单拆分的描述是什么？（5 分）

考核知识点：ELP 系统应用

难易度：中

标准答案：

在配送规划业务场景下，可以根据运输需要，增加运输过程途经点。目前运单拆分支持手动拆分和自动中转拆分。操作拆分后，原运单拆分后产生多个子运单，原运单随子运单状态变更而变更。

Jb0001232012　电力物流服务平台配送规划模块运单排线的描述是什么？（5 分）

考核知识点：ELP 系统应用

难易度：中

标准答案：

在配送规划业务场景下，可以根据运输需要，通过排线功能，基于已有运单进行排线，生成的运输任务。目前运单排线支持人工排线和固定排线。

Jb0002233013　省物资公司在物资仓储配送管理中的职责是什么？（10 分）

考核知识点：工作职责

难易度：难

标准答案：

（1）负责制定公司物资仓储配送管理的制度、标准和其他规范性文件。

（2）负责规划公司仓储配送网络，整合仓储配送资源，研究和建设现代物流体系。

（3）负责公司仓储配送资源的集中管控，仓储配送管理及信息统计分析工作。

（4）负责组织建立公司物资储备定额体系，审核公司总部仓储定额配置计划。

（5）负责审核公司直接管理仓库的运维计划、补库计划和库存物资报废申请。

（6）负责组织跨省应急物资的统一调拨和配送。

（7）负责组织公司配送承运商资质信息库的建立、管理，并开展资质评价。

（8）负责公司物资仓储配送的安全管理工作。

（9）负责物资集约化信息系统仓储配送模块的应用管理。

（10）负责公司仓储配送管理的指导、监督、检查和考核。

Jb0002232014　配送管理的定义及工作原则是什么？（5 分）

考核知识点：工作原则

难易度：中

标准答案：

（1）配送管理是指将物资从仓库运送到指定地点，包括配送需求、配送调度、配送执行、配送交接、配送结算等全过程管理。

（2）物资配送管理遵循“确保安全、准时快捷、服务优质、配送优化”的原则。

Jb0002233015　配送管理的安全要求是什么？（10 分）

考核知识点：配送管理安全要求

难易度：难

标准答案：

（1）仓储配送安全管理坚持“安全第一、预防为主、综合治理”的方针，贯彻“谁主管、谁负责”的原则，实行归口管理、分级负责的安全责任制。

（2）各级物资公司（供应中心）建立和完善仓库防火、防洪、防盗、防损、防破坏等防救安全制度，制订各种防救预案，定期演练，确保仓库安全。

（3）各种运输、装卸吊装等物流装备应由专人保管使用，满足国家相关法律、法规、规章、标准要求，定期检查、保养，及时维修，严禁带故障使用和违章操作。

（4）库存物资装卸搬运过程中，应严格遵守物资装卸搬运操作规程，保证物资和人身安全。装卸吊装机具必须满足物资装卸吊装需求，相关工作人员必须取得相关特种作业人员证书等国家相关资质、资格。

（5）各级物资公司（中心）应严格进行出入库管理，对出入库人员，车辆，货物要严格检查，验证和登记。

Jb0004233016 《国网宁夏电力有限公司物资“检储配”一体化作业实施意见》中省物资公司的职责是什么？（10 分）

考核知识点：“检储配”业务

难易度：难

标准答案：

（1）协助公司规划物资“检储配”一体化作业网络，整合“检储配”资源，研究和建设一站式服务体系。

（2）负责公司“检储配”物资的采购需求汇总、审核、订单创建、交接验收、履约协调、质量监督检测、现场配送、出入库、跨地（市）物资调配、稽核盘点、资金结算等全流程作业和配送过程安全管理。

（3）负责公司“检储配”物资配送计划的收集、汇总，形成物资配送方案，并实施配送。

（4）建立公司配送承运商资质信息库并汇总承运商资质、服务评价信息。

（5）负责公司仓储范围内“检储配”物资的作业管理及信息统计分析工作。

（6）负责公司“检储配”物资相关单据的收集和整理，并定期反馈至地市公司物资部门归档。

（7）负责公司本部及直属单位“检储配”物资质量抽检工作的组织实施。

（8）应用物资智能配送管理系统。

（9）完成公司物资部交办的其他“检储配”相关任务。

Jb0004232017 《国网宁夏电力有限公司物资“检储配”一体化作业实施意见》中对承运商评价的规定是什么？（5 分）

考核知识点：“检储配”业务

难易度：中

标准答案：

完成物资交接后，项目单位负责人通过物资智能配送移动 App 对承运商的服务态度、配送及时性、货物完整性在线打星评价并说明原因。

Jb0005232018 物资智能配送管理 App 中库存匹配策略维护业务描述是什么？（5 分）

考核知识点：物资智能配送

难易度：中

标准答案：

仓储配送管理岗按照物资智能配送管理辅助工具“新增”的库存类型，规定该库存类型的“匹配优先级、匹配条件、是否项目需求或零星需求”。

Jb0005232019　物资智能配送管理 App 中设备材料清册导入及提报的业务描述是什么？（5 分）

考核知识点：物资智能配送

难易度：中

标准答案：

地市供电公司项目部门在项目初设阶段组织设计单位编制项目设备材料清册，编制完成后由项目部门项目经理将设备材料清册导入物资智能配送管理辅助工具进行提报。

Jb0005232020　物资智能配送管理 App 中卸车物资验收的业务描述是什么？（5 分）

考核知识点：物资智能配送

难易度：中

标准答案：

承运商将物资送到项目现场或配电网抢修现场后，项目建设人员或配电网抢修人员通过扫描实物 ID 或者物资身份码，核实到货物资与实际点选下单物资是否一致。

Jb0005232021　物资智能配送管理 App 中运输评价的业务描述是什么？（5 分）

考核知识点：物资智能配送

难易度：中

标准答案：

承运商与项目或配电网抢修现场人员完成运输回单签字确认及佐证照片上传后，由项目建设人员或配电网抢修人员与仓储管理人员分别针对此次运输作业进行星级评价，用于后期承运商综合评分评级等。

Jb0006233022　编制仓储装卸、起吊设备作业方案应注意哪些问题？（10 分）

考核知识点：装卸起吊作业

难易度：难

标准答案：

（1）编制装卸、起吊设备（车辆）作业方案时应实地勘察，租赁公司委派有经验的人员共同参与。

（2）吊装荷载必须经过计算校核、吊装高度必须经过计算校核、工器具选用必须经过计算校核。

（3）臂长及额定起重量依据吊件就位高度、尺寸、吊索高度和站车位置，比对起重性能表（起重特性曲线）确定，并确保吊臂与吊件、吊钩与吊件之间的安全距离符合要求。

Jb0006232023　装卸、起吊设备对支腿的规定是什么？（5 分）

考核知识点：装卸起吊作业

难易度：中

标准答案：

作业前应支好全部支腿，支腿应使用不小于 1.2m 长的道木支垫在平整、坚实的地面上。作业中禁止扳动支腿操纵阀；调整支腿应在无载荷时进行，且应将起重臂转至正前或正后方位。

Jb0006232024 起吊作业方向的规定是什么？（5 分）

考核知识点：装卸起吊作业

难易度：中

标准答案：

起吊作业应在起重机的侧向和后向进行；变幅角度或回转半径应与起重量相适应。起重机带载回转时，回转速度要均匀，重物未停稳前，不准作反向操作。向前回转时，臂杆中心线不得越过支腿中心。

Jb0006532025 起吊重物的规定是什么？（5 分）

考核知识点：装卸起吊作业

难易度：中

标准答案：

起吊重物时，重物中心与吊钩中心应在同一垂线上；荷载由多根钢丝绳支承时，宜设置能有效地保证各根钢丝绳受力均衡的装置。作业中发现起重机倾斜、支腿不稳等异常现象时，应立即使重物降落在安全的地方，下降中禁止制动。

Jb0006232026 叉车作业车辆启动有何要求？（5 分）

考核知识点：装卸起吊作业

难易度：中

标准答案：

（1）车辆启动前，检查启动、音响信号、电瓶电路、运转、制动性能、货叉、轮胎，使之处于完好状态。

（2）当有机械问题的时候， 要及时处理严禁嫌麻烦不处理。如有自己处理不了的问题及时向车间领导汇报。

（3）起步时要查看周围有无人员和障碍物，然后鸣号起步。

（4）叉车在载物起步时，驾驶员应先确认所载货物平稳可靠。起步时须缓慢平稳起步。

Jb0006232027 叉车作业“七不准”是什么？（5 分）

考核知识点：装卸起吊作业

难易度：中

标准答案：

（1）不准将货物升高做长距离行驶（高度大于 500mm）。

（2）不准用货叉挑翻货盘和利用制动惯性溜放的方法卸货。

（3）不准直接铲运危险品。

（4）不准用单货叉作业。

（5）不准利用惯性装卸货物。

（6）不准用货叉带人作业，货叉举起后货叉下严禁站人和进行维修工作。

（7）不准用叉车去拖其他车，如确实需要叉车牵引，则需经过安全主任同意。

Jb0006232028 叉车作业时遇到意外该如何处理？（5 分）

考核知识点：装卸起吊作业

难易度：中

标准答案：

（1）紧伏到方向盘上或操作手柄，并抓紧方向盘或操作手柄。

（2）身体靠在叉车倾倒方向的反面。

（3）注意防止损伤头部或胸部，叉车翻车时千万不能跳车。

Jb0006232029　叉车作业车辆停车有何要求？（5分）

考核知识点：装卸起吊作业

难易度：中

标准答案：

（1）尽量避免停在斜坡上，如不可避免，则应取其他可靠物件塞住车轮拉紧手刹并熄火。停放时应将货叉降到最低位置，拉紧后刹车，切断电路，并不能停放在纵坡大于5%的路段上。

（2）不能将叉车停在紧急通道、出入口、消防设施旁。

（3）叉车暂时不使用时应关掉电源，拉刹车。

Jb0006232030　叉车作业车辆充电有何要求？（5分）

考核知识点：装卸起吊作业

难易度：中

标准答案：

（1）使用充电器时，要选用与叉车配套的充电器，要轻拿轻放。

（2）充完电后，应先关掉电源，再拉出充电器插头，并将充电器挂好，严禁随意放在地上。

第五部分
高级技师

第五章 物资配送作业员高级技师技能笔答

Jb0001132001 电力物流服务平台配送规划模块地址管理功能的描述是什么？（5分）

考核知识点：ELP 系统应用

难易度：中

标准答案：

在配送规划业务场景下，需要对仓库、工程现场、生产商相关的地址基本信息、位置信息、装载信息、联系人信息进行维护，相关数据关联至需求和发货执行单，应用于运输环节。

Jb0001132002 电力物流服务平台配送规划模块工程现场分组管理功能的描述是什么？（5分）

考核知识点：ELP 系统应用

难易度：中

标准答案：

在配送规划业务场景下，存在一个项目或一个区域会同时存在多个工程现场，通过维护工程现场分组，对工程现场进行分类汇总，简化后环节操作。工程现场在地址管理页面创建。

Jb0001132003 电力物流服务平台配送规划模块供应商管理功能的描述是什么？（5分）

考核知识点：ELP 系统应用

难易度：中

标准答案：

在配送规划业务场景下，不同物资对应不同供应商，一个供应商下可能存在多个生产商，物资入库时需要记录供应商信息，以及供应商下属生产商信息。创建入库需求环节，通过选择供应商可以关联到供应商对应的物资。

Jb0001132004 电力物流服务平台配送规划模块生产商管理功能的描述是什么？（5分）

考核知识点：ELP 系统应用

难易度：中

标准答案：

在配送规划业务场景下，物资入库及入库运输需要应用生产商详细信息，包含基本信息、位置信息、装载信息和联系信息，相关数据关联至入库需求，应用于运输环节。一个供应商下可能存在多个生产商。

Jb0001132005 电力物流服务平台配送规划模块规则模块的描述是什么？（5分）

考核知识点：ELP 系统应用

难易度：中

标准答案：

在配送规划业务场景下，需要对仓储环节、运输环节设置限定规则，实现流程规则限制，简化管理。现有规则包含中转拆分规则、出库截单规则、仓库出货规则、固定排线规则、出货限定规则，其中出库截单规则、仓库出货规则、出货限定规则由订单员创建和管理。

Jb0001132006　电力物流服务平台配送规划模块出单截单规则的描述是什么？（5分）

考核知识点：ELP系统应用

难易度：中

标准答案：

出库截单规则应用于出库需求中的常规下单环节，通过设置工程现场及相应物资类型下指定的截单周期及相关时间规则，实现满足设置条件规则的出库需求自动流转，出库需求预计到货时间自动计算。

Jb0001132007　电力物流服务平台配送规划模块出库需求状态为“待确认”应如何操作？（5分）

考核知识点：ELP系统应用

难易度：中

标准答案：

待确认需求存在两种来源，一是快速下单完成，初始状态为待确认；二是常规下单的出库需求到达截单时间，状态自动转跳至待确认。当前节点可以进行人工确认，确认完成需求单会自动转跳至待出库。

Jb0001132008　电力物流服务平台配送规划模块出库需求状态为“待出库”应如何操作？（5分）

考核知识点：ELP系统应用

难易度：中

标准答案：

待出库需求存在两种来源，一是人工操作确认，状态变更为待出库；二是常规下单的出库需求到达确认时间，状态自动转跳至待出库。状态变更为待出库，同步生成发货执行单和出库执行单。如一个需求存在多个商品，且匹配到多个出货仓库时，会产生多个发货执行单和出库执行单。

Jb0001133009　电力物流服务平台配送规划模块发货执行单功能的描述是什么？（5分）

考核知识点：ELP系统应用

难易度：难

标准答案：

在配送规划业务场景下，执行单来源包含根据物流配送需求生成和页面创建两种方式。基于不同的物流配送需求会获取到不同的发货任务，物流配送需求包含出库需求、入库需求和调拨需求，辐射了生产商到仓库、仓库到工程现场以及仓仓调拨的业务场景；同时发货执行单支持直接创建，实现工程现场到工程现场的物资调拨、工程现场到仓库的物资回退等场景。

Jb0001132010　电力物流服务平台配送规划模块固定排线规则的描述是什么？（5分）

考核知识点：ELP系统应用

难易度：中

标准答案：

（1）固定排线规则可实现通过既定规则匹配待排线运单，生成排线结果，完成运单排线。

（2）同时可以根据需要选择是否指定承运商，是否指定车型。

（3）固定排线规则由调度员创建和管理，货主仅支持查询。

Jb0001132011　电力物流服务平台配送规划模块审计日志管理的描述是什么？（5分）

考核知识点：ELP系统应用

难易度：中

标准答案：

系统使用过程中存在会对业务操作过程轨迹进行监控和记录，产出相应的日志储存，供管理员查询和回溯，审计日志管理限审计管理员使用。

Jb0001132012　电力物流服务平台配送规划模块中转拆分规则的描述是什么？（5分）

考核知识点：ELP系统应用

难易度：中

标准答案：

中转拆分规则应用于运单拆分，通过中转拆分规则，设置起点、途径点、终点条件，在运单管理页面操作自动中转拆分，经系统匹配符合条件规则实现自动拆分。

Jb0001132013　电力物流服务平台配送规划模块调度需求审核的描述是什么？（5分）

考核知识点：ELP系统应用

难易度：中

标准答案：

调度需求审核通过后，需求将同步下发至司机端，后续操作由司机端操作后反馈至系统，影响调度需求流转。调度需求审核不通过，调度需求状态变更为已取消，状态同步至运单和发货执行单。

Jb0002133014　公司仓储网络体系建设的层级及作用是什么？（10分）

考核知识点：仓储标准化管理

难易度：难

标准答案：

（1）公司建立总部应急储备仓库、省公司区域库、周转库三级实体仓库网络。各级实体仓库名称、地址、面积及库存地点等仓库资源信息实施统一注册管理并统一在国网物资部（国网招投标中心）备案。

（2）公司总部应急储备仓库承担公司应急物资的集中储备任务，由国网物资公司负责日常管理，仓库所属省物资公司、地市物资供应中心负责仓储配送作业。

（3）省公司区域库承担区域内物资集中储备和周转配送任务。各级单位可根据实际情况，跨行政区域设置区域库。区域库所属省物资公司、地市物资供应中心负责日常管理和仓储配送作业。

（4）省公司周转库承担日常消耗和应急作业的物资暂时储备任务，由地市物资供应中心负责日常管理，仓库所属单位（部门）负责仓储配送作业。

（5）各级实体仓库的新增、修改或注销，需经省公司物资部、国网物资部（国网招投标中心）审核通过后，完成仓库注册信息变更。

（6）各级物资公司（供应中心）应根据仓库运转、维修、库存物资检验费用等情况，编制仓库运维计划报物资部门、运检部门、财务部门审核。仓库运维费用纳入本单位专项成本费用统一管理。

（7）仓库的地标、名称标牌、建筑物LOGO、色彩等外观标识应按照国网视觉识别手册标准执行。

新建、改扩建仓库实施标准化仓库定置建设；旧有仓库应功能区域规范、仓库环境整洁、物流运作有序。

Jb0002133015　国网物资公司物资仓储配送管理中心的职责是什么？（10分）

考核知识点：工作职责

难易度：难

标准答案：

（1）协助公司仓储配送网络的规划、仓储配送资源的整合和现代物流体系的研究建设。

（2）负责公司跨省调配物资需求计划的收集、汇总，平衡利库后形成库存调拨计划，并实施跨省配送。

（3）负责公司直接管理仓库的物资验收、出入库、调拨、稽核盘点等作业和仓储配送安全管理。

（4）建立公司物资储备定额体系，负责提出省公司直接管理仓库的仓储定额配置计划、仓库运维计划、补库计划和库存物资报废申请。

（5）建立公司配送承运商资质信息库并汇总承运商资质评价信息。

（6）负责公司仓储配送信息统计分析工作。

（7）应用物资集约化信息系统仓储配送模块。

Jb0002133016　省公司物资部物资仓储配送管理中心的职责是什么？（10分）

考核知识点：工作职责

难易度：难

标准答案：

（1）负责本单位仓储配送网络的规划、仓储配送资源的整合和现代物流体系的研究建设。

（2）负责本单位仓储配送资源的集中管控、仓储配送管理和信息统计分析工作。

（3）负责组织建立省公司物资储备定额体系、审核仓储定额配置计划和仓库运维计划。

（4）负责审核省公司直接管理仓库的补库计划和库存物资报废申请。

（5）负责组织跨地市物资的统一调拨和配送。

（6）负责组织建立本单位配送承运商资质信息库并开展资质评价。

（7）负责本单位物资仓储配送的安全管理工作。

（8）负责组织应用物资集约化信息系统仓储配送模块。

（9）负责本单位所属公司仓储配送管理工作的指导、监督、检查和考核。

Jb0002133017　配送管理工作原则和流程是什么？（10分）

考核知识点：物资配送流程

难易度：难

标准答案：

（1）配送管理按照“确保安全、准时快捷、服务优质、配送优化”的原则，由各级物资公司（供应中心）及时、准确地将库存物资配送至指定现场。

（2）各级物资需求单位（部门）根据项目安排、物资耗用情况，提供所需物资品种、数量、时间和地点等信息，提交各级物资公司（供应中心）。

（3）经平衡利库确定出库库存物资，由各级物资公司（中心）汇总配送需求，制定配送计划并实施配送。

（4）各级物资公司（中心）应加强对重点物资配送过程管控，可通过GPS、电话、短信等多种方式，确认车辆状态和位置，监控配送过程。

（5）各级单位应建立配送承运商资质信息库，对承运商资质业绩进行统一管理。各级物资公司（中心）应定期组织开展承运商配送及时性，准确性和配送服务质量评价，并将评价结果反馈至配送承运商招标环节。

Jb0004133018 《国网宁夏电力有限公司物资“检储配”一体化作业实施意见》中省物资部的职责是什么？（10分）

考核知识点：“检储配”业务

难易度：难

标准答案：

（1）负责规划公司物资“检储配”一体化作业网络，整合“检储配”资源，研究和建设一站式服务体系。

（2）负责公司物资“检储配”一体化作业的安全管理工作。

（3）负责公司物资“检储配”一体化作业管理的指导、监督、检查和考核。

（4）负责组织开展公司“检储配”物资质量抽检工作。

（5）协调处理物资“检储配”一体化作业管理过程中出现的问题，并监督整改。

（6）负责物资智能配送管理系统的应用管理。

Jb0004133019 《国网宁夏电力有限公司物资“检储配”一体化作业实施意见》中电科院的职责是什么？（10分）

考核知识点：“检储配”业务

难易度：难

标准答案：

（1）按照公司“检储配”一体化作业要求，及时开展各类物资质量检测工作，并按要求出具检测报告。

（2）负责督导检测中心及时在ECP2.0系统中录入已完成的检测数据。

（3）协助公司物资部分析处理“检储配”物资抽检过程中发现的产品质量问题。

（4）负责对物资公司、地市供电公司的物资质量抽检工作进行技术指导和培训。

（5）进一步扩大物资检测品类和提升检测等级，持续提升物资质量检测能力。

（6）完成公司物资部交办的其他相关任务。

Jb0004132020 《国网宁夏电力有限公司物资“检储配”一体化作业实施意见》中规定，货物配送到现场后，如何进行交接？（5分）

考核知识点：“检储配”业务

难易度：中

标准答案：

物资配送至指定地点后，进行地面交货，由第三方承运商负责卸车，进行卸货验收。第三方配送负责人与项目负责人现场进行物资交接、验收工作。在确认物资数量、品类、外观等信息无误后双方在智能配送平台上配送计划单上签字确认。

Jb0004132021 《国网宁夏电力有限公司物资“检储配”一体化作业实施意见》中对配送结算的规定是什么？（5分）

考核知识点：“检储配”业务

难易度：中

标准答案：

（1）配送完成后，物资智能配送移动应用平台采用“智能核算，一单一结”模式，系统依据运输距离、货物重量、车辆类型等要素自动计算运费，并生成运费清单，由物资公司与第三方承运商签字确认。

（2）物资公司根据确认后的运费清单及时完成配送费用支付工作。

Jb0005132022　物资智能配送管理 App 中运费结算管理的业务描述是什么？（5 分）

考核知识点：物资智能配送

难易度：中

标准答案：

基于物资智能配送整体应用流程，对于物资配送过程产生运输费用，由仓储管理员在物资调配平台中生成运费结算清单，由物资管理部门主任在内部用户 App 中进行审核，由承运商管理人员在承运商 App 中做最终确认，作为双方最终的结算依据。

Jb0005133023　物资智能配送管理 App 的建设目的是什么？（10 分）

考核知识点：物资智能配送

难易度：难

标准答案：

（1）充分发挥资源集中优势，通过库存资源可视、共享和统筹，提升公司配电网物资供应保障能力和库存资源集约能力。

（2）精准对接项目实施进度，将项目预估需求供应方式转变为项目实际领用供应方式，从源头消除了预估不准确导致的后续库存积压问题。

（3）提升了配电网物资优质服务水平，基于移动应用技术和主动配送机制，增强了需求用户服务体验，提升了配电网物资供应保障质效。

Jb0005133024　物资智能配送管理 App 的阶段目标是什么？（10 分）

考核知识点：物资智能配送

难易度：难

标准答案：

第一阶段，以库存实物储备资源为基础，开发仓储、配送系统和移动应用 App，库存实物可视点选下单，由仓库配送至现场。

第二阶段，扩大资源统筹范围，将非实物储备协议库存分配管理纳入点选下单范围，系统在线匹配协议库存，物资即时下单生产，使用单位可选择物资的范围更广。

第三阶段，基于大数据分析技术，进一步优化系统功能设计，自动实现库存定额管控和动态调整，提升全口径储备标准化物资准确性和主动配送两个策略的及时性、经济性。

Jb0005133025　物资智能配送管理 App 的业务目标是什么？（10 分）

考核知识点：物资智能配送

难易度：难

标准答案：

借助物联网、移动互联网等技术手段，建立物资智能配送管理应用模式，实现物资使用“需求即时确认、订单一键下达、按需主动配送”，全面提升物资供应服务水平。

（1）需求即时确认。提供库存资源可视化平台，项目单位可实时、在线查询需求物资库存数量。

（2）订单一键下达。利用移动App，项目单位根据库存物资信息，线上点选下单，维护配送地点、配送时间、交接人、联系方式等信息。

（3）按需主动配送。根据预约送货需求时间，组织承运商安排物资发运，实时监控物资运输全过程。

Jb0006132026　仓储装卸、起吊设备起重作业前应注意什么？（5分）

考核知识点：装卸起吊作业

难易度：中

标准答案：

（1）起重作业前应进行安全技术交底，使全体作业人员熟悉起重方案和安全技术措施、掌握指挥手势及信号。作业前操作人员应掌握现场环境、吊件质量、分布等情况，并严格按规定的起重性能作业，禁止超载。

（2）操作人员纳入作业层班组进行管理，参加站班会。站班会后同班长兼指挥一起进行作业前汽车起重机外观、站车位置检查并进行试运行，确认无误后进行试吊。

Jb0006132027　起吊作业在不同天气下有何规定？（5分）

考核知识点：装卸起吊作业

难易度：中

标准答案：

（1）当工作地点的风力达到五级时，不得进行受风面积大的起吊作业。当风力达到六级及以上时，不得进行起吊作业。

（2）遇有大雪、大雾、雷雨等恶劣气候，或夜间照明不足，使指挥人员看不清工作地点、操作人员看不清指挥信号时，不得进行起重作业。雨雪过后作业前，先试吊，确认制动器灵敏可靠后方可进行作业。

Jb0006132028　仓库装卸、起吊设备保养管理要求是什么？（10分）

考核知识点：装卸起吊作业

难易度：中

标准答案：

（1）配送单位应对租赁公司装卸、起吊设备（车辆）维护保养和定期检查情况进行监督检查。

（2）租赁公司应按照汽车起重机使用说明书或保养手册要求进行维修保养、检查检验，确保起重机械性能完好。

（3）装卸、起吊设备（车辆）司机每日对油路、制动、报警、仪器仪表、钢丝绳、滑轮、卷筒等方面开展车辆例行检查，物资管理部门应抽查监督。

Jb0006133029　仓库装卸、起吊设备培训管理要求是什么？（10分）

考核知识点：装卸起吊作业

难易度：难

标准答案：

（1）物资管理部门、配送单位应加强装卸、起吊设备（车辆）安全管理培训工作，明确专人负责，纳入年度培训计划，通过邀请专家或委托培训等方式，加强项目管理人员和起重作业人员的安全教育和技能培训。

（2）物资管理部门、配送单位应加强作业人员对装卸、起吊设备（车辆）的安全培训及取证管理，建立特种设备安全管理员台账，按照“一人一档”做好动态管理。

（3）物资管理部门、配送单位应加强装卸、起吊设备（车辆）指挥、司索人员安全培训及取证管理，建立起重机指挥人员台账，按照“一人一档”做好动态管理。

（4）物资管理部门、配送单位应监督租赁公司做好装卸、起吊设备（车辆）作人员教育培训管理，加强入场前安全操作规程培训，入场后纳入施工作业层班组统一管理。

Jb0006133030 仓库装卸、起吊设备考核管理要求是什么？（10分）

考核知识点：装卸起吊作业

难易度：难

标准答案：

（1）配送单位对装卸、起吊设备（车辆）检测过期、合同过期、违章作业不整改、不服从现场管理、车辆及操作人员更换未履行准入手续等情况建立清退管理机制，并将相关要求纳入合同条款进行管控。

（2）物资管理部门、配送单位应加强使用过程中的安全检查和考核评价管理。

（3）物资管理部门、配送单位应定期对装卸、起吊设备（车辆）使用开展专项排查，掌握设备使用情况，排查起重作业安全风险，加强安全隐患及管理问题闭环管理。

（4）公司建立装卸、起吊设备（车辆）信息管理库，将配送单位台账内机械统一纳入管理；加强装卸、起吊设备（车辆）使用过程“四不两直”监督检查，发现问题纳入量化考核进行管理。

Jb0006131031 叉车作业对作业人员有何要求？（5分）

考核知识点：装卸起吊作业

难易度：易

标准答案：

（1）驾驶叉车的人员必须经过专业培训，通过安全生产监督部门的考核，取得特种操作证，并经公司同意后方能驾驶，严禁无证操作。

（2）严禁酒后驾驶，行驶中不得饮食、闲谈、打手机。

Jb0006132032 叉车叉载物品时，应注意哪些问题？（5分）

考核知识点：装卸起吊作业

难易度：中

标准答案：

叉载物品时，货物重量应平均分担在两货叉上，货物不得偏斜，物品的一面应贴靠挡货架。小件货物应放入集物箱（板）内，防止掉落。叉车所载物品不得遮挡驾驶员视线，如出现遮挡驾驶员视线时应倒车缓慢行驶，如遇上坡则不应倒车行驶，应有一人在旁指挥货叉朝上前进。

第六部分 综合题

单　选　题

（每题 1 分）

Jz0001652001　为加强国家电网公司物资仓储配送管理工作，提高仓储配送________，依据国家有关法律法规以及《国家电网公司物资管理通则》等有关规定，制定本办法。(　　)

A. 资源配置效率　B. 资源利用效率效益　C. 资源调整效率效益　D. 资源利用效益

考核知识点：配送管理原则

难易度：中

标准答案：B

Jz0001651002　配送管理是指将物资从________运送到指定地点，包括配送需求、配送调度、配送执行、配送交接、配送结算等全过程管理。(　　)

A. 供应商　B. 物流　C. 仓库　D. 物资公司

考核知识点：配送管理定义

难易度：易

标准答案：C

Jz0001651003　国网物资部（国网招投标中心）是公司物资仓储配送工作的________管理部门。(　　)

A. 主要　B. 归口　C. 直接　D. 间接

考核知识点：工作职责

难易度：易

标准答案：B

Jz0001651004　各直属单位参照________物资仓储配送管理模式，开展本单位的物资仓储配送管理工作。(　　)

A. 国网公司　B. 省公司　C. 市公司　D. 县公司

考核知识点：配送管理原则

难易度：易

标准答案：B

Jz0001651005　公司总部应急储备仓库承担公司应急物资的________任务，由国网物资公司负责日常管理，仓库所属省物资公司、地市物资供应中心负责仓储配送作业。(　　)

A. 集中储备　B. 集中储备和配送　C. 集中配送　D. 集中管理

考核知识点：工作职责

难易度：易

标准答案：A

Jz0001651006　公司总部应急储备仓库承担公司应急物资的集中储备任务，由________负责日常管理，仓库所属省物资公司、地市物资供应中心负责仓储配送作业。(　　)

A. 国网物资部　　B. 国网物资公司

C. 总部项目管理部门　　D. 总部应急物资需求部门

考核知识点：工作职责

难易度：易

标准答案：B

Jz0001651007　公司总部应急储备仓库承担公司应急物资的集中储备任务，由国网物资公司负责日常管理，仓库所属________负责仓储配送作业。(　　)

A. 省物资公司、地市物资供应中心　　B. 省公司物资部

C. 地市物资供应中心　　D. 省物资公司

考核知识点：工作职责

难易度：易

标准答案：A

Jz0001651008　省公司区域库承担区域内________任务。各级单位可根据实际情况，跨行政区域设置区域库。区域库所属省物资公司、地市物资供应中心负责日常管理和仓储配送作业。(　　)

A. 集中储备和周转配送　　B. 集中储备

C. 周转配送　　D. 集中储备和物资调配

考核知识点：工作职责

难易度：易

标准答案：A

Jz0001652009　省公司区域库承担区域内物资集中储备和周转配送任务。各级单位可根据实际情况，跨________设置区域库。区域库所属省物资公司、地市物资供应中心负责日常管理和仓储配送作业。(　　)

A. 地理位置　　B. 市县　　C. 行政区域　　D. 管辖区域

考核知识点：工作职责

难易度：中

标准答案：C

Jz0001651010　省公司周转库承担日常消耗和应急作业的物资________任务，由地市物资供应中心负责日常管理，仓库所属单位（部门）负责仓储配送作业。(　　)

A. 暂时储备　　B. 集中储备　　C. 周转配送　　D. 紧急调配

考核知识点：工作职责

难易度：易

标准答案：A

Jz0001652011　公司各级单位应建立配送承运商资质信息库，对承运商资质业绩进行统一管理。各级物资公司（供应中心）应定期组织开展承运商配送及时性、准确性和配送服务质量评价，并将评价结果反馈至配送承运商________环节。(　　)

A. 审查　　B. 核实　　C. 入库　　D. 招标

考核知识点：工作职责

难易度：中

标准答案：D

Jz0001651012　仓储配送安全管理坚持安全第一、预防为主、综合治理的方针，贯彻________的原则，实行归口管理、分级负责的安全责任制。（　　）

A. 谁主管、谁负责　　B. 谁执行、谁负责　　C. 谁实施、谁负责　　D. 谁发现、谁负责

考核知识点：配送管理原则

难易度：易

标准答案：A

Jz0001651013　按照公司相关要求，组织各级物资供应单位做好________工作。（　　）

A. 工程建设、运维检修、防汛救灾物资保障

B. 工程建设、运维检修、物资管理

C. 工程建设、物资管理、防汛救灾物资保障

D. 物资管理、运维检修、防汛救灾物资保障

考核知识点：工作职责

难易度：易

标准答案：A

Jz0001651014　仓储配送信息是指仓储配送________过程中收集、汇总、分析的相关信息和资料。公司各级单位应建立仓储、配送信息管理工作机制，定期进行统计与分析，形成管理月报，及时发现问题并制定解决措施。（　　）

A. 管理、检查　　B. 管理、考核　　C. 管理、作业　　D. 执行、作业

考核知识点：配送管理定义

难易度：易

标准答案：C

Jz0001652015　仓储配送信息是指仓储配送管理、作业过程中收集、汇总、分析的相关信息和资料。公司各级单位应建立仓储、配送信息管理工作机制，定期进行________，形成管理月报，及时发现问题并制定解决措施。（　　）

A. 汇总、分析　　B. 整理、分析　　C. 统计、分析　　D. 汇总、整理

考核知识点：配送管理定义

难易度：中

标准答案：C

Jz0001652016　调拨物资到货后，物资保管员（配送员）与送货员根据________、调出单位的出库单清点到货物资数量（含质量），检查物资包装外观是否完好。清点无误之后，双方在调出单位的出库单上签字确认，返回调出单位存档。（　　）

A. 调拨申请单　　B. 调拨通知单　　C. 货物交接单　　D. 调入单位入库单

考核知识点：物资配送流程

难易度：中

标准答案：B

Jz0001651017　配送管理是指将物资从仓库运送到________。(　　)
A. 作业地点　B. 项目地点　C. 指定地点　D. 需求地点
考核知识点：配送管理定义
难易度：易
标准答案：C

Jz0001651018　物资配送管理遵循确保安全、准时快捷、________、配送优化的原则。(　　)
A. 安全可用　B. 保质可用　C. 保质保量　D. 服务优质
考核知识点：配送管理原则
难易度：易
标准答案：D

Jz0001651019　________负责公司物资仓储配送的安全管理工作。(　　)
A. 国网物资部（国网招投标中心）　B. 国网物资公司
C. 省公司物资部　D. 省物资公司
考核知识点：工作职责
难易度：易
标准答案：A

Jz0001651020　________负责组织跨省应急物资的统一调拨和配送。(　　)
A. 国网物资部（国网招投标中心）　B. 国网物资公司
C. 省公司物资部　D. 省物资公司
考核知识点：工作职责
难易度：易
标准答案：A

Jz0001651021　________建立公司配送承运商资质信息库并汇总承运商资质评价信息。(　　)
A. 国网物资部（国网招投标中心）　B. 国网物资公司
C. 省公司物资部　D. 省物资公司
考核知识点：工作职责
难易度：易
标准答案：B

Jz0001651022　________负责公司仓储配送信息统计分析工作。(　　)
A. 国网物资部（国网招投标中心）　B. 国网物资公司
C. 省公司物资部　D. 省物资公司
考核知识点：工作职责
难易度：易
标准答案：B

Jz0001651023　按照谁使用谁验收的原则，加强物资到货及安装投运环节的管理。强化合同执行________，对供货不及时、服务不到位、质量不合格的供应商，加大合同处罚与不良信息公示力度，引导供应商改进、提升服务质量。(　　)

A. 优化验收流程　B. 集中评价　C. 一单一评价　D. 履约评价

考核知识点：物资配送流程

难易度：易

标准答案：C

Jz0001651024《国家电网有限公司供应商不良行为处理管理细则》指出，加大不良供应商处罚。加强公司系统不良行为供应商处理的一致规范和信息共享，形成“一处受罚、处处受制”的________氛围，提高供应商失信违约成本。(　　)

A. 联防联治　B. 高压严惩　C. 高压联防　D. 高压联治

考核知识点：供应商管理

难易度：易

标准答案：A

Jz0001651025　加强公司系统不良行为供应商处理的一致规范和信息共享，形成“________”的联防联治氛围，提高供应商失信违约成本。(　　)

A. 一处受罚、多处受制　B. 一处受罚、处处受制

C. 一处受罚、一处受制　D. 一处受罚、全面受制

考核知识点：供应商管理

难易度：易

标准答案：B

Jz0001651026　紧急预警处理过程须在________个工作日内完成，一般预警处理过程须在 3 个工作日内处理完成。对于超期未处理的预警信息，监控预警人员要对预警信息接收人的处理进程进行督办。(　　)

A. 1　B. 2　C. 3　D. 5

考核知识点：预警监控模块

难易度：易

标准答案：A

Jz0001651027　省公司区域库承担区域内物资集中储备和周转配送任务。________可根据实际情况，跨行政区域设置区域库。(　　)

A. 国网物资公司　B. 省公司物资部　C. 省物资公司　D. 各级单位

考核知识点：工作职责

难易度：易

标准答案：D

Jz0001651028　省公司区域库承担________集中储备和周转配送任务。(　　)

A. 应急物资　B. 定额储备物资　C. 区域内物资　D. 日常消耗物资

考核知识点：工作职责

难易度：易
标准答案：C

Jz0001651029　跨地市库存物资，由________利库后报省公司物资部审批，实施调拨与配送。( )

A. 各地市公司　B. 省物资公司　C. 被利库单位　D. 利库单位
考核知识点：平衡利库
难易度：易
标准答案：B

Jz0001651030　由地市物资供应中心负责________日常管理，仓库所属单位（部门）负责仓储配送作业。( )

A. 总部应急储备仓库　B. 省公司区域库　C. 省公司中心库　D. 周转库
考核知识点：工作职责
难易度：易
标准答案：D

Jz0001652031　下列选项中不需要按照国网视觉识别手册标准执行的外观标识是：________。( )

A. 仓库的地标　B. 名称标牌　C. 建筑物 LOGO　D. 库房编号
考核知识点：仓储标准化管理
难易度：中
标准答案：D

Jz0001651032　配送管理按照确保安全、准时快捷、服务优质、配送优化的原则，由各级________及时、准确地将库存物资配送至指定现场。( )

A. 物资需求部门　B. 物资管理部门　C. 物资公司（供应中心）　D. 项目管理部门
考核知识点：配送管理原则
难易度：易
标准答案：C

Jz0001651033　经平衡利库确定出库的库存物资，由各级________汇总配送需求，制定配送计划并实施配送。( )

A. 物资需求部门　B. 物资管理部门　C. 物资公司（供应中心）　D. 项目管理部门
考核知识点：平衡利库
难易度：易
标准答案：C

Jz0001652034　按照集中储备、________的原则，加强配网物资仓储与质量抽检业务协同，实施“检储配”一体化管理。( )

A. 按需抽检　B. 部分抽检　C. 集中抽检　D. 就地抽检
考核知识点：“检储配”业务

难易度：中
标准答案：B

Jz0001652035 调配物资验收入库：调入单位物资公司（中心）按照上级调配通知单（划转方式）或销售合同（销售方式），与调出单位办理交接验收，双方在________上签字确认，验收合格后办理入库手续。（ ）

A. 调配物资交接单　　B. 调配通知单
C. 销售合同　　D. 划转方式

考核知识点：物资出入库
难易度：中
标准答案：A

Jz0001652036 公司建设库存资源信息共享平台，建立跨部门、跨地区、跨项目的资源调配机制，有效调配闲置资源，提高库存资源利用效率。现信息共享平台建于________。（ ）

A. ECP 系统　　B. ERP 系统　　C. 辅助决策系统　　D. MDM 系统

考核知识点：平衡利库
难易度：中
标准答案：C

Jz0001652037 物资移交验收时，线圈类设备到达合同交货地点、铁塔类材料到达中心材料站、其他物资现场具备开箱验收条件时，________应及时组织开展到货验收工作。（ ）

A. 建设管理单位　　B. 项目建设管理部门　　C. 物资管理部门　　D. 监理单位

考核知识点：物资出入库
难易度：中
标准答案：A

Jz0001653038 物资移交验收时，________设备到达合同交货地点、________到达中心材料站、其他物资现场具备开箱验收条件时，建设管理单位应及时组织开展到货验收工作。（ ）

A. 线圈类　铁塔类材料　　B. 铁塔类材料　线圈类材料
C. 主要　次要　　D. 一次　二次设备

考核知识点：物资出入库
难易度：难
标准答案：A

Jz0001652039 物资验收时对不同品种物资数量清点可采取以下方法一般仪器、仪表、金具、小五金、电瓷、备品配件及一些辅助材料等包装完整、数量相同的物资，可抽检其中一部分进行清点，抽检率不得少于________。（ ）

A. 5%　　B. 10%　　C. 20%　　D. 30%

考核知识点：验收抽检比例
难易度：中
标准答案：A

Jz0001651040　各级实体仓库名称、地址、面积及库存地点等仓库资源信息实施统一注册管理并统一在________备案。(　　)

A. 国网物资部（国网招投标中心）　B. 国网物资公司
C. 省公司物资部　D. 省物资公司

考核知识点：仓储标准化管理
难易度：易
标准答案：A

Jz0001652041　项目直发现场物资应在________日内完成实物系统发货。(　　)

A. 3　B. 5　C. 10　D. 15

考核知识点：物资出入库
难易度：中
标准答案：C

Jz0001652042　监督预警人员通知的预警信息，相关单位/部门要在________个工作日内予以处理回复。(　　)

A. 1　B. 2　C. 3　D. 4

考核知识点：预警监控模块
难易度：中
标准答案：C

Jz0001652043　按照供应计划中确认交货期生成发货通知，已通知供应商发货的，原则上不再受理物资需求单位/部门新提的________。(　　)

A. 到货需求变更　B. 交货期调整　C. 其他需求　D. 合同重新签订申请

考核知识点：供应计划
难易度：中
标准答案：A

Jz0001653044　项目物资调配分为缓建（停建）工程项目物资调配和________。(　　)

A. 跨地（市）物资调配　B. 地（市）物资供应中心物资调配
C. 紧急项目物资临时调配　D. 跨省公司物资调配

考核知识点：物资出入库
难易度：难
标准答案：C

Jz0001653045　转储调拨入库时，调入方根据________和签字确认的出库单（调出单位），在ERP系统内按转储订单进行收货入账操作，打印入库单。(　　)

A. 调拨申请单　B. 调拨确认单　C. 调拨交接单　D. 调拨通知单

考核知识点：物资出入库
难易度：难
标准答案：B

Jz0001652046 在地（市）物资调配时，调入单位物资公司（中心）按照上级调配通知单（划转方式），与调出单位办理交接验收，在 ERP 系统办理入库手续时应使用________进行收货。（ ）

A. 转储订单号 B. 采购订单号 C. 采购申请号 D. 调拨单号

考核知识点：物资出入库

难易度：中

标准答案：C

Jz0001652047 同法人间调拨时，组织实施的物资公司按照________，在 ERP 系统内创建转储订单。（ ）

A. 调拨通知单 B. 转储单 C. 调拨单 D. 转储通知单

考核知识点：物资出入库

难易度：中

标准答案：A

Jz0001653048 跨法人间调拨出库采用销售方式。组织实施的物资公司将调拨通知单下达到调出单位，调出单位物资公司（中心）按调拨通知单在 ERP 系统内创建销售订单（价格原则上按照________执行，所属地方性法规另有要求的，从其规定）。（ ）

A. 自定义价 B. 订单入库价 C. 调入单位申请价 D. 移动加权平均价

考核知识点：物资出入库

难易度：难

标准答案：D

Jz0001652049 各级实体仓库的新增、修改或注销，需经________审核通过后，完成仓库注册信息变更。（ ）

A. 省公司物资部、国网物资部（国网招投标中心） B. 省公司物资部、国网物资公司

C. 省物资公司、省公司物资部 D. 地市物资供应中心、省物资公司

考核知识点：仓储标准化管理

难易度：中

标准答案：A

Jz0001652050 物资调拨采用销售方式时，在物资________后，由调出单位财务部门根据销售订单和出库单开具销售发票。（ ）

A. 发货 B. 到货 C. 转运 D. 交接验收

考核知识点：物资出入库

难易度：中

标准答案：A

Jz0001652051 物资调拨入库按是否跨法人可分为________调拨入库和销售调拨入库。（ ）

A. 统购 B. 转储 C. 采购 D. 转移

考核知识点：物资出入库

难易度：中

标准答案：B

Jz0001653052　销售调拨入库时，调入方根据调拨通知单和签字确认的出库单（调出单位），在ERP 系统内按________进行收货入账操作，打印入库单。（　）

A. 销售订单　　B. 销售合同　　C. 采购订单　　D. 采购合同

考核知识点：物资出入库

难易度：难

标准答案：C

Jz0001653053　负责仓储配送资源的集中管控是________，负责跨地市物资需求计划的收集、汇总是________，建立配送承运商资质信息库并汇总资质评价信息是________。组织建设配送承运商资质信息库并开展资质评价是________。（　）

A. 物资部、物资公司、物资部、物资公司　　B. 物资部、物资公司、物资公司、物资部

C. 物资公司、物资部、物资公司、物资部　　D. 物资公司、物资部、物资部、物资公司

考核知识点：工作职责

难易度：难

标准答案：B

Jz0001652054　装卸吊装机具必须满足物资装卸吊装需求，相关工作人员________等国家相关资质、资格。（　）

A. 必须提供驾驶员驾驶执照　　B. 必须提供车辆运营证件

C. 必须提供车辆年检证明　　D. 必须取得相关特种作业人员证书

考核知识点：装卸起吊作业

难易度：中

标准答案：D

Jz0001652055　建立________平衡利库工作机制，严把采购关口，凡是仓库内可利库物资，原则上不允许重新采购。（　）

A. 一级　　B. 二级　　C. 三级　　D. 四级

考核知识点：平衡利库

难易度：中

标准答案：C

Jz0001652056　配送管理是指将物资从仓库运送到指定地点，包括配送需求、配送调度、________、配送交接、配送结算等全过程管理。（　）

A. 配送执行　　B. 配送计划　　C. 配送调配　　D. 配送过程

考核知识点：配送管理定义

难易度：中

标准答案：A

Jz0001653057　加强“平战结合”的应急采购、物资储备和调配体系建设，完善日常准备、________总结评估机制，确保应急状态下物资快速供应。（　）

A. 预警响应、调度指挥　　B. 应急管理、应急调度

C. 应急预案、应急能力　　D. 随时领用、定期补库

考核知识点：应急物资保障

难易度：难

标准答案：A

Jz0001653058　以下符合地（市）周转库命名要求的是：________。(　　)

A. 国网马鞍山供电公司梅山路仓库　　B. 国网嘉兴供电公司仓库

C. 国网济南公司中心库　　D. 国网唐山应急物资储备仓库

考核知识点：仓储标准化管理

难易度：难

标准答案：B

Jz0001653059　以下符合县仓储点命名要求的是：________。(　　)

A. 国网济南长春路中心库　　B. 国网济南库

C. 国网安徽合肥供电公司仓库　　D. 国网阳谷县供电公司曙光仓库

考核知识点：仓储标准化管理

难易度：难

标准答案：D

Jz0001653060　装卸区是指用于物资交接、装卸的区域。一般规划在仓库________。(　　)

A. 室内　　B. 大门外侧　　C. 入口　　D. 出口

考核知识点：仓储标准化管理

难易度：难

标准答案：B

Jz0001653061　物资出入频繁的大门两侧加装防撞杆，直径和高度分别是________mm。(　　)

A. 100、1000　　B. 150、1000　　C. 100、1500　　D. 150、1500

考核知识点：仓储标准化管理

难易度：难

标准答案：B

Jz0001653062　省公司物资部是本单位库存物资管理工作的归口部门，其主要职责不包括：________。(　　)

A. 负责本单位库存物资一本账管理、对本单位库存物资进行集中管控

B. 负责组织制定和优化本单位库存物资储备定额、组织开展本单位储备定额物资需求计划上报、采购、仓储、配送管理等工作

C. 负责省公司中心仓库的物资验收、出入库、退库、调拨、盘点等日常管理、退出退役资产在库保管

D. 负责本单位库存物资管理工作的指导、监督、检查和考核

考核知识点：工作职责

难易度：难

标准答案：C

Jz0001651063 省公司库存物资利用计划由________审批。( )

A. 省物资公司　B. 省物资部　C. 国网物资公司　D. 国网物资部

考核知识点：平衡利库

难易度：易

标准答案：B

Jz0001653064 龙门吊轨道采用预埋件处理，轨道上表面________。( )

A. 低于地面　B. 高于地面　C. 与地面平齐　D. 都不对

考核知识点：仓储标准化管理

难易度：难

标准答案：C

Jz0001653065 某省公司中心库制作室内悬挂式区域标识牌应采用________材质。( )

A. PT 板　B. 泡沫板　C. 亚克力板　D. 铝板

考核知识点：仓储标准化管理

难易度：难

标准答案：D

Jz0001651066 库存物资遵循________的原则，以满足生产、经营需要为前提，合理确定储备数量，优化储备策略，减少库存积压。( )

A. 合理储备　B. 经济性　C. 协调性　D. 适应性

考核知识点：库存物资管理原则

难易度：易

标准答案：A

Jz0001652067 仓储配送安全管理必须坚持的方针是________。( )

A. 安全第一、预防为主、综合治理　B. 预防为主、安全第一、综合管理

C. 综合管理、预防为主、安全为首　D. 安全为首、综合治理、预防为主

考核知识点：配送管理原则

难易度：中

标准答案：A

Jz0001652068 配送管理是指将物资从________，包括配送需求、配送调度、配送执行、配送交接、配送结算等全过程管理。( )

A. 仓库运送到指定地点　B. 仓库运送到现场

C. 从指定地点运送到指定地点　D. 从生产厂运送到仓库

考核知识点：配送管理定义

难易度：中

标准答案：A

Jz0001652069 库存物资遵循加快周转的原则，综合平衡库存物资种类和数量，坚持________，严把采购关口，凡是仓库内可利库物资，原则上不允许重新采购。( )

A. 先使用、后利库　B. 先利库、后采购　C. 保质可用　D. 永续盘存

考核知识点：平衡利库

难易度：中

标准答案：B

Jz0001652070 ________是指用于存放已办理出库手续，尚未装车配送的物资。(　　)

A. 仓储装备区　B. 入库待检区　C. 不合格品暂存区　D. 出库（配送）暂存区

考核知识点：仓储标准化管理

难易度：中

标准答案：D

Jz0001652071 下列哪项不是仓库配置的消防安全设备：________。(　　)

A. 手动抽水机　B. 烟感探测器　C. 应急照明　D. 红外报警系统

考核知识点：仓储标准化管理

难易度：中

标准答案：D

Jz0001652072 仓库配置________，包括消火栓、报警器、消防车、手动抽水机、烟感探测器、应急照明等。(　　)

A. 装卸搬运设备　B. 计量设备　C. 安保设备　D. 消防安全设备

考核知识点：仓储标准化管理

难易度：中

标准答案：C

Jz0001652073 红外报警系统主要应用于________的防盗。(　　)

A. 办公区　B. 室内物料　C. 生活区　D. 室内仓库

考核知识点：仓储标准化管理

难易度：中

标准答案：B

Jz0001652074 库存物资遵循永续盘存的原则。物资收、发、转储、退库等信息应在________内完成信息记账，确保当日实物与账面数量保持一致。(　　)

A. 当日　B. 2日　C. 3日　D. 7日

考核知识点：一本账管理

难易度：中

标准答案：A

Jz0001651075 物资出库应遵循________的原则，对有保管期限的物资，应在保管期限内发出。物资出库时应核对物料名称、规格、数量等信息，保证发货准确、手续和资料齐备。(　　)

A. 合理储备　B. 加快周转　C. 保质可用　D. 先进先出

考核知识点：物资出入库

难易度：易

标准答案：D

Jz0001653076　鉴定为可用资产，由原实物资产使用管理部门（单位）编制________，明确资产名称、数量等。(　　)

A. 退役资产保管申请表　　B. 可用退役资产保管申请表
C. 退出退役资产保管申请表　　D. 可用退出退役资产保管申请表

考核知识点：退役资产管理
难易度：难
标准答案：B

Jz0001653077　物资公司依据审批后的________及保管申请，核对实物的品名、规格、数量及相关资料办理入库。(　　)

A. 拟退役资产技术鉴定表　　B. 退役资产技术鉴定表
C. 拟退役资产技术鉴定单　　D. 退役资产技术鉴定单

考核知识点：退役资产管理
难易度：难
标准答案：C

Jz0001653078　项目暂存物资的二次运输、装卸等费用按照“________”原则承担。(　　)

A. 谁暂存，谁负责　B. 谁存放，谁付款　C. 谁的物资谁负责　D. 实事求是，据实开支

考核知识点：物资出入库
难易度：难
标准答案：A

Jz0001653079　工程结余物资退库参考标准中规定，________的退库物资应为整台。(　　)

A. 主网一次设备　B. 变电一次设备　C. 站内一次设备　D. 配网重要设备

考核知识点：工程结余物资管理
难易度：难
标准答案：B

Jz0001652080　在工程竣工后，由________编制工程结余物资退库申请，________审批后，办理实物退库。(　　)

A. 专业管理部门、项目建设单位　　B. 项目建设单位、专业管理部门
C. 专业管理部门、物资管理部门　　D. 专业管理部门、财务部门

考核知识点：工程结余物资管理
难易度：中
标准答案：B

Jz0001651081　安监、设备、后勤等专业部门制定应急储备物资目录，明确应急储备物资品类和定额，原则上________进行修订。(　　)

A. 每年　B. 半年　C. 两年　D. 一季度

考核知识点：物资储备定额

难易度：易
标准答案：A

Jz0001651082 发电机和带有自发电的充电类照明设备，________定期进行发电机组试运行启动，确认机组状态良好，无油水泄漏、管路密封老化和松动等现象。（ ）

A. 每年 B. 每季 C. 每月 D. 每周

考核知识点：应急物资保障
难易度：易
标准答案：B

Jz0001652083 应急物资资源主要分为________。（ ）

A. 物资资源和运输资源 B. 物力资源和运输资源
C. 物资资源和运力资源 D. 物力资源和运力资源

考核知识点：应急物资资源分类
难易度：中
标准答案：D

Jz0001652084 在应急状态解除后的________天内将应急采购过程资料和采购结果上报至国网物资公司统一备案。（ ）

A. 15 B. 30 C. 45 D. 60

考核知识点：信息报送
难易度：中
标准答案：D

Jz0001652085 应急物资管理办法中规定，各级物资部门做好与物流商的信息对接工作，依托________，监控运输配送过程，保障应急物资及时供应。（ ）

A. 供应链运营平台 B. 电力物流服务平台
C. 电子商务平台 D. 招标采购平台

考核知识点：应急物资保障
难易度：中
标准答案：B

Jz0001651086 电子商务平台作为统一的协同窗口，与供应商交互物资供应计划、重点物资生产情况、________、物资收货验收、重点物资运输计划、资金支付情况信息，实现统一平台的物资调配全程信息化。（ ）

A. 设计联络会 B. 排产计划 C. 物资发货通知 D. 监造计划

考核知识点：ELP 系统应用
难易度：易
标准答案：C

Jz0001651087 物资出厂时，________绑定对应车辆，通过 GPS 定位及传感器，对车辆信息全程监控。（ ）

A. 物资合格证　　B. 物资配送单　　C. 实物 ID　　D. GPS 定位
考核知识点：ELP 系统应用
难易度：易
标准答案：C

Jz0001652088　物资运输可视监控主要分为大件运输实时监控、________两个部分。(　　)
A. 物资发货提醒　　B. 物资滞留提醒　　C. 车辆运行信息　　D. 在线落实到货准备
考核知识点：ELP 系统应用
难易度：中
标准答案：D

Jz0001652089　大件设备发运前，通过 ECP 推送信息通知供应商，________自动规划并推送运输任务线路。(　　)
A. ESC　　B. ERP　　C. ELP　　D. EIP
考核知识点：ELP 系统应用
难易度：中
标准答案：C

Jz0001652090　抽检是物资管理部门或其他专业部门以________的方式，对供应商供货物资的性能参数进行检验测试，验证其技术性能是否符合合同要求的活动。(　　)
A. 随机抽样　　B. 特定抽样　　C. 全部抽样　　D. 优先抽样
考核知识点：物资抽检
难易度：中
标准答案：A

Jz0001652091　通过智能监造，扩展了________，实现了监造模式的转变，制定差异化和精准化管控策略。(　　)
A. 监造范围　　B. 监造频率　　C. 监造设备数量　　D. 监造环境
考核知识点：物资监造
难易度：中
标准答案：A

Jz0001653092　出厂试验的验收组于________个工作日内完成出厂验收报告的编制，验收人员及供应商人员共同签字确认后交监造委托方备案。(　　)
A. 3　　B. 4　　C. 5　　D. 6
考核知识点：物资监造
难易度：难
标准答案：C

Jz0001652093　大件设备发运前，通过________推送信息通知供应商。(　　)
A. 运输管理系统　　B. 履约业务辅助系统
C. ECP　　D. ELP

考核知识点：物资配送流程
难易度：中
标准答案：C

Jz0001652094 物资运输过程中，存在车辆偏移、________等情况，无法保障物资在运输过程完好无损。(   )

A. 物资碰撞　　B. 履约业务辅助系统
C. ECP　　D. ELP

考核知识点：物资配送流程
难易度：中
标准答案：A

Jz0001651095 各级物资需求单位（部门）领用后未使用物资，要及时办理________手续，纳入 ERP 系统统一管理。(   )

A. 入库　　B. 出库　　C. 退库　　D. 交接

考核知识点：物资出入库
难易度：易
标准答案：C

Jz0001652096 实物 ID 标签赋码是通过实物 ID、射频技术________GPS 定位、图像识别等技术，实现远程监造、运输管控、到库信息自动管理。(   )

A.“e 物资”移动终端　　B. 卫星遥感
C. 履约辅助工具　　D. 合同辅助工具

考核知识点：物资信息化内容
难易度：中
标准答案：A

Jz0001652097 在国家电网公司大力推广实物 ID 的基础上应用“e 物资”移动终端，快速读取并校验物资身份信息，及时上传地理位置信息和________，完成物资收货作业，有效避免物资虚假到货情况。(   )

A. 物资数据　　B. 验收单　　C. 验收现场图片　　D. 交接单

考核知识点：物资信息化内容
难易度：中
标准答案：C

Jz0001653098 国家电网公司常态化开展库存闲置资源跨区域调配工作，严格执行国家法律法规及公司管理规定，销售方式由________确认后按公司规定实施。(   )

A. 调出方　　B. 调入方　　C. 国网物资部　　D. 国网物资公司

考核知识点：平衡利库
难易度：难
标准答案：B

Jz0001652099 主业物资与多经物资要________存放，设立明显标志，严禁混合存放。( )

A. 分区　　B. 分库　　C. 分组　　D. 分层

考核知识点：仓储标准化管理

难易度：中

标准答案：B

Jz0001652100 各级________根据项目安排、物资耗用情况，提供所需物资品种、数量、时间和地点等信息，提交各级物资公司（供应中心）。( )

A. 项目建设单位　　B. 专业管理部门　　C. 物资需求单位　　D. 运检部门

考核知识点：物资配送流程

难易度：中

标准答案：C

Jz0001652101 各级________应加强对重点物资配送过程管控，可通过 GPS、电话、短信等多种方式，确认车辆状态和位置，监控配送过程。( )

A. 专业管理部门　　B. 运维检修部门　　C. 物资需求单位　　D. 物资公司（供应中心）

考核知识点：物资配送流程

难易度：中

标准答案：D

Jz0001653102 库存闲置资源跨区域调配工作在确认需求匹配后按照销售方式进行处理时，组织调出、调入双方协商签订________。( )

A. 销售合同　　B. 销售协议　　C. 买卖合同　　D. 买卖协议

考核知识点：平衡利库

难易度：难

标准答案：A

Jz0001653103 以下不属于国网公司仓储网络规划基本原则的是：________。( )

A. 统筹规划、适度超前　　B. 合理布局、立足服务

C. 新建为主、改造为辅　　D. 统一安排、分步实施

考核知识点：仓储标准化管理

难易度：难

标准答案：C

Jz0001653104 坚持________的原则，利用现有仓库资源，对储存条件好、周转量大的仓库进行改造修缮，并纳入仓储网络。( )

A. “合理布局、立足服务”　　B. “统一安排、分步实施”

C. “改造为主、新建为辅”　　D. “统筹规划、适度超前”

考核知识点：仓储标准化管理

难易度：难

标准答案：C

Jz0001653105 周转库服务辐射半径保证在交通便利地区和偏远地区分别在________送达。( )

A. 12h，24h　　B. 6h，12h

C. 3～5h，5～10h　　D. 1～2h，2～3h

考核知识点：仓储标准化管理

难易度：难

标准答案：D

Jz0001652106 总部层面设置________个应急物资储备库。( )

A. 6　　B. 5　　C. 7　　D. 4

考核知识点：仓储标准化管理

难易度：中

标准答案：A

Jz0001652107 中心库设在省物资公司，服务辐射半径保证在交通便利地区________h（偏远地区 4～5h）送达。( )

A. 0.5　　B. 1.5　　C. 2.5　　D. 2～3

考核知识点：仓储标准化管理

难易度：中

标准答案：D

Jz0001652108 废旧物资：已完成报废手续办理的物资，库存状态为________，应用废旧物资编码。( )

A. 已冻结　　B. 非限制使用　　C. 限制使用　　D. 未冻结

考核知识点：废旧物资处置流程

难易度：中

标准答案：A

Jz0001652109 《国家电网公司物资仓储配送管理办法》[国网（物资/2）125—2013]适用于公司总部各部门、各分部、各省（自治区、直辖市）电力公司（以下简称“省公司”）和各________的仓储配送管理工作。( )

A. 直属单位　　B. 控股单位　　C. 参股单位　　D. 合资单位

考核知识点：工作职责

难易度：中

标准答案：A

Jz0001652110 在仓储管理中，以下不属于地市物资供应中心职责的是：________。( )

A. 负责本地市直接管理仓库的物资验收、出入库、调拨、稽核盘点等作业和仓储配送安全管理

B. 负责审核本地市仓库补库计划和库存物资报废申请

C. 负责本地市仓库建设项目的立项审批

D. 应用物资集约化信息系统仓储配送模块

考核知识点：工作职责

难易度：中
标准答案：C

Jz0001651111　供应链的思想源于________，原指军方的后勤补给活动。(　　)
A. 物流　　B. 资金流　　C. 商流　　D. 信息流
考核知识点：供应链运营规范
难易度：易
标准答案：A

Jz0001653112　仓储配送管理的职责：负责本单位仓储配送资源的集中管控是________，负责本单位跨地市物资需求计划的收集、汇总是________，建立组织建立本单位配送承运商资质信息库并汇总资质评价信息是________。建立本单位配送承运商资质信息库并汇总资质评价信息是________。(　　)
A. 省物资部、省物资公司、省物资部、省物资公司
B. 省物资部、省物资公司、省物资公司、省物资部
C. 省物资公司、省物资部、省物资公司、省物资部
D. 省物资公司、省物资部、省物资部、省物资公司
考核知识点：工作职责
难易度：难
标准答案：B

Jz0001651113　数字物流业务链是以物资________全过程为主线，整合合同、仓储、配送、应急、废旧等业务。(　　)
A. 采购　　B. 供应　　C. 质控　　D. 监督
考核知识点：供应链运营规范
难易度：易
标准答案：B

Jz0001652114　研究公司与________开展互补合作的业务模式，充分发挥供应链各方的专长优势，实现物流效益最大化。(　　)
A. 社会第三方仓储物流企业　　B. 外包企业
C. 第三产业　　D. 快递公司
考核知识点：供应链运营规范
难易度：中
标准答案：A

Jz0001651115　整合供应商库存储备信息，建立________，提高供应响应能力。(　　)
A. 应急储备机制　　B. 联合储备机制　　C. 联合供应机制　　D. 供应商寄存机制
考核知识点：供应计划
难易度：易
标准答案：B

Jz0001651116 仓储规划建设包括仓储网络、仓储信息化及________。( )

A. 仓储划线 B. 仓储设备设施管理 C. 仓储标准化 D. 仓储消防安全

考核知识点：仓储标准化管理

难易度：易

标准答案：C

Jz0001651117 质控方面，以下不属于重点优化策略的是：________。( )

A. 质量检测能力 B. 供应商绩效评价 C. 检测资源统筹 D. 抽检监造

考核知识点：供应链运营规范

难易度：易

标准答案：A

Jz0001653118 建立库存闲置资源跨区域调配常态机制，________按批次开展需求对接和调配工作，推进单位间建立常态合作机制，共享实物信息，促进单位内、单位间可用资源的有效流动。( )

A. 每月 B. 每季 C. 每年 D. 每半年

考核知识点：平衡利库

难易度：难

标准答案：C

Jz0001652119 IM 模块属于 SAP 子模块，在收货、发货等作业时，同步实现________。( )

A. 系统过账 B. 系统记账 C. 财务记账 D. 财务过账

考核知识点：ERP 物资模块

难易度：中

标准答案：C

Jz0001651120 废旧物资办理出库，物资出库单由________进行存档，回收商、物资保管员进行核对和留存。( )

A. 物资部门 B. 财务部门 C. 监察部门 D. 专业部门

考核知识点：废旧物资出库

难易度：易

标准答案：A

Jz0001651121 生产运维物资出库业务移动类型为________。( )

A. 261 B. 281 C. 262 D. 282

考核知识点：ERP 物资模块

难易度：易

标准答案：A

Jz0001652122 公司总部应急储备仓库承担________，由国网物资公司负责日常管理，仓库所属省物资公司、地市物资供应中心负责仓储配送作业。( )

A. 周转物资集中储备任务 B. 公司应急物资的集中储备任务

C. 运维物资集中储备任务 D. 配农网物资集中储备

考核知识点：工作职责
难易度：中
标准答案：B

Jz0001651123 省中心库负责全省通用物资资源的集中存储与配送，向周转库、仓储点进行________。(　　)
A. 配送　　B. 调拨　　C. 补库　　D. 发货
考核知识点：工作职责
难易度：易
标准答案：C

Jz0001651124 在安装电子围栏的区域，每对围栏发射接收装置可有长达________m 的跨度。(　　)
A. 100　　B. 150　　C. 200　　D. 250
考核知识点：仓储标准化管理
难易度：易
标准答案：B

Jz0001651125 公司总部、省公司制定________级物资储备定额。(　　)
A. 一　　B. 二　　C. 三　　D. 四
考核知识点：物资储备定额
难易度：易
标准答案：B

Jz0001651126 要加强承运单位管控，落实设备吊装、车辆换装等关键环节安全管控措施。(　　)
A. 物资部门　　B. 项目单位　　C. 需求部门　　D. 供应商
考核知识点：承运商管理
难易度：易
标准答案：D

Jz0001651127 公司各级单位应加强库存物资供应和消耗基础数据收集与管理，定期修订完善________。(　　)
A. 库存信息　　B. 出入库信息　　C. 供货信息　　D. 储备定额
考核知识点：物资储备定额
难易度：易
标准答案：D

Jz0001651128 各级物资需求单位（部门）要减少由于物资过量采购而造成的库存积压，按照________的原则，加大利库力度，加快库存周转。(　　)
A. 谁需求、谁利库　　B. 先利库、后采购
C. 先进先出　　D. 谁形成库存、谁负责利库

考核知识点：平衡利库
难易度：易
标准答案：D

Jz0001652129 公司建立________工作机制。本地市库存物资，由地市物资供应中心实施调拨与配送。跨地市库存物资，由省物资公司利库后报省公司物资部审批，实施调拨与配送。跨省应急物资，由国网物资公司利库后报国网物资部（国网招投标中心）审批，实施调拨与配送。（ ）

A. 调拨配送
B. 先利库、后采购
C. 逐级平衡利库及库存调拨
D. 逐级调拨审批

考核知识点：物资配送流程
难易度：中
标准答案：C

Jz0001652130 物资公司（中心）每________组织开展防火检查，重点是库房、设备、防火设施等，并做好记录。（ ）

A. 月 B. 季度 C. 半年 D. 年

考核知识点：消防检查
难易度：中
标准答案：C

Jz0001651131 仓库范围内禁止吸烟、动火，确因特殊需要进行明火作业的，须办理________，经仓库主任批准，并采取严格的安全措施。（ ）

A. 动火证 B. 动火票 C. 动火许可证 D. 动火工作票

考核知识点：消防检查
难易度：易
标准答案：D

Jz0001651132 遇到紧急事故不能按正常手续办理出库的，可凭物资需求单位（部门）、物资部门负责人签字的证明发料，并在________日内补办出库手续。（ ）

A. 4 B. 3 C. 2 D. 1

考核知识点：物资出入库
难易度：易
标准答案：B

Jz0001651133 物资必须分间、分库储存，并在醒目处标明储存物品的名称、性质和灭火方法。（ ）

A. 废旧 B. 贵重 C. 易燃易爆 D. 易受潮

考核知识点：仓储标准化管理
难易度：易
标准答案：C

Jz0001651134 经平衡利库确定出库的库存物资，由各级物资公司（供应中心）汇总________，制定配送计划并实施配送。（ ）

A. 物资需求　　B. 配送计划　　C. 配送需求　　D. 运输计划

考核知识点：物资出入库

难易度：易

标准答案：C

Jz0001652135　公司各级单位应建立________，对承运商资质业绩进行统一管理。（　　）

A. 配送承运商资质考核库　　B. 配送承运商约谈机制

C. 配送承运商资质信息库　　D. 配送承运商业绩管理

考核知识点：承运商管理

难易度：中

标准答案：C

Jz0001652136　各级物资公司（供应中心）应定期组织开展承运商________，并将评价结果反馈至配送承运商招标环节。（　　）

A. 配送及时性、准确性和配送服务质量评价　　B. 配送计划执行情况评价

C. 配送安全风险评价　　D. 配送资质信息评价

考核知识点：承运商管理

难易度：中

标准答案：A

Jz0001651137　加强供应商现场服务人员管理，严格执行________，并在进入现场前进行安全交底，严禁供应商自行开展作业，严禁供应商自带不合格工器具进入施工现场。（　　）

A. 出入现场登记制度　　B. 统一标准

C. 统一安排　　D. 现场交接制度

考核知识点：作业安全交底

难易度：易

标准答案：A

Jz0001652138　使用脚扣登杆时必须与________配合使用以防登杆过程发生坠落事故。（　　）

A. 安全带　　B. 安全帽　　C. 梯子　　D. 绝缘鞋

考核知识点：作业安全交底

难易度：中

标准答案：A

Jz0001652139　仓储配送安全管理坚持________的方针，贯彻谁主管、谁负责的原则，实行归口管理、分级负责的安全责任制。（　　）

A. 安全第一、预防为主、综合治理　　B. 预防为主、安全第一、综合治理

C. 综合治理、安全第一、预防为主　　D. 预防第一、治理为主、确保安全

考核知识点：工作原则

难易度：中

标准答案：A

Jz0001652140　库存物资装卸搬运过程中，应严格遵守物资________，保证物资和人身安全。(　　)

A. 仓储规范性操作　　B. 装卸搬运操作规程

C. 实物库存管理规程　　D. 安全操作流程

考核知识点：装卸起吊作业

难易度：中

标准答案：B

Jz0001652141　可用退役资产原则上应在________天内完成利库或者调配使用。(　　)

A. 180　　B. 360　　C. 480　　D. 720

考核知识点：退役资产管理

难易度：中

标准答案：D

Jz0001651142　公司各级单位应加强 ERP 系统仓储管理模块应用，及时在系统中录入、更新库存信息。应在物资接收后________内办理系统入库手续，确保系统数据与实际业务同步。(　　)

A. 1 天　　B. 2 天　　C. 3 天　　D. 5 天

考核知识点：物资出入库

难易度：易

标准答案：C

Jz0001652143　发至仓库需长期存放并定期维护的物资，应定期组织开展________和机械性能保养维护。(　　)

A. 电气　　B. 段长　　C. 化学　　D. 物理

考核知识点：物资维护保养

难易度：中

标准答案：A

Jz0001651144　因工程建设原因，超过合同交货期________尚未履行或暂停履行的物资合同，未生产完成部分，结合工程情况，双方友好协商办理合同变更或解除。(　　)

A. 6 个月　　B. 10 个月　　C. 12 个月　　D. 18 个月

考核知识点：供应计划

难易度：易

标准答案：B

Jz0001652145　对于 500kV 及以上变压器、电抗器等大件设备，供应商制定________计划。(　　)

A. 大件运输　　B. 测量　　C. 交货　　D. 勘探

考核知识点：供应计划

难易度：中

标准答案：A

Jz0001651146 各级物资部门建立________，合理调配资源，以快捷、高效的配送服务满足运维物资供应需要。(　　)

A. 物资配送绿色通道　　B. 物资配送班组
C. 物资配送物流中心　　D. 物资需求配送调度机制

考核知识点：供应计划
难易度：易
标准答案：D

Jz0001652147 物资供应管理单位根据到货验收单，在出资单位 ERP 系统维护到货信息________个工作日内办理完成出入库相关操作，出资单位给予协助配合。(　　)

A. 3　　B. 7　　C. 5　　D. 15

考核知识点：物资出入库
难易度：中
标准答案：C

Jz0001652148 对于物资直送现场的，物资部门至少在物资交货期前________天通知需求部门和现场人员做好接货准备。(　　)

A. 1　　B. 3　　C. 5　　D. 7

考核知识点：物资配送流程
难易度：中
标准答案：D

Jz0001652149 物资配送主要分为直发仓库与________两种。(　　)

A. 仓库自提　　B. 直送项目现场　　C. 供应商寄存　　D. 直发物流中心

考核知识点：物资配送流程
难易度：中
标准答案：B

Jz0001652150 各级物资公司（供应中心）应根据仓库运转、维修、库存物资检验费用等情况，编制仓库运维计划报物资部门、运检部门、财务部门审核。________用纳入本单位专项成本费用统一管理。(　　)

A. 仓库吊装　　B. 仓库运维费　　C. 仓库检修　　D. 仓库搬运

考核知识点：仓库运维
难易度：中
标准答案：B

Jz0001653151 仓库的地标、名称标牌、建筑物 LOGO、色彩等外观标识应按照________执行。新建、改扩建仓库实施标准化仓库定置建设。旧有仓库应功能区域规范、仓库环境整洁、物流运作有序。(　　)

A. 国网视觉识别手册标准　　B. 仓储标准化建设标准
C. 仓储规范化建设标准　　D. 仓储统一建设标准

考核知识点：仓储标准化管理

难易度：难
标准答案：A

Jz0001652152　在全局调配物流资源中，统筹可利用物资资源，智能推荐调拨方案，下列哪个选项不属于物资的合理调配：________。(　　)

A. 跨项目　　B. 跨单位　　C. 跨企业　　D. 跨区域

考核知识点：供应链运营规范
难易度：中
标准答案：C

Jz0001652153　________通过对采购、物流、质量等供应链数据进行整合、监控与分析，发现、分析、解决问题，促进前后端业务融合，优化业务流程与管理策略，防患问题发生，不断提升供应链运营效率与规范化管理水平。(　　)

A. 供应链运营中心　　B. 各省公司　　C. 国网物资部　　D. 国网互联网部

考核知识点：供应链运营规范
难易度：中
标准答案：A

Jz0001652154　各级物资部门应加强供应商协议储备、________、联合储备等多种储备策略的研究和应用。各级物资公司（供应中心）负责协议储备、寄售、联合储备的日常管理。(　　)

A. 存储　　B. 采购　　C. 寄售　　D. 保管

考核知识点：工作职责
难易度：中
标准答案：C

Jz0001653155　按照"________"原则，供应链运营中心具体实施供应链数据资产管理，各专业负责本专业数据共享级别定义、共享授权审核等工作。(　　)

A. 谁使用、谁负责　　B. 谁使用、谁监督
C. 谁产生、谁负责　　D. 谁产生、谁监督

考核知识点：供应链运营规范
难易度：难
标准答案：C

Jz0001653156　供应链运营工作规范中规定，应急调配指挥具体业务操作，参考________执行。(　　)

A.《国家电网公司仓储业务管理工作规范（试行）》
B.《国家电网公司物资调配中心运作工作规范（试行）》
C.《国家电网公司物资仓储配送管理办法》
D.《国家电网公司应急物资管理办法》

考核知识点：供应链运营规范
难易度：难
标准答案：B

Jz0001652157　EIP 实现了设备的远程监造和________功能。(　　)

A. 自动预警　　B. 全流程线上管理
C. 现场信息便捷输入　　D. 监造信息现场查询

考核知识点：供应链运营规范
难易度：中
标准答案：A

Jz0001653158　检测资源可视化包含检测资源分布可视化、检测承载能力可视化、________。(　　)

A. 检测信息可接入　　B. 检测任务在线监控
C. 检测资源可使用　　D. 检测项目可数据化

考核知识点：物资抽检
难易度：难
标准答案：B

Jz0001652159　监造管控策略优化实现策略库构建 、监造管控策略评价与优化、________。(　　)

A. 同类缺陷问题监造策略评价　　B. 供应商针对性管控策略调整
C. 监造管控策略应用　　D. 监造管控策略评价

考核知识点：物资监造
难易度：中
标准答案：C

Jz0001653160　在物资供应环节，应用供应商供货及时性风险评价结果，可以通过________的方式了解供应商供货及时性风险状况，或者通过________的方式得到供应商供货及时性高风险预警。(　　)

A. 自主查询、手动对比　　B. 自主查询、系统提醒
C. 手动对比、系统提醒　　D. 系统提醒、自主查询

考核知识点：供应计划
难易度：难
标准答案：B

Jz0001652161　国家电网公司公示不良行为，目的是督察供应商诚信履约、公平竞争、________和售后服务。(　　)

A. 重视生产环境　B. 重视设备操作　C. 重视设备数量　D. 重视设备质量

考核知识点：供应商管理
难易度：中
标准答案：B

Jz0001652162　调配利库产生的运输费用原则上按________的方式结算。物资调入单位可组织到库自提或联系调出单位组织配送。运输过程中产生的费用（包括运输费用与保险费用）列入调入单位相关成本。(　　)

A. 谁需求、谁负责　　B. 谁产生、谁付费
C. 谁需求、谁付费　　D. 谁产生、谁负责
考核知识点：平衡利库
难易度：中
标准答案：C

Jz0001652163 要综合考虑库存物资的运输成本及相关费用，确保库存物资调拨经济合理。( )
A. 库存物资利库　　B. 库存物资出库　　C. 库存物资配送　　D. 库存物资入库
考核知识点：平衡利库
难易度：中
标准答案：A

Jz0001652164 实物库存资源包括________两类物资。( )
A. 协议库存物资和日常周转物资　　B. 应急储备物资和日常周转物资
C. 应急储备物资和电网零星物资　　D. 协议库存物资和电网零星物资
考核知识点：库存物资管理
难易度：中
标准答案：B

Jz0001652165 加强与物流承运商合作，依托________平台，搭建运力资源池，确保灾时运输网络畅通。( )
A. 供应链运营　　B. 电力物流服务　　C. 电子商务平台　　D. 供应履约平台
考核知识点：承运商管理
难易度：中
标准答案：D

Jz0001652166 各级物资公司（供应中心）应综合分析各级仓库的硬件条件、________和库存物资出入库频率，对具备条件的仓库采用仓储管理 WM 模块，提高仓库作业效率。( )
A. 项目名称　　B. 库存物资类型
C. 库存物资数量　　D. 库存物资型号
考核知识点：仓储标准化管理
难易度：中
标准答案：B

Jz0001653167 配送管理按照________的原则，由各级物资公司（供应中心）及时、准确地将库存物资配送至指定现场。( )
A. 确保安全、准时快捷、服务优质、配送优化
B. 确保配送、准时快捷、服务优质、安全优化
C. 准时快捷、服务优质、配送优化、安全配送
D. 确保安全、准时快捷、服务优质、配送及时
考核知识点：配送管理原则

难易度：难
标准答案：A

Jz0001652168　物资保障阶段，各级物资部门按照________原则，开展应急物资保障工作。(　　)
A. 及时响应　B. 快速响应　C. 动态响应　D. 效率优先
考核知识点：应急物资保障
难易度：中
标准答案：D

Jz0001652169　应急物资管理办法中规定，各单位优先使用实物库存资源满足应急物资需求。在本单位实物库存资源无法满足需求时，可向________提出应急调配申请。(　　)
A. 国网物资部　B. 总部供应链运营中心
C. 省公司物资部　D. 省级供应链运营中心
考核知识点：应急物资保障
难易度：中
标准答案：D

Jz0001653170　变电二次设备的退库物资退库标准应为________。(　　)
A. 最小使用部件　B. 最小单元
C. 最小使用单元　D. 独立使用单元
考核知识点：工程结余物资管理
难易度：难
标准答案：C

Jz0001653171　材料类物资不满足退库标准，有利用价值的，移交________作运维材料。(　　)
A. 运维单位　B. 运维部门　C. 运行单位　D. 项目管理单位
考核知识点：工程结余物资管理
难易度：难
标准答案：C

Jz0001653172　某工程剩余避雷器退库申请批准日期为星期五，则应在下周________前将退库物资送至指定仓库。(　　)
A. 星期二　B. 星期三　C. 星期四　D. 星期五
考核知识点：工程结余物资管理
难易度：难
标准答案：D

Jz0001651173　在满足项目需要的前提下，项目管理部门应在项目可研、初步设计阶段，对照可利用库存信息表，优先选用________。(　　)
A. 可用退役资产　B. 可用工程结余物资
C. 近期退库物资　D. 临近形成积压物资

考核知识点：退役资产管理
难易度：易
标准答案：A

Jz0001651174　出入库记账凭证包括入库单、出库单、退料入库单、________、移库凭证等。(　　)

A. 借料出库单　　B. 借料入库单
C. 物资报废出库单　　D. 代保管（废旧物资）入库单

考核知识点：物资出入库
难易度：易
标准答案：C

Jz0001651175　配送管理按照确保安全、准时快捷、服务优质、________的原则开展。(　　)

A. 快速响应　　B. 配送及时　　C. 配送优化　　D. 高效精准

考核知识点：配送管理原则
难易度：易
标准答案：C

Jz0001651176　值班人员要认真登记外来进库车辆信息，对出库车辆应严格检查，并依据________仔细核对出库车辆所载货物。(　　)

A. 领料单　　B. 出库单　　C. 出门条　　D. 放行条

考核知识点：仓储安全保卫管理
难易度：易
标准答案：B

Jz0001651177　鉴定不可用退役资产由原实物资产使用部门办理退役资产的报废手续后，填写________与物资公司办理交接。(　　)

A. 废旧物资申请单　　B. 废旧物资移交单
C. 废旧物资入库单　　D. 废旧物资鉴定表

考核知识点：退役资产管理
难易度：易
标准答案：B

Jz0001651178　鉴定不可用退役资产报废手续由________办理。(　　)

A. 原实物资产使用部门　　B. 物资部门
C. 财务部门　　D. 审计部门

考核知识点：退役资产管理
难易度：易
标准答案：A

Jz0001652179　各级物资公司（供应中心）应综合分析各级仓库的硬件条件、库存物资类型和库存物资出入库频率，对具备条件的仓库采用仓储管理________模块，提高仓库作业效率。(　　)

A. WM　　B. IM
C. ERP　　D. 智能化和自动化
考核知识点：仓储标准化管理
难易度：中
标准答案：A

Jz0001653180　需求部门对商品质量或其他事项有异议的，电网零星物资应在收到货物________内提出，并通过合同约定的方式进行退换货。(　　)
A. 5个工作日　　B. 5日　　C. 10个工作日　　D. 10日
考核知识点：供应计划
难易度：难
标准答案：C

多　选　题

（每题 1 分）

Jz0001762001　仓储配送信息是指________的相关信息和资料。(　　)

A. 仓储配送管理　　B. 作业过程中收集　　C. 总结　　D. 汇总

E. 分析

考核知识点：配送管理定义

难易度：中

标准答案：ABDE

Jz0001762002　配送管理是指将物资从仓库运送到指定地点，包括________、配送调度、________、配送交接、________等全过程管理。(　　)

A. 配送需求　　B. 配送执行　　C. 配送结算　　D. 配送验收

考核知识点：配送管理定义

难易度：中

标准答案：ABC

Jz0001761003　《国家电网公司物资仓储配送管理办法》适用于公司总部________、各省（自治区、直辖市）电力公司和各________的仓储配送管理工作。公司控股、参股单位物资仓储配送管理工作参照本办法执行。(　　)

A. 各部门　　B. 各分部　　C. 各地市公司　　D. 各直属单位

考核知识点：工作职责

难易度：易

标准答案：ABD

Jz0001762004　物资仓储管理遵循________、永续盘存的原则。物资配送管理遵循确保安全、准时快捷、服务优质、配送优化的原则。(　　)

A. 合理储备　　B. 加快周转　　C. 保质可用　　D. 按需领用

考核知识点：配送管理原则

难易度：中

标准答案：ABC

Jz0001762005　物资仓储管理遵循合理储备、加快周转、保质可用、永续盘存的原则。物资配送管理遵循________、配送优化的原则。(　　)

A. 预防为主　　B. 准时快捷　　C. 确保安全　　D. 服务优质

考核知识点：配送管理原则

难易度：中

标准答案：BCD

Jz0001762006　国网物资部（国网招投标中心）是公司物资仓储配送工作的归口管理部门，其主要职责包括________。(　　)

A. 负责制定公司物资仓储配送管理的制度、标准和其他规范性文件

B. 负责规划公司仓储配送网络、整合仓储配送资源、研究和建设现代物流体系

C. 负责公司仓储配送资源的集中管控、仓储配送管理及信息统计分析工作

D. 负责组织建立公司物资储备定额体系、审核公司总部仓储定额配置计划

考核知识点：工作职责

难易度：中

标准答案：ABCD

Jz0001762007　国网物资部（国网招投标中心）是公司物资仓储配送工作的归口管理部门，其主要职责包括________。(　　)

A. 负责审核公司直接管理仓库的运维计划、补库计划和库存物资报废申请

B. 负责组织跨省应急物资的统一调拨和配送

C. 责组织公司配送承运商资质信息库的建立、管理、并开展资质评价

D. 负责公司物资仓储配送的安全管理工作

考核知识点：工作职责

难易度：中

标准答案：ABCD

Jz0001761008　物资智能化配送管理包括________等内容。(　　)

A. 配送机制　　B. 配送流程　　C. 配送模式　　D. 配送管控

考核知识点：配送管理定义

难易度：易

标准答案：ABCD

Jz0001762009　国网物资公司在国网物资部（国网招投标中心）的业务管理下，承担公司物资仓储配送的具体实施工作，其主要职责包括________。(　　)

A. 协助公司仓储配送网络的规划、仓储配送资源的整合和现代物流体系的研究建设

B. 负责公司跨省调配物资需求计划的收集、汇总、平衡利库后形成库存调拨计划、并实施跨省配送

C. 负责公司直接管理仓库的物资验收、出入库、调拨、稽核盘点等作业和仓储配送安全管理

D. 建立公司物资储备定额体系、负责提出省公司直接管理仓库的仓储定额配置计划、仓库运维计划、补库计划和库存物资报废申请

考核知识点：工作职责

难易度：中

标准答案：ABCD

Jz0001763010　应用各类存储设施存放物品，主要包括________等。(　　)

A. 横梁式货架　　B. 悬臂式货架

C. 线缆盘贮存货架　　D. 搁板式货架
E. 托盘　　F. 可堆式周转箱
考核知识点：仓储标准化管理
难易度：难
标准答案：ABCDEF

Jz0001762011　省公司物资部是本单位仓储配送工作的归口管理部门，其主要职责包括________。(　　)
A. 负责本单位仓储配送网络的规划、仓储配送资源的整合和现代物流体系的研究建设
B. 负责本单位仓储配送资源的集中管控、仓储配送管理和信息统计分析工作
C. 负责组织建立省公司物资储备定额体系、审核仓储定额配置计划和仓库运维计划
D. 责审核省公司直接管理仓库的补库计划和库存物资报废申请
考核知识点：工作职责
难易度：中
标准答案：ABCD

Jz0001763012　国网储备库、省中心库、地（市）周转库应用________。(　　)
A. 仓储管理信息模块（WM）　　B. 条形码
C. 移动作业终端（PDA）技术　　D. 无线 AP
考核知识点：仓储标准化管理
难易度：难
标准答案：ABC

Jz0001763013　仓库内配置必要的________等辅助工器具，满足专业仓库管理需要。(　　)
A. 存储设备设施　　B. 装卸搬运设备　　C. 计量设备　　D. 剪线工具
考核知识点：仓储标准化管理
难易度：难
标准答案：ABCD

Jz0001761014　仓库设备设施配置以________为原则。(　　)
A. 安全　　B. 实用　　C. 美观　　D. 大气
考核知识点：仓储标准化管理
难易度：易
标准答案：AB

Jz0001763015　应急物力资源包括实物库存资源、________等。(　　)
A. 协议库存资源　　B. 办公用品及非电网零星物资资源
C. 采购合同订单资源　　D. 应急物资采购资源
考核知识点：应急物资资源分类
难易度：难
标准答案：ABCD

Jz0001762016　省公司区域库承担区域内物资集中储备和周转配送任务。各级单位可根据实际情况，跨行政区域设置区域库。区域库所属省物资公司、地市物资供应中心负责________作业。(　　)

A. 仓储管理　　B. 日常管理　　C. 仓储配送　　D. 周转配送

考核知识点：工作职责

难易度：中

标准答案：BC

Jz0001763017　省公司周转库承担________的物资暂时储备任务，由地市物资供应中心负责日常管理，仓库所属单位（部门）负责仓储配送作业。(　　)

A. 区域内　　B. 日常消耗　　C. 应急作业　　D. 周转运维

考核知识点：工作职责

难易度：难

标准答案：BC

Jz0001762018　省公司周转库承担日常消耗和应急作业的物资暂时储备任务，由________负责日常管理，________负责仓储配送作业。(　　)

A. 省公司物资部　　B. 省物资公司

C. 地市物资供应中心　　D. 仓库所属单位（部门）

考核知识点：工作职责

难易度：中

标准答案：CD

Jz0001763019　配送管理按照________的原则，由各级物资公司（供应中心）及时、准确地将库存物资配送至指定现场。(　　)

A. 确保安全　　B. 效率优先　　C. 准时快捷　　D. 服务优质

E. 配送优化

考核知识点：配送管理原则

难易度：难

标准答案：ACDE

Jz0001763020　应急物资采购是指当________、采购合同订单等方式均无法满足应急抢修物资供应时采取应急采购方式。(　　)

A. 协议库存　　B. 选购专区　　C. 供应商寄售　　D. 实物库存

考核知识点：应急物资定义

难易度：难

标准答案：ABD

Jz0001762021　各级物资公司（供应中心）应加强对重点物资配送过程管控，可通过________等多种方式，确认车辆状态和位置，监控配送过程。(　　)

A. GPS　　B. 电话　　C. 短信　　D. App

考核知识点：物资配送流程

难易度：中

标准答案：ABC

Jz0001763022 公司各级单位应建立配送承运商资质信息库，对承运商资质业绩进行统一管理。各级物资公司（供应中心）应定期组织开展承运商________评价，并将评价结果反馈至配送承运商招标环节。（ ）

A. 配送及时性 B. 准确性 C. 配送服务质量 D. 资质能力

考核知识点：承运商管理

难易度：难

标准答案：ABC

Jz0001762023 仓储配送安全管理坚持________的方针，贯彻谁主管、谁负责的原则，实行归口管理、分级负责的安全责任制。（ ）

A. 安全第一 B. 管控为主 C. 预防为主 D. 综合治理

考核知识点：配送管理原则

难易度：中

标准答案：ACD

Jz0001762024 仓储配送安全管理坚持安全第一、预防为主、综合治理的方针，贯彻谁主管、谁负责的原则，实行________的安全责任制。（ ）

A. 归口管理 B. 垂直管理 C. 分级负责 D. 逐级负责

考核知识点：配送管理原则

难易度：中

标准答案：AC

Jz0001763025 国网物资部（国网招投标中心）负责仓储、配送管理工作的________，对公司仓储管理规范性、仓储信息模块应用、库存积压等情况进行检查、通报和考核，并将考核评价结果纳入公司同业对标和企业负责人业绩考核。（ ）

A. 监督 B. 检查 C. 考核 D. 评价

考核知识点：工作职责

难易度：难

标准答案：ABD

Jz0001762026 国网物资部（国网招投标中心）负责仓储、配送管理工作的监督、检查与评价，对公司________等情况进行检查、通报和考核，并将考核评价结果纳入公司同业对标和企业负责人业绩考核。（ ）

A. 仓储管理规范性 B. 库存利库

C. 仓储信息模块应用 D. 库存积压

考核知识点：工作职责

难易度：中

标准答案：ACD

Jz0001763027 应急物资保障按照日常准备、应急响应、________、后期处置阶段开展保障工

作。(　　)

A. 监测预警　　B. 物资保障　　C. 完善评估　　D. 预警响应

考核知识点：应急物资保障

难易度：难

标准答案：AB

Jz0001763028　各单位以满足________需要为前提，科学合理测算编制物资储备定额，避免库存积压。(　　)

A. 生产　　B. 项目　　C. 经营　　D. 运行

考核知识点：物资储备定额

难易度：难

标准答案：AC

Jz0001762029　属于库存闲置资源跨区域调配库存梳理环节的工作内容有：________。(　　)

A. 开展库存资源盘查清理　　B. 开展库存资源技术鉴定

C. 将可利用物资提报物资调配平台　　D. 填写调拨申请单

考核知识点：平衡利库

难易度：中

标准答案：ABC

Jz0001761030　配送管理是指将物资从仓库运送到指定地点，包括________等全过程管理。(　　)

A. 配送需求　　B. 配送调度　　C. 配送执行　　D. 配送交接

E. 配送结算

考核知识点：配送管理定义

难易度：易

标准答案：ABCDE

Jz0001762031　运力资源是指框架________，应急状态下能够提供运输配送服务的应急物资运力资源。(　　)

A. 协议运输商　　B. 社会物流企业　　C. 物资供应商　　D. 集体企业

考核知识点：运力资源定义

难易度：中

标准答案：ABC

Jz0001763032　供应链运营中心及时向本单位应急办和上一级供应链运营中心报送应急保障过程信息，包括________、需要协调的问题等。(　　)

A. 基本情况　　B. 事件影响　　C. 应急需求　　D. 到货情况

考核知识点：应急物资保障

难易度：难

标准答案：ABC

Jz0001762033　物料主数据编码遵循简单性、________、一贯性、伸缩性的原则。(　　)

A. 层次性　　B. 完成性　　C. 单一性　　D. 准确性

考核知识点：物资信息化内容

难易度：中

标准答案：ABC

Jz0001762034　供应商全息画像结果应用于________。(　　)

A. 风险智能预警闭环管控　　B. 推动电工装备行业协调发展

C. 预测供应商企业经营、供货履约等　　D. 督促供应商改进提升

考核知识点：供应商管理

难易度：中

标准答案：ABCD

Jz0001763035　供应商不良行为类别多发生以下问题：________。(　　)

A. 质量问题　　B. 履约问题　　C. 诚信问题　　D. 其他问题

考核知识点：供应商管理

难易度：难

标准答案：ABCD

Jz0001763036　仓储配送安全管理坚持________的方针，贯彻谁主管、谁负责的原则，实行归口管理、分级负责的安全责任制。(　　)

A. 预防第一　　B. 安全第　　C. 预防为主　　D. 综合治理

E. 专项治理

考核知识点：配送管理原则

难易度：难

标准答案：BCD

Jz0001762037　以下哪些属于省物资公司仓储配送管理职责：________。(　　)

A. 负责公司直接管理仓库的物资验收、出入库、调拨、稽核盘点等作业和仓储配送安全管理

B. 建立省公司物资储备定额体系、提出省公司直接管理仓库的仓储定额配置计划、仓库运维计划、补库计划和库存物资报废申请

C. 建立本单位配送承运商资质信息库并汇总资质评价信息

D. 应用物资集约化信息系统仓储配送模块

E. 协助本单位仓储配送网络的规划、仓储配送资源的整合和现代物流体系的研究建设

考核知识点：工作职责

难易度：中

标准答案：ABCDE

Jz0001762038　以下哪些是地市物资供应中心的仓储配送主要职责：________。(　　)

A. 开展本地市仓储配送信息统计分析工作

B. 应用物资集约化信息系统仓储配送模块

C. 负责指导、监督和检查地市供电企业和县供电企业仓储配送管理工作

D. 负责审核本地市仓库补库计划和库存物资报废申请
考核知识点：工作职责
难易度：中
标准答案：ABCD

Jz0001762039　库存物资利用过程中，需求物资与可调配物资未完全匹配，但物资型号、规格相近的，在征求项目建设管理部门和专业管理部门意见后，宜采取“________”等方式进行。(　　)

A. 以大代小　　B. 型号替换　　C. 以小代大　　D. 不可替换
考核知识点：物资出入库
难易度：中
标准答案：AB

Jz0001761040　库存资源预警是________等产生的预警。(　　)

A. 库存物资超储或不足　　B. 库龄超期
C. 储备定额异常　　D. 库存物资损坏
考核知识点：预警监控模块
难易度：易
标准答案：ABC

Jz0001762041　仓储管理包括以下哪几个方面：________。(　　)

A. 仓储规划建设　　B. 库存物资管理　　C. 安全管理　　D. 配送结算管理
考核知识点：仓储业务管理内容
难易度：中
标准答案：ABC

Jz0001761042　各级物资公司（供应中心）应根据仓库运转、维修、库存物资检验费用等情况，编制仓库运维计划报________审核。(　　)

A. 物资部门　　B. 运检部门　　C. 发策部门　　D. 财务部门
考核知识点：工作职责
难易度：易
标准答案：ABD

Jz0001763043　各级供应链运营中心建立应急会商机制，对物资供应中的问题，及时________，商定供货资源及物流运输方式，制定应对方案。(　　)

A. 协调专业部门　　B. 协调供应商　　C. 协议物流商　　D. 协调经销商
考核知识点：物资配送流程
难易度：难
标准答案：ABC

Jz0001761044　应急物资是指为防范恶劣自然灾害造成电网停电、电站停运，满足短时间恢复供电需要的________等。(　　)

A. 电网抢修设备材料　　B. 应急抢修工器具

C. 应急救灾物资及装备　　D. 劳动保护用品

考核知识点：应急物资定义

难易度：易

标准答案：ABCD

Jz0001762045　调配利库产生的运输费用原则上按“谁需求、谁付费”的方式结算。物资调入单位可组织到库自提或联系调出单位组织配送。运输过程中产生的费用，包括________列入调入单位相关成本。(　　)

A. 人工费用　　B. 材料费用　　C. 运输费用　　D. 保险费用

考核知识点：平衡利库

难易度：中

标准答案：CD

Jz0001761046　退役资产由资产所属单位（部门）编制退役资产保管申请，经资产管理部门审批后，与各级物资公司（供应中心）办理实物保管手续。各级物资公司（供应中心）依据审批后的保管申请及鉴定表，核对物资的________并办理入库。(　　)

A. 品名　　B. 规格　　C. 数量　　D. 相关资料

考核知识点：退役资产管理

难易度：易

标准答案：ABCD

Jz0001761047　库存闲置资源跨区域调配，调入单位据实匹配物资需求，实地考察调配物资技术参数及可用性，明确各类设备________，做好现场接收和使用工作，确保调入物资真正“用得上、用得好”。(　　)

A. 交货时间　　B. 交货地点　　C. 使用方式　　D. 安装位置

考核知识点：物资出入库

难易度：易

标准答案：BCD

Jz0001761048　物资调拨出库按是否跨法人可分为________。(　　)

A. 转储调拨出库　　B. 销售调拨出库　　C. 跨法人调拨出库　　D. 非跨法人调拨出库

考核知识点：物资出入库

难易度：易

标准答案：AB

Jz0001761049　各级物资公司（供应中心）建立和完善仓库________等防救安全制度，制订各种防救预案，定期演练，确保仓库安全。(　　)

A. 防火　　B. 防水　　C. 防盗　　D. 防损

E. 防破坏　　F. 防洪

考核知识点：仓储安全保卫管理

难易度：易

标准答案：ACDEF

Jz0001762050　调配范围主要包括________等项目结余闲置物资和退出退役设备。存放于实体仓库经专业部门确认无利库使用计划的可用库存资源。(　　)

A. 输电　　B. 特高压　　C. 变电（换流）　　D. 配电

考核知识点：物资出入库管理

难易度：中

标准答案：ACD

Jz0001761051　国家电网公司引入________实现物物相连、信息共享。(　　)

A. 识别技术　　B. “E 物资”移动终端

C. 掌上电脑　　D. GPS 定位等技术

考核知识点：供应链运营规范

难易度：易

标准答案：ABCD

Jz0001763052　室外料棚的立柱采用________钢铁。(　)

A. 圆形　　B. 方形　　C. 直线形　　D. 多边形

考核知识点：仓储标准化管理

难易度：难

标准答案：AD

Jz0001763053　按物资入库方式区分，可分为________、委托保管入库、废旧物资入库等。(　　)

A. 采购物资入库　　B. 调拨物资入库

C. 结余物资退库　　D. 可用退役资产保管入库

考核知识点：物资出入库

难易度：难

标准答案：ABCD

Jz0001761054　专业仓储点要设立实物台账，实时记录________信息。(　　)

A. 库存领用　　B. 物资耗用　　C. 物资报废　　D. 借用归还

考核知识点：专业仓作业管理

难易度：易

标准答案：AB

Jz0001763055　仓库管理中 WM 模块，主要提供________等仓库精细化管理等功能。(　　)

A. 仓位　　B. 仓库上下架　　C. 单据录入　　D. 盘点

E. 扫描

考核知识点：仓储标准化管理

难易度：难

标准答案：ABDE

Jz0001763056　按照________的原则，合理界定各类仓库功能，构建国网储备库、省中心库、地（市）周转库、县公司和专业支撑机构仓储点为节点的仓库网络。(　　)

A. 统筹规划　　B. 合理布局　　C. 科学布局　　D. 因地制宜
E. 便捷高效

考核知识点：仓储标准化管理

难易度：难

标准答案：ABDE

Jz0001761057　落实供应商运输主体责任，督促供应商制定________。(　　)

A. 检查方案　　B. 运输方案　　C. 应急预案　　D. 整改方案

考核知识点：供应商管理

难易度：易

标准答案：BC

Jz0001761058　合理安排运输计划，督促供应商加强承运单位管控，落实________等关键环节安全管控措施，严禁盲目压缩运输时间。(　　)

A. 设备吊装　　B. 物资运输　　C. 车辆换装　　D. 质量检查

考核知识点：供应商管理

难易度：易

标准答案：AC

Jz0001761059　对供应商不良行为的处理主要依据________等公司相关规章制度。(　　)

A.《国家电网公司安全事故调查规程》

B.《国家电网公司质量事件调查管理办法》

C.《国家电网公司业务外包安全监督管理办法》

D.《中华人民共和国招标投标法》

考核知识点：供应商管理

难易度：易

标准答案：ABC

Jz0001761060　因供应商生产进度原因或需求部门项目建设导致供应计划变更，需要________三方在ECP进行交货期变更确认。(　　)

A. 物资部门　　B. 需求部门　　C. 供应商　　D. 施工部门

考核知识点：供应商管理

难易度：易

标准答案：ABC

Jz0001762061　物资验收时，特殊物资或重要设备应组织________共同进行验收。(　　)

A. 项目建设管理部门　　B. 专业管理部门　　C. 监理单位　　D. 施工单位
E. 供应商

考核知识点：物资出入库

难易度：中

标准答案：ABCDE

Jz0001761062 物资供应管理单位及时跟踪物资生产及运输情况，重点了解现场到货需求，组织做好物资________衔接工作。(　　)

A. 生产　B. 发货　C. 到货　D. 计划

考核知识点：供应计划

难易度：易

标准答案：ABC

Jz0001761063 库存物资装卸搬运过程中，应严格遵守物资装卸搬运操作规程，保证________安全。(　　)

A. 物资　B. 设施　C. 人身　D. 电网

考核知识点：装卸起吊作业

难易度：易

标准答案：AC

Jz0001761064 各级物资公司（供应中心）应严格进行出入库管理，对出入库________要严格检查、验证和登记。(　　)

A. 人员　B. 车辆　C. 货物　D. 工具

考核知识点：物资出入库

难易度：易

标准答案：ABC

Jz0001762065 堆码方式及储备分区应根据库存物资品种、________等特征确定。(　　)

A. 规格　B. 用途　C. 体积　D. 重量

E. 理化性质

考核知识点：仓储标准化管理

难易度：中

标准答案：ACDE

Jz0001761066 物资出库应遵循先进先出的原则，对有保管期限的物资，应在保管期限内发出。物资出库时应核对________等信息，保证发货准确、手续和资料齐备。(　　)

A. 物料名称　B. 入库时间　C. 规格　D. 数量

考核知识点：物资出入库

难易度：易

标准答案：ACD

Jz0001761067 遇到紧急事故不能按正常手续办理出库的，可凭________负责人签字的证明发料，并在三日内补办出库手续。(　　)

A. 施工单位　B. 物资需求单位（部门）

C. 物资部门　D. 运行维护单位（部门）

考核知识点：物资出入库

难易度：易

标准答案：BC

Jz0001761068 物资的全供应链管理包括物资的________。( )

A. 采购 B. 计划 C. 合同 D. 质量监督

考核知识点：供应链运营规范

难易度：易

标准答案：ABCD

Jz0001762069 公司各级单位应积极应用条形码、PDA 等物流技术，快速识别物资信息，缩短物资________时间，提高仓库管理水平。( )

A. 入出库 B. 分拣 C. 上下架 D. 盘点

考核知识点：仓储标准化管理

难易度：中

标准答案：ABCD

Jz0001762070 在配送管理中，各级物资需求单位（部门）根据项目安排、物资耗用情况，提供所需物资________等信息，提交各级物资公司（供应中心）。( )

A. 品种 B. 规格 C. 数量 D. 时间

E. 地点

考核知识点：物资配送流程

难易度：中

标准答案：ACDE

Jz0001761071 物资管理实行“________”（简称“一全多优”）的运作模式。( )

A. 一体平台运行 B. 全链业务贯通 C. 多维组织协同 D. 优质服务保障

考核知识点：供应链运营规范

难易度：易

标准答案：ABCD

Jz0001762072 公司各级单位应建立配送承运商资质信息库，对承运商资质业绩进行统一管理。各级物资公司（供应中心）应定期组织开展承运商________评价，并将评价结果反馈至配送承运商招标环节。( )

A. 配送及时性 B. 配送安全性 C. 配送准确性 D. 配送服务质量

考核知识点：承运商管理

难易度：中

标准答案：ACD

Jz0001763073 国家电网有限公司现代（智慧）供应链体系建设方案中，企业发展已进入由业务驱动向数据驱动转变的时代，新技术、新思维、新方法将引领________的变革。( )

A. 科技创新 B. 管理方法 C. 决策思路 D. 业务运作模式

考核知识点：供应链运营规范

难易度：难

标准答案：BCD

Jz0001761074　深化资源统筹和协同配合，构建三大业务链，包括________。(　　)

A. 全景质控　　B. 智慧运营　　C. 智能采购　　D. 数字物流

考核知识点：供应链运营规范

难易度：易

标准答案：ACD

Jz0001763075　E 链国网为用户提供信息共享服务，加强流程导览能力，达到________目的。(　　)

A. 优化流程　　B. 提高服务质效　　C. 提升内外协同水平　　D. 优化营商环境

考核知识点：供应链运营规范

难易度：难

标准答案：ABD

Jz0001763076　现代智慧供应链业务场景的工作内容主要依托________进行落地。(　　)

A. 信息化　　B. 管理咨询　　C. 科技项目　　D. 小型基建项目

考核知识点：供应链运营规范

难易度：难

标准答案：ABC

Jz0001763077　供应链运营工作规范中运营分析决策按照“________”原则开展。(　　)

A. 全链视角　　B. 业务协同　　C. 风险监控　　D. 迭代提升

考核知识点：供应链运营规范

难易度：难

标准答案：ABD

Jz0001762078　供应链运营工作规范中规定资源配置主要包括________等内容。(　　)

A. 统筹物力资源　　B. 统筹仓储资源　　C. 统筹财力资源　　D. 统筹人力资源

考核知识点：供应链运营规范

难易度：中

标准答案：BD

Jz0001762079　应急调配指挥是指应急状态及重大活动保电中，供应链运营中心升级为供应链应急指挥中心，视情况启动保障预案，组织开展应急物资________等工作，保障应急物资快速供应。(　　)

A. 需求收集　　B. 采购　　C. 结算　　D. 调配

E. 配送

考核知识点：应急物资保障

难易度：中

标准答案：CD

Jz0001762080　可用退役资产超期无法利用的，可采取________方式解决。(　　)

A. 销售　　B. 上一级单位实施无偿划转

C. 本单位实施无偿划转　　D. 转储

考核知识点：退役资产管理

难易度：中

标准答案：AB

Jz0001761081　根据拟退役资产技术鉴定单需明确________等信息。(　　)

A. 采购订单　　B. 资产名称　　C. 数量　　D. 发货通知日期

考核知识点：退役资产管理

难易度：易

标准答案：BC

Jz0001761082　物资退库/退役资产保管出具鉴定书面意见(鉴定报告)，包括________。(　　)

A. 再利用　　B. 报废　　C. 调配　　D. 应急

考核知识点：退役资产管理

难易度：易

标准答案：AB

Jz0001762083　《国家电网有限公司废旧物资管理办法》所称退役退出实物包含________。(　　)

A. 报废物资　　B. 退出物资　　C. 退役资产　　D. 再利用物资

考核知识点：退役资产管理

难易度：中

标准答案：BC

Jz0001762084　退役资产拆除中，施工单位应坚持足额回收原则，严格按照合同约定、拟拆除计划开展现场拆除工作，________等单位可进行现场监督。(　　)

A. 项目管理部门　　B. 实物资产管理部门

C. 实物使用保管单位　　D. 监理单位

考核知识点：退役资产管理

难易度：中

标准答案：ACD

Jz0001761085　实物使用保管单位负责提出退役资产报废申请，需要报送________办理报废审批手续。(　　)

A. 实物资产管理部门　B. 使用保管单位　　C. 纪检监察部门　　D. 财务部门

考核知识点：退役资产管理

难易度：易

标准答案：AD

Jz0001761086　WM 模块是指仓库管理，属于 SAP 子模块，提供________等仓库精细化管理等功能。(　　)

A. 仓位　　B. 仓库上下架　　C. 扫描　　D. 盘点

考核知识点：仓储标准化管理

难易度：易
标准答案：ABCD

Jz0001762087 ________时应采取必要措施，防止变压器漏油或遗留固体废弃物造成环境污染。( )
A. 保养维护　B. 实物交接　C. 施工作业　D. 储存保管
考核知识点：特殊物资及危险品管理
难易度：中
标准答案：CD

Jz0001762088 抽检范围主要包括________。( )
A. 变电站未纳入监造范围的隔离开关、断路器、避雷器等变电设备
B. 配电变压器、箱式变压器、柱上开关等配电网设备
C. 配电变压器、箱式变压器、柱上开关等配电网设备
D. 已纳入监造范围但合同约定开展抽检的设备材料
考核知识点：物资抽检
难易度：中
标准答案：ABCD

Jz0001761089 抽检的主要内容是________。( )
A. 抽检计划编制　B. 封样　C. 检测　D. 送样费用
考核知识点：物资抽检
难易度：易
标准答案：ABCD

Jz0001762090 仓库的________等外观标识应按照国网视觉识别手册标准执行。( )
A. 地标　B. 名称标牌　C. 建筑物 LOGO　D. 色彩
考核知识点：仓储标准化管理
难易度：中
标准答案：ABCD

Jz0001762091 下列属于供应商分级分类及全息画像业务流程的是：________。( )
A. 供应商分级　B. 物资分类　C. 供应商全息画像　D. 结果应用
考核知识点：供应商管理
难易度：中
标准答案：ABCD

Jz0001761092 公司建设库存资源信息共享平台，建立________的资源调配机制，有效调配闲置资源，提高库存资源利用效率。( )
A. 跨部门　B. 跨地区　C. 跨项目　D. 跨地市
考核知识点：平衡利库
难易度：易

标准答案：ABC

Jz0001762093 设备的全寿命周期成本按阶段分为投入、________废弃五个阶段成本。( )
A. 运行 B. 维护 C. 故障 D. 处置
考核知识点：库存物资管理
难易度：中
标准答案：ABC

Jz0001763094 电工装备智慧物联平台建设方案的建设要求为、合规性原则、________。( )
A. 敏捷性原则 B. 一致性原则 C. 标准性原则 D. 集中性原则
考核知识点：ELP 系统应用
难易度：难
标准答案：BC

Jz0001761095 物资出库时应核对物料________等信息，保证发货准确、手续和资料齐备。( )
A. 名称 B. 体积 C. 规格 D. 数量
考核知识点：物资出入库
难易度：易
标准答案：ACD

Jz0001763096 供应商不良行为处理管理中，供应商有下列哪些行为，将被列入 1 年黑名单：________。( )
A. 因供应商原因导致五级安全事件或质量事件的
B. 供应商存在质量、履约等问题，多次督促仍拒不整改的
C. 供应商不良行为信息收集日之前的 6 个月内，经业主单位检测，供应商同类产品不合格累计积分为 5～6 分的
D. 供应商设备被公司认定为家族性缺陷且整改不到位的
考核知识点：供应商管理
难易度：难
标准答案：ABC

Jz0001761097 国家电网公司三级预警机制是指________三级。( )
A. 国家电网公司 B. 地（市）公司 C. 省公司 D. 县公司
考核知识点：预警机制
难易度：易
标准答案：ABC

Jz0001761098 各级物资公司（供应中心）建立和完善仓库________等防救安全制度，制订各种防救预案，定期演练，确保仓库安全。( )
A. 防火 B. 防洪 C. 防盗 D. 防损
E. 防潮

考核知识点：仓储安全保卫管理

难易度：易

标准答案：ABCD

Jz0001762099　国网物资部（国网招投标中心）负责仓储、配送管理工作的________。(　　)

A. 监督　　B. 检查　　C. 审核　　D. 评价

考核知识点：工作职责

难易度：中

标准答案：ABD

Jz0001761100　各级物资公司（供应中心）建立和完善仓库防救安全制度，制订各种________，确保仓库安全。(　　)

A. 应急预案　　B. 防救预案　　C. 定期演练　　D. 不定期演练

考核知识点：仓储安全保卫管理

难易度：易

标准答案：BC

Jz0001761101　各种运输、装卸吊装等物流装备应由专人保管使用，满足国家相关________要求，定期________，严禁带故障使用和违章操作。(　　)

A. 法律、法规、规章、标准　　B. 检查、保养、及时维修

C. 法律、法规、标准、规章　　D. 检查、维修、及时保养

考核知识点：装卸起吊作业

难易度：易

标准答案：AB

Jz0001761102　各级物资公司（供应中心）应严格进行出入库管理，对出入库人员、车辆、货物要严格________。(　　)

A. 检查　　B. 验证　　C. 记录　　D. 登记

考核知识点：仓储安全保卫管理

难易度：易

标准答案：ABD

Jz0001761103　国网物资公司负责仓储配送管理考评数据的________分析工作。(　　)

A. 收集　　B. 整理　　C. 统计　　D. 汇总

考核知识点：工作职责

难易度：易

标准答案：ABC

Jz0001761104　仓储管理是指对公司________的管理。(　　)

A. 实体仓库　　B. 仓储资源　　C. 储备物资　　D. 仓库作业

考核知识点：仓储管理定义

难易度：易

标准答案：ACB

Jz0001761105 仓储管理中库存物资管理包含________等安全管理等工作。（ ）

A. 入库 B. 出库 C. 退库 D. 保管保养
E. 稽核盘点 F. 报废

考核知识点：库存物资管理
难易度：易
标准答案：ABCDEF

Jz0001761106 配送管理是指将物资从仓库运送到指定地点，包括________等全过程管理。（ ）

A. 配送需求 B. 配送调度 C. 物流交接 D. 配送执行
E. 配送交接 F. 配送结算

考核知识点：配送管理定义
难易度：易
标准答案：ABDEF

Jz0001761107 物资仓储管理遵循________的原则。（ ）

A. 合理储备 B. 加快周转 C. 保质可用 D. 永续盘存

考核知识点：仓储管理原则
难易度：易
标准答案：ABCD

Jz0001761108 物资配送管理遵循________的原则。（ ）

A. 确保安全 B. 准时快捷 C. 服务优质 D. 配送优化

考核知识点：配送管理原则
难易度：易
标准答案：ABCD

Jz0001761109 各级实体________等仓库资源信息实施统一注册管理并统一在国网物资部（国网招投标中心）备案。（ ）

A. 仓库名称 B. 地址 C. 面积 D. 库存地点

考核知识点：仓库标准化管理
难易度：易
标准答案：ABCD

Jz0001761110 各级实体仓库的新增、修改或注销，需经________审核通过后，完成仓库注册信息变更。（ ）

A. 国网物资公司 B. 省公司物资部
C. 国网物资部（国网招投标中心） D. 省物资公司

考核知识点：仓库标准化管理
难易度：易

标准答案：BC

Jz0001761111　公司对库存物资储备量实行定额管理。公司总部、省公司制定两级物资储备定额，按照________模式运行。(　　)

A. 定额储备　　B. 按需领用　　C. 动态周转　　D. 定期补库

考核知识点：物资储备定额

难易度：易

标准答案：ABCD

Jz0001761112　公司各级单位应加强运维物资备品备件集中管理，以省公司为单位，实施备品备件的________，加快动态周转。(　　)

A. 统一采购　　B. 集中储备　　C. 统一配送　　D. 统一管理

考核知识点：工作职责

难易度：易

标准答案：ABC

Jz0001761113　公司各级单位应建立健全仓库作业操作手册，________及物资退库等工作流程。(　　)

A. 规范物资验收入库　　B. 储存保管　　C. 调拨出库　　D. 稽核盘点

E. 库存报废

考核知识点：工作职责

难易度：易

标准答案：ABCDE

Jz0001761114　堆码方式及储备分区应根据库存________等特征确定。(　　)

A. 品种　　B. 规格　　C. 体积　　D. 重量

E. 理化性质

考核知识点：仓储标准化管理

难易度：易

标准答案：ABCDE

Jz0001762115　以下哪些管控功能通过 ERP 系统实现：________。(　　)

A. 重点物资生产跟踪　　B. 物资供应计划

C. 物资收货验收　　D. 资金支付

考核知识点：ERP 物资模块

难易度：中

标准答案：ABCD

Jz0001762116　公司各级单位应建立配送承运商资质信息库，对承运商资质业绩进行统一管理。各级物资公司（供应中心）应定期组织开展承运商配送________质量评价，并将评价结果反馈至配送承运商招标环节。(　　)

A. 及时性　　B. 准确性　　C. 配送服务　　D. 可靠性

考核知识点：承运商管理
难易度：中
标准答案：ABC

Jz0001761117 为有效防止虚假收货，需定期开展本单位专区交易专项检查，核查到________等，对发现的问题及时整改。( )

A. 到货验收记录　B. 出入库台账　C. 结算支付情况　D. 使用情况
考核知识点：物资出入库
难易度：易
标准答案：ABCD

Jz0001762118 开展仓库电气火灾综合治理工作，查找及整治仓库电气火灾隐患，重点对仓库内的________等方面进行全面排查，并采取有效防范措施。( )

A. 电气线路敷设　B. 用电负荷超额、维护检测保养
C. 危险品和易燃易爆品分类分库储存　D. 消防设施配备
考核知识点：消防检查
难易度：中
标准答案：ABCD

Jz0001762119 坚持“管项目、管专业、必须管实物”原则，完善物资部门、专业部门、项目部门管________的协同共管机制。( )

A. 库　B. 仓　C. 物资　D. 现场
考核知识点：仓储标准化管理
难易度：中
标准答案：ABD

Jz0001763120 质量抽检计划要按照招标采购情况、供应商及电网物资特点，统筹考虑，下列哪些情况要加大抽检比例：________。( )

A. 故障率较高
B. 中标量较大
C. 中标价格偏高
D. 新入网及采用了新技术、新材料、新部件、新工艺等电网物资
考核知识点：验收抽检比例
难易度：难
标准答案：ABD

Jz0001763121 监造结果应用于________和运行阶段质量分析。( )

A. 招标　B. 绩效评价　C. 抽检计划下发　D. 资质核实
E. 设备现场验收
考核知识点：物资监造
难易度：难

标准答案：BDE

Jz0001761122　仓库总体规模设计标准，根据________，考虑售电量、地域面积等因素，合理设定总体仓库规划建设面积。(　　)

A. 仓库属性　B. 储备物资类别　C. 供应模式　D. 仓库层级

考核知识点：仓库标准化管理

难易度：易

标准答案：ABC

Jz0001762123　物资供应管理单位通过________、驻厂催交等方式协调处理物资合同履行过程中出现的问题。(　　)

A. 线上供需协同　B. 工作联系单　C. 专题约谈　D. 专项协调会

考核知识点：供应计划

难易度：中

标准答案：ABCD

Jz0001762124　特型/特定设备到货交接时，项目管理部门/建设管理单位组织________一同到场参与到货交接。(　　)

A. 相关技术人员　B. 供应商

C. 物资供应管理单位　D. 设计人员

考核知识点：物资出入库

难易度：中

标准答案：AD

Jz0001761125　综合考虑________时效性和经济性，制定应急物资保障方案。(　　)

A. 订单调配　B. 实物调配　C. 应急采购　D. 协议匹配

考核知识点：应急物资保障

难易度：易

标准答案：ABCD

Jz0001763126　供应商关系管理遵循“________”的原则。(　　)

A. 公开　B. 集中管控

C. 分级实施、信息共享　D. 公平、公正算

考核知识点：供应商管理

难易度：难

标准答案：BCD

判 断 题

（每题1分）

Jz0001873001 全寿命周期是指产品从制造、运输、安装、调试、运行直至退役的全过程。（ ）

A. 正确

B. 错误

考核知识点：全寿命周期定义

难易度：难

标准答案：B

Jz0001873002 公司建立逐级平衡利库及库存调拨工作机制。本地市库存物资，由地市物资供应中心实施调拨与配送。跨地市库存物资，由省物资公司利库后报省公司物资部审批，实施调拨与配送。跨省应急物资，由国网物资公司利库后报国网物资部（国网招投标中心）审批，实施调拨与配送。（ ）

A. 正确

B. 错误

考核知识点：平衡利库

难易度：难

标准答案：A

Jz0001871003 各级物资公司（供应中心）应加强物资配送过程管控，可通过GPS、电话、短信等多种方式，确认车辆状态和位置，监控配送过程。（ ）

A. 正确

B. 错误

考核知识点：物资配送流程

难易度：易

标准答案：B

Jz0001872004 物资仓储管理遵循确保安全、准时快捷、服务优质、配送优化的原则。（ ）

A. 正确

B. 错误

考核知识点：仓储管理原则

难易度：中

标准答案：B

Jz0001872005 物资供应管理是指将物资从仓库运送到指定地点，包括配送需求、配送调度、配送执行、配送交接、配送结算等全过程管理。（ ）

A. 正确
B. 错误
考核知识点：配送管理定义
难易度：中
标准答案：B

Jz0001872006　国网物资公司是公司物资仓储配送工作的归口管理部门。(　　)
A. 正确
B. 错误
考核知识点：工作职责
难易度：中
标准答案：B

Jz0001873007　若供应商无正当理由未参加或不配合约谈，留存通知约谈供应商相关佐证资料后，签署物资合同违约处理确认单。(　　)
A. 正确
B. 错误
考核知识点：供应商管理
难易度：难
标准答案：B

Jz0001871008　省公司物资部负责本单位仓储配送资源的集中管控、仓储配送管理和信息统计分析工作。(　　)
A. 正确
B. 错误
考核知识点：工作职责
难易度：易
标准答案：A

Jz0001872009　运输管理系统根据规划的运输轨迹，实时跟踪物资在途运输过程。(　　)
A. 正确
B. 错误
考核知识点：物资配送流程
难易度：中
标准答案：A

Jz0001871010　加强重点物资到货管理，重点了解物资到货需求，做好组织三方验收和施工单位收货工作。(　　)
A. 正确
B. 错误
考核知识点：物资出入库
难易度：易

标准答案：B

Jz0001872011 物资运输可视监控主要分为大件运输实时监控、物资发货提醒两个部分。( )

A. 正确

B. 错误

考核知识点：物资配送流程

难易度：中

标准答案：B

Jz0001872012 国网物资部（国网招投标中心）负责制定公司物资仓储配送管理的制度、标准和其他规范性文件。( )

A. 正确

B. 错误

考核知识点：工作职责

难易度：中

标准答案：A

Jz0001873013 大件设备发运后，通过 ERP，利用无线视频监控、GPS 定位跟踪技术等移动互联技术，密切跟踪大件物资运输进展。( )

A. 正确

B. 错误

考核知识点：物资配送流程

难易度：难

标准答案：B

Jz0001872014 公司总部应急储备仓库承担公司应急物资的集中储备任务，由国网物资公司负责日常管理，仓库所属省物资公司、地市物资供应中心负责仓储配送作业。( )

A. 正确

B. 错误

考核知识点：工作职责

难易度：中

标准答案：A

Jz0001871015 物资调入单位可组织到库自提或联系调出单位组织配送。( )

A. 正确

B. 错误

考核知识点：物资出入库

难易度：易

标准答案：A

Jz0001872016 经平衡利库确定出库的库存物资，由各级物资公司（供应中心）汇总配送需求，制定配送计划并实施配送。( )

A. 正确
B. 错误
考核知识点：工作职责
难易度：中
标准答案：A

Jz0001873017　仓储配送安全管理坚持安全第一、预防为主、综合治理的方针，贯彻谁主管、谁负责的原则，实行分级管理、分级负责的安全责任制。(　　)
A. 正确
B. 错误
考核知识点：工作原则
难易度：难
标准答案：B

Jz0001871018　公司库存物资资源需全部纳入ECP系统统一管理，实现库存信息一本账。(　　)
A. 正确
B. 错误
考核知识点：一本账管理
难易度：易
标准答案：B

Jz0001872019　物资移交验收时，对于分批办理到货款的物资，技术资料、备品备件、专用工具不能最后一批物资办理到货验收。(　　)
A. 正确
B. 错误
考核知识点：物资出入库
难易度：中
标准答案：B

Jz0001873020　在物资跨单位调配时，调入单位物资公司（中心）按照上级调配通知单（划转方式）或销售合同（销售方式），与调出单位办理交接，双方在调配物资交接单上签字确认后办理入库手续。(　　)
A. 正确
B. 错误
考核知识点：物资出入库
难易度：难
标准答案：B

Jz0001872021　盘点差异报告需经省公司物资部审批通过后，由财务部门办理账务处理。(　　)
A. 正确
B. 错误
考核知识点：物资盘点

难易度：中
标准答案：B

Jz0001872022　各级物资需求单位（部门）领用后未使用物资，要及时办理代保管入库申请，并及时录入 ERP 系统。(　　)
A. 正确
B. 错误
考核知识点：物资出入库
难易度：中
标准答案：B

Jz0001873023　公司总部、省公司、地市公司制定三级物资储备定额，按照定额储备、按需领用、动态周转、定期补库模式运行。(　　)
A. 正确
B. 错误
考核知识点：物资储备定额
难易度：难
标准答案：B

Jz0001872024　平衡利库遵循"先近后远""先利库后采购"的原则。(　　)
A. 正确
B. 错误
考核知识点：平衡利库
难易度：中
标准答案：A

Jz0001873025　应急采购由灾害地区所在地省公司组织开展。总部采购目录范围内物资应急采购后，报总部备案。(　　)
A. 正确
B. 错误
考核知识点：应急物资保障
难易度：难
标准答案：A

Jz0001873026　跨省公司库存物资调配时，国网物资调配中心接收平衡利库结果，编制跨省公司库存调配计划，与调出物资单位确认交货时间、交货地点和交接方式等相关信息，报国网物资部审批后，下达物资调拨单。(　　)
A. 正确
B. 错误
考核知识点：平衡利库
难易度：难
标准答案：B

Jz0001872027　遇到紧急事故不能按正常手续办理出库的，可凭物资需求单位（部门）、物资部门负责人签字的证明发料，并在五日内补办出库手续。(　　)

A. 正确

B. 错误

考核知识点：物资出入库

难易度：中

标准答案：B

Jz0001873028　退役资产由资产所属单位（部门）编制退役资产保管申请，经物资管理部门审批后，与各级物资公司（供应中心）办理实物保管手续。各级物资公司（供应中心）依据审批后的保管申请及鉴定表，核正确物资的品名、规格、数量、相关资料并办理入库。(　　)

A. 正确

B. 错误

考核知识点：退役资产管理

难易度：难

标准答案：B

Jz0001873029　工程结余物资鉴定为可用的，除满足规定技术条件外，应同时满足以下条件：变电一次设备的退库物资应为整台；变电二次设备的退库物资应为最小使用单元；线路材料的退库物资导线、电缆单段长度满足最低使用需求量。(　　)

A. 正确

B. 错误

考核知识点：工程结余物资管理

难易度：难

标准答案：A

Jz0001873030　优化库存储备策略，应用电商采购、供应商协议储备、寄存、联合储备等多种方式，降低库存水平。(　　)

A. 正确

B. 错误

考核知识点：库存物资管理

难易度：难

标准答案：A

Jz0001871031　加强库存物资供应和消耗基础数据收集与管理，不定期修订完善储备定额。(　　)

A. 正确

B. 错误

考核知识点：物资储备定额

难易度：易

标准答案：B

Jz0001872032　报废物资是指完成报废手续办理的固定资产、流动资产、低值易耗品及其他废弃物资等。（　　）

A. 正确

B. 错误

考核知识点：报废物资定义

难易度：中

标准答案：A

Jz0001872033　应急物资储备定额由物资部门负责组织制订，应急物资储备分为实物储备、协议储备和动态周转等方式。（　　）

A. 正确

B. 错误

考核知识点：物资储备定额

难易度：中

标准答案：B

Jz0001872034　供应商资质能力信息核实是对供应商的资质、业绩等信息及现场生产情况进行核实确认的活动。（　　）

A. 正确

B. 错误

考核知识点：供应商管理

难易度：中

标准答案：A

Jz0001872035　物资质量监督管理工作将会代替相关项目建设管理部门（单位）、运维管理部门（单位）等的到货验收、安装调试、运维检修等环节的质量管理工作。（　　）

A. 正确

B. 错误

考核知识点：质量监督

难易度：中

标准答案：B

Jz0001873036　跨省物资调配采用销售方式的，由调出、调入方协商一致后直接实施。调入单位根据评估价确定销售价格，调出、调入双方协商签订销售合同，依据合同开展后续工作。（　　）

A. 正确

B. 错误

考核知识点：物资出入库

难易度：难

标准答案：B

Jz0001873037　现代智慧供应链管理体系由组织运作体系、核心业务体系、物资标准化体系构成。（　　）

A. 正确
B. 错误
考核知识点：供应链运营规范
难易度：难
标准答案：B

Jz0001871038 清仓利库分为清仓盘点、技术鉴定、实物赋值、盘活利库四个阶段。( )
A. 正确
B. 错误
考核知识点：库存物资管理
难易度：易
标准答案：A

Jz0001871039 地处防火重点地区的仓库，应当按照地方政府的有关规定设置周界防火隔离带。( )
A. 正确
B. 错误
考核知识点：仓储标准化管理
难易度：易
标准答案：A

Jz0001873040 某省公司中心库的货架摆放，以门为参考，进入后货架纵向排列的，货架的列号自前向后，从小到大排列，这是正确的货架列号。( )
A. 正确
B. 错误
考核知识点：仓储标准化管理
难易度：难
标准答案：A

Jz0001872041 特种装备（度量衡设备、起重设备等）要定期检测，检测后应有检测部门出具的使用证，可以超一个月使用。( )
A. 正确
B. 错误
考核知识点：设备设施管理
难易度：中
标准答案：B

Jz0001871042 仓库注册管理遵循“统一注册、统一编码、分区命名、分区管理”的原则。( )
A. 正确
B. 错误
考核知识点：仓储标准化管理
难易度：易

标准答案：B

Jz0001873043 专业仓储点由省公司统一备案管理，由所属单位负责日常管理和领用出库。( )

A. 正确

B. 错误

考核知识点：仓储标准化管理

难易度：难

标准答案：A

Jz0001871044 库存物资利库不需要综合考虑库存物资的运输成本及相关费用。( )

A. 正确

B. 错误

考核知识点：平衡利库

难易度：易

标准答案：B

Jz0001871045 库存物资遵循保质可用的原则，应定期检查、及时检验，确保库存物资质量完好、随时可用。( )

A. 正确

B. 错误

考核知识点：库存物资管理原则

难易度：易

标准答案：A

Jz0001871046 主业物资与多经物资要分库存放，设立明显标志，特殊情况下可以混合存放。( )

A. 正确

B. 错误

考核知识点：仓储标准化管理

难易度：易

标准答案：B

Jz0001872047 采用划转方式调拨物资，由调出、调入方协商一致后按公司规定实施。( )

A. 正确

B. 错误

考核知识点：物资出入库

难易度：中

标准答案：A

Jz0001872048 物资出库应遵循先进先出的原则，正确有保管期限的物资，应在保管期限内发出。( )

A. 正确
B. 错误
考核知识点：物资出入库
难易度：中
标准答案：A

Jz0001873049　各级物资公司（供应中心）应加强正确重点物资配送过程管控，可通过 GPS、电话、短信等多种方式，确认车辆状态和位置，监控配送过程。(　　)
A. 正确
B. 错误
考核知识点：物资配送流程
难易度：难
标准答案：A

Jz0001873050　各种运输、装卸吊装等物流装备应由专人保管使用，满足国家相关法律、法规、规章、标准要求，定期检查、保养，及时维修，严禁带故障使用和违章操作。(　　)
A. 正确
B. 错误
考核知识点：装卸起吊作业
难易度：难
标准答案：A

Jz0001871051　库存物资装卸搬运过程中，应严格遵守物资装卸搬运操作规程，保证物资和人身安全。(　　)
A. 正确
B. 错误
考核知识点：装卸起吊作业
难易度：易
标准答案：A

Jz0001871052　装卸吊装机具必须满足物资装卸吊装需求，相关工作人员不需要相关特种作业人员证书等国家相关资质、资格。(　　)
A. 正确
B. 错误
考核知识点：装卸起吊作业
难易度：易
标准答案：B

Jz0001871053　各级物资公司（供应中心）应严格进行出入库管理，正确出入库人员、车辆、货物要严格检查、验证和登记。(　　)
A. 正确
B. 错误

考核知识点：物资出入库
难易度：易
标准答案：A

Jz0001872054　法人单位内部资产划转，划转双方在划转次月完成账务处理。(　　)
A. 正确
B. 错误
考核知识点：物资出入库
难易度：中
标准答案：B

Jz0001872055　直送专业仓或现场的物资，若物资部门不具备现场交接的条件，由需求部门、供应商完成到货交接，并做好拍照或视频留存备查。(　　)
A. 正确
B. 错误
考核知识点：物资出入库
难易度：中
标准答案：A

Jz0001872056　应急物资管理遵循“集中管理、统一调拨、平时服务、灾时应急、采储结合、节约高效”的原则。(　　)
A. 正确
B. 错误
考核知识点：应急物资管理原则
难易度：中
标准答案：A

Jz0001873057　应急储备物资采用集中储备或供应商寄存方式，实物储备的应急装备、应急防护、安全工器具等应急物资。(　　)
A. 正确
B. 错误
考核知识点：应急物资保障
难易度：难
标准答案：B

Jz0001872058　对供应商不良行为的处理能代替合同约定中对供应商违约的处理。(　　)
A. 正确
B. 错误
考核知识点：供应商管理
难易度：中
标准答案：B

Jz0001872059　电商物资质量抽检结果的处理不可参照常规电网设备。(　　)

A. 正确

B. 错误

考核知识点：物资抽检

难易度：中

标准答案：B

Jz0001872060　物资供应管理单位根据物资合同协商解除确认单办理后续合同解除事宜，可不再与供应商签订解除协议。(　　)

A. 正确

B. 错误

考核知识点：供应计划

难易度：中

标准答案：B

Jz0001872061　供应商资质能力信息核实工作方式包括文件核实和现场复查。(　　)

A. 正确

B. 错误

考核知识点：供应商管理

难易度：中

标准答案：A

Jz0001872062　工程结余物资和退役资产在办理入库手续前，由物资管理部门组织开展物资/资产技术鉴定。(　　)

A. 正确

B. 错误

考核知识点：工程结余物资管理

难易度：中

标准答案：B

Jz0001873063　工程结余物资鉴定为可用的，除满足规定技术条件外，应同时满足以下条件：变电一次设备的退库物资应为最小使用单元。变电二次设备的退库物资应为整台最小使用单元。线路材料的退库物资导线、电缆单段长度满足最低使用需求量。(　　)

A. 正确

B. 错误

考核知识点：工程结余物资管理

难易度：难

标准答案：B

Jz0001871064　供应链是指生产及流通过程中，涉及将产品或服务提供给最终用户活动的上游与下游企业所形成的网链结构。(　　)

A. 正确

B. 错误
考核知识点：供应链运营规范
难易度：易
标准答案：A

Jz0001873065 现代智慧供应链体系的核心目标中包含质量第一、效益优先、智慧决策。( )
A. 正确
B. 错误
考核知识点：供应链运营规范
难易度：难
标准答案：A

Jz0001873066 经平衡利库确定出库的库存物资，由各级专业管理部门汇总配送需求，制定配送计划并实施配送。( )
A. 正确
B. 错误
考核知识点：平衡利库
难易度：难
标准答案：B

Jz0001873067 退役资产保管入库，物资部门依据审批后的拟退役资产技术鉴定单，核对实物的品名、规格、数量及相关资料办理入库。( )
A. 正确
B. 错误
考核知识点：退役资产管理
难易度：难
标准答案：B

Jz0001872068 物资出厂时，实物 ID 绑定对应车辆，通过 GPS 定位及传感器，对车辆信息全程监控。( )
A. 正确
B. 错误
考核知识点：ELP 系统应用
难易度：中
标准答案：A

Jz0001873069 监控预警人员根据分发预警信息的紧急程度，发送工作联系单，跟踪、督办预警信息的处理过程，收集反馈处理结果。( )
A. 正确
B. 错误
考核知识点：预警监控模块
难易度：难

标准答案：B

Jz0001873070 深化现代智慧供应链在应急物资管理中的应用，依托 ESC 实现应急物资需求提报、采购、调配、结算等工作在线实施。( )

A. 正确

B. 错误

考核知识点：供应链运营规范

难易度：难

标准答案：B

Jz0001872071 各仓库配置装卸搬运设备种类和数量结合仓库储备物资类别配置。( )

A. 正确

B. 错误

考核知识点：装卸起吊作业

难易度：中

标准答案：A

Jz0001872072 数字物流业务链是以物资质控全过程为主线，整合合同、仓储、配送、应急、废旧等业务。( )

A. 正确

B. 错误

考核知识点：供应链运营规范

难易度：中

标准答案：B

Jz0001873073 供应链运营体系以提高物资供应保障效率效果为目标，以资源统筹与物资调配实体化业务为基础。( )

A. 正确

B. 错误

考核知识点：供应链运营规范

难易度：难

标准答案：A

Jz0001873074 需求部门对商品质量或其他事项有异议的，电网零星物资应在收到货物 5 个工作日内提出，并通过合同约定的方式进行退换货。( )

A. 正确

B. 错误

考核知识点：供应计划

难易度：难

标准答案：B